KB235304

독도·울릉도의 역사

김 호 동 지음

景仁文化社

본 연구는 2006년도 경상북도의 지원에 의해 연구되었음.

책머리에

　필자는 지역문화의 창달을 통한 민족문화의 정체성 확립에 이바지하고자 노력해 온 영남대학교 민족문화연구소에서 오랫동안 몸을 담고 있었다. 민족문화연구소는 1997년부터 한일 양국간의 현안의 하나인 '독도' 문제에 관심을 갖고 경상북도로부터 지원을 받아 1998년에 『울릉도・독도에 관한 종합적 연구』란 책을 세상에 내놓았다. 당시 연구소의 간사직을 맡고 있던 필자는 이 연구에서 「군현제의 시각에서 바라다 본 울릉도・독도」란 주제를 집필하였고, 그 책의 '총론'을 썼다. 이것이 내가 독도・울릉도와 첫 인연을 맺게 된 계기였다.

　그 연구를 수행하면서 독도 입도를 여러 번 시도하였다. 어렵게 해양경찰청으로부터 입도허가를 받았다. 1월의 차가운 겨울에서부터 봄에 이르기까지 울릉도 저동항에 들어가 배를 기다렸지만 출발 당일 새벽 풍랑 때문에 출항할 수 없다는 함장의 말에 번번이 허탈감을 느끼고 돌아서야만 하였다. 결국은 울릉군 행정선을 타고 1998년 5월 8일 독도에 어렵사리 들어갈 수 있었다. 출발 아침의 울릉도 도동항은 청명한 날이었지만 독도 해역에는 짙은 안개가 드리워져 있었다. 한치의 앞을 볼 수 없는 안개 속에 독도가 불쑥 솟아오르는 순간 배는 선착장에 도착하였다. 독도에 머문 지 몇 시간 후 선장이 풍랑이 높아져 돌아가야만 한다고 하는 바람에 황망히 돌아설 수밖에 없었다. 그러나 독도 해역을 벗어나자 하늘은 맑고 파도는 잔잔하였다.

울릉도에 도착해 사람들에게 물으니 울릉도는 아침부터 내내 맑은 날씨에 파도 한 점 일어나지 않았다는 것이다. 독도는 일년 365일 가운데 60~90일 겨우 안개가 걷힌다. 그리고 독도의 날씨와 울릉도의 날씨가 각기 다르다. 울릉도와 독도에서 서로 바라볼 수 있는 날은 그만큼 어렵다. 가을 청명한 날, 겨우 천운을 얻은 사람만이 볼 수 있을 정도이다. 그렇기 때문에 우리나라 지리지에서는 "날씨가 청명한 날 서로 바라볼 수 있다"고 특기하고 있는 것이다.

독도와 첫 인연을 맺은 후 1998년 가을부터 우연히 하이텔 동호회 '독도지킴이'의 결성에 간여하게 되었고, 그 고문직을 맡게 되었다. 그것이 인연이 되어 2000년 5월 28일 오후 1시에 대학로 마로니에 공원에서 '독도네티즌 연대회의 출범식 및 독도수호 시민결의대회'의 초청연사로 초대되어 강연을 한바 있다. 이 날 모임에 참여한 필자는 많은 실망을 느꼈다. '독도네티즌 연대회의 출범식 및 독도수호 시민결의대회'란 거창한 이름을 내건 현수막에는 30여 개의 단체명이 거명되어 있었음에도 불구하고 참가인원의 숫자는 50여 명을 넘지 않는 숫자였다. 한 단체에서 관심 갖고 2명 정도만 참여해 준다 해도 이보다 많은 숫자일 텐데…. 더욱이 시민의 참여는 거의 이끌어내지 못했다. on-line에서 off-line으로, 가상에서 현실의 실천의 장으로 공간이 바뀌면서 손에서, 발로의 변화를 이끌어내지 못한 주최 측의 오류였다. 모임이 끝나고 탑골공원까지 시가행진을 하였는데 겨우 20~30명 정도만 참석하였다. 시가행진에 참여한 우리들 모두는 경찰서 사진사로부터 사진을 찍혀야만 했다. 그러나 그 사진에 찍힌 필자의 모습이 어땠는지 알 수 없다. 이때의 경험이 이후 독도와 울릉도에 계속 관심을 갖고 글을 쓰는 한 계기로 작용하였다.

그 후 필자는 다음과 같이 독도와 울릉도, 그리고 동해안에 관한 글을 썼다.

* 「조선시대 울릉도 수토정책의 역사적 의미」(『한국중세사논총』 이수건교수정
  년기념논총간행위원회, 2000. 8)
* 「삼국시대 신라의 동해안 제해권 확보의 의미」(김호동, 『大丘史學』 65, 대구
  사학회, 2001. 11)
* 「이규원의 '울릉도 검찰' 활동의 허와 실」(김호동, 『大丘史學』 71, 대구사학회,
  2003. 5)
* 『동해안 지역의 방언과 구비문학 연구』(김호동 외, 영남대학교 민족문화연구소
  편, 영남대학교출판부, 2003. 8)
* 「삼국시대 동해안지역 사원 창건연기설화의 역사적 의미」(김호동, 『민족
  문화논총』 29, 영남대 민족문화연구소, 2004. 6)
* 「개항기 울릉도 개척정책과 이주실태」(김호동, 『대구사학』 77, 대구사학회,
  2004. 11)
* 「조선 초기 울릉도, 독도에 대한 '공도정책' 재검토」(김호동, 『민족문화논총』
  32, 2005. 12)
* 『전근대 동해안 지역사회의 운용과 양상』(김호동 외, 경인문화사, 2005. 5)
* 『독도를 보는 한 눈금 차이』(김호동 외, 선출판사, 2006. 1)
* 『울릉군지』(울릉군 · 영남대학교 민족문화연구소, 2007. 2)

　　이 글은 이러한 이력의 과정에서 집필된 것이다. 처음 1998년에 『울
릉도 · 독도에 관한 종합적 연구』에 참여하였을 때, 그때까지의 독도에
관한 연구가 영유권 문제에만 국한하여 연구된 것을 반성하고 '독도와
울릉도가 시공간적 차원에서 둘로 분리할 수 없는 하나의 생활권역으
로서의 공동운명체를 갖고 있었음을 드러내겠다'고 생각하였다. 그간
의 독도와 울릉도에 관한 필자의 글은 그러한 시각을 줄곧 갖고 쓰여
졌다. 따라서 이 책은 그 연장선상에서 다음과 같은 관점을 유지하고
자 하였다.

　　첫째, 지금까지의 독도에 관한 글들은 다소 민족적 차원에 치우쳐
우리측 사료에 대한 지나친 의미 부여를 하였다. 이 책은 그러한 점을

반성하면서 일본인이, 그리고 다른 외국인들이 읽을 때 공감할 수 있도록 쓰고자 하였다. 그러나 팔이 안으로 굽는다는 점에서 그 의도가 얼마만큼 관철되었는지는 독자의 판단에 맡긴다.

둘째, 지금까지 고려 말 조선 초 공도정책이 실시되어 울릉도·독도는 빈 땅, 버려진 땅이었음이 지적되었다. 그러나 공도정책이란 잘못된 용어이다. 결코 울릉도와 독도는 버려진 땅이 아니었고, 중앙정부의 행정편의에 의해 실시된 쇄환, 혹은 수토정책 하에서도 울릉도·독도를 삶의 텃밭으로 살았던 동해안 및 남해안 어민들의 애환이 살아 숨쉬는 땅이었음을 강조하고자 하였다.

셋째, 영유권 차원에 집착한 나머지 1883년 울릉도 개척령에 의해 울릉도에 들어간 개척민들이 성공적으로 울릉도를 개척하였다는 점이 그간 강조되어 왔다. 그러나 울릉도 개척은 섬을 대상으로 하면서 농업 위주의 개척을 시도하였기 때문에 개척민들의 삶 속에 독도가 생활 터전으로 확고하게 자리 잡지 못하게끔 하였다. 어업 위주의, 그리고 일본인 침투를 이 땅에 내몰고자하는 최선봉 기지로 개척하였다면 1905년 일본이 독도를 무주지無主地라고 하여 자국의 영토로 그렇게 슬그머니 편입시키지 못하였을 것이라는 시각을 갖고 울릉도 개척사를 서술하고자 하였다.

넷째, 해방은 우리의 투쟁에 의해 쟁취된 것이 아니라 어느 날 갑자기 일본의 항복으로 우리에게 주어졌다. 이후 독도문제는 2차 대전의 승전국인 미국 중심의 연합국과 패전국 일본 사이에 대일강화조약의 틀 속에 논의되었다. 우리나라는 그 조약의 체결과정을 지켜보아야만 할 뿐이었다. 더욱이 1951년 샌프란시스코 평화조약의 체결과정의 시점은 한국전쟁의 시기였다.

이때 미국은 일본이 공산권에 대한 아시아의 교두보 역할을 하기를 바랐었고, 그것은 지금까지도 마찬가지이다. 이러한 동아시아의 국제

정세의 변화가 샌프란시스코평화조약, 이후의 한일회담 등에 작용하였
다는 점을 지적하고자 하였다.

다섯째, 울릉도와 독도는 둘이 아니라 하나이다. 이 책을 통해 독도
와 그 근해는 울릉도민, 그리고 동해안 및 남해안 어민들의 삶의 텃밭
이었음을 다시 한 번 드러내고자 하였다.

이 책은 위와 같은 시각을 갖고 집필되었다. 이 글을 영남대학교 독
도연구소에서 '독도연구총서' 1집으로 간행하게 해준 김화경 소장님께
감사의 뜻을 전한다. 학문하는 순간 가장 어려운 한 시기에 부족하지
만 하나의 책자로 만들게끔 배려해줌으로써 그 어려움의 한 순간을 이
겨내는 데 도움이 되었음을 고백하지 않을 수 없다. 물론 이 글의 작성
에는 필자의 아내와 두 아들의 희생이 있었다. 그 미안함을 이 책자로
대신한다.

2007년 4월 5일 늦은 밤 울릉도에서

차 례

제1장 독도·울릉도를 바라보는 기본 관점

1. 폐기하여야 할 '공도정책' 용어

한일 양국은 1883년 개척령 공포 이전의 한국의 울릉도·독도 정책을 이른바 '공도정책空島政策'으로 흔히들 부른다.

공도정책이란 용어는 처음 일본에서 제기하였다. 그 용어의 사용은 일본의 대외팽창의 일환으로서 울릉도를 자국의 영토로 편입시키고자 하는 침략의도에서 비롯하였다. 그것을 기타자와 세이세이(北澤正誠)의 『죽도고증竹島考證』(1881)을 통해서 확인할 수 있다.[1] 북택정성北澤正誠은 『죽도잡지竹島雜志』와 『죽도고竹島考』, 『죽도도설竹島圖說』의 기록을 근거로 하여 "죽도는 예전부터 사람이 살지 않는 거친 섬(無人ノ荒島)으로서 70여 년간 우리나라 사람이 그곳에서의 해상이익을 독차지해 왔는데,

---

[1] 명치유신 이후 동해상에서 새로운 섬인 '松島'를 발견하였다면서 일본 외무성으로 개척원이 쇄도하게 되자 외무성의 지시를 받은 北澤正誠이 6세기부터 19세기 후반(1881)까지의 울릉도(일본명 竹島)와 독도(일본명 松島)에 관한 기록을 집대성하여 분석하여 보고하였다. 그 결과는 당시 새로이 발견하였다고 하는 '오늘날의 松島는 元祿 12년에 竹島라고 불렸던 섬으로 옛날부터 우리나라 영역 밖에 있었던 땅'인 한국의 울릉도이고, '竹島는 松島에 붙어있는 작은 암석'이라고 하였다. 이것은 일본이 당시 울릉도와 독도에 대한 인식이 매우 혼란스러운 것이었음을 잘 나타내주고 있는 것이다.

원록元祿시대에 조선과 서신이 오고간 후 그 섬이 울릉도라는 것을 알고 그 섬을 그들에게 돌려주었다"고 하였다.[2] 이어서 『동국여지승람東國輿地勝覽』과 『동국통감東國通鑑』, 『고려사高麗史』, 『지봉유설芝峰類設』 등의 한국 측 사료와 명나라 측 문헌을 분석하여 임진왜란까지 죽도는 조선의 영역이라고 할 수 있으나 임란 이후 일본 사람들이 점거하도록 내버려 둔 것 같다고 하였다.[3]

---

2) 北澤正誠, 『竹島考證』 上, "죽도는 실로 우리나라(=일본) 사람이 발견한 곳이기 때문에 우리나라 영역 안에 있는 섬 중의 하나이다. 그곳에서의 해상 이권을 우리가 장악한 후 74년이란 긴 시간이 흘렀다. 조선인은 예전에는 전혀 몰랐던 것 같다. 그런데 元祿 5년(1692) 봄부터 조선인이 죽도에 와서 어로를 하게 되었고, 그 다음 해에도 또 오게 되었다. 이에 그 나라 사람 둘을 잡아 이 일을 에도[江戶]에 탄원하였다. 막부는 쓰시마[對馬]에 명령하여, 그 나라 정부에 서신을 보내 그 나라 사람이 다시 건너오는 것을 금지하게 하였다. 이에 관한 서신이 몇 차례 오고간 후, 우리가 竹島라고 하는 섬이 그들이 鬱陵島라고 하는 섬이고 오래전부터 조선의 영토임을 알게 되어, 반대로 우리나라 사람이 그 섬에 가는 것을 금하게 되었다". 여기서 원록년간의 일은 안용복 사건을 말하는 것이다.
3) 北澤正誠, 『竹島考證』 上, "1370년 전부터 임진왜란 때까지는 竹島가 조선의 영역이었다고 해도 좋다. 그러나 文祿 · 慶長이래(1592~1614) 元祿 9년에 이르기까지는 조선이 兵亂의 재해로 인하여 그곳을 도외시하게 되었고, 우리나라 사람들이 점거하도록 내버려두게 되었던 것 같다. … 세 나라의 책의 내용을 아울러 생각해보면 1300년 전부터 文祿征韓의 役(1592년 임진왜란을 이름) 때까지는 竹島가 조선의 땅이었다고 하는 것에 두말이 필요 없다. 文祿征韓의 役 때부터 그 이후에는 단지 우리나라 사람들만이 竹島를 우리나라 영역으로 여겼을 뿐 아니라 명나라 사람들의 저서 역시 竹島를 우리의 영역이라고 인정하였던 것이다. 또 명나라 사람들만 그것을 인정한 것이 아니라 조선인 역시 그것을 묵인하고 있었던 것 같다. 어떻게 알 수 있는가 하면 『芝峯類說』에서 말하기를 "(前略) 壬辰變後 가서 본 사람이 있는데['가서 보았다'라는 것은 竹島에 갔다가 왔다는 것을 말함] 역시 왜에 의해 불타고 노략질 당하여 다시 인가에 연기가 오르는 일이 없었다. 근래에 듣기로는 왜인들이 磯竹島를 점거했다고 한다"라고 하였기 때문이다. 이 말에 따르면 조선인 또한 은연중에 우리나라 사람이 죽도를 점거하도록 방임하고 있었던 것 같다. 따라서 경장 19년(1614) 병인년 송씨에게 명하여 사람을 부산으로 보내어 竹島에 대해 담

북택정성北澤正誠은 『죽도고증竹島考證』 상권上卷 끝부분에서 경장慶長 19년(1614) 이후의 죽도 도해 연보를 들어 죽도 점거 후의 매년의 상황을 제시하고, 원록 9년 막부의 명으로 도해가 금지되기까지의 대략을 열거하였다. 그리고 『죽도고증竹島考證』 중권中卷에서 원록 6년(1693) 조선인 두 명, 즉 안용복 등을 잡아 나카사키에 보낸 것을 기화로 대마수對馬守 종씨宗氏가 동래부윤과 20여 차례 서신을 주고받은 것을 기록한 후 다음과 같이 언급하고 있다.

　죽도는 원화元和 이래(1615~1623) 80년 동안 우리 국민이 어렵漁獵을 하던 섬이었기 때문에 우리 영역이라는 것을 믿으며, 저 나라 사람들이 와서 어렵하는 것을 금하고자 하였다. 저들이 처음에는 죽도竹島와 울도鬱島가 같은 섬임을 몰랐다고 답해 왔으나 그에 대한 논의가 점점 열기를 띠게 되자 죽도와 울도가 같은 섬에 대한 다른 이름이라고 말하고 오히려 우리가 국경을 침범했다고 책망했다. 고사古史를 보자면 울도가 조선의 섬이라는 것에 대해서는 두 말할 필요가 없다. 그러나 문록이래文祿以來(1592~1614) 버려두고 거두지 않았다. 우리나라 사람들이 그 빈 땅[空地]에 가서 살았다. 즉 우리 땅인 것이다. 그 옛날에 두 나라의 경계가 항상 그대로였겠는가. 그 땅을 내가 취하면 내 땅이 되고, 버리면 다른 사람의 땅이 된다. 우리 동양 제국의 3백년간의 예를 들어 논해 보자. 대만은 예로부터 명나라의 땅이었다. 그러나 명나라 사람이 거두어들이지 않고 하루아침에 그 섬을 버리자 네덜란드가 갑자기 점거하여 네덜란드의 땅이 되었다. 그리고 정씨鄭氏가 무력으로 그것을 빼앗았으니 또 정씨鄭氏의 땅이 되었던 것이다. 흥안령興安嶺 남쪽은 예로부터 청나라 땅이었다. 청나라 사람들이 거두어들이지 않고 하루아침에 그 섬을 버리자 러시아족이 즉시 그곳을 점거하게 되었다. 영국과 인도, 프랑스와 베트남, 네덜란드와 아시아 남양군도에 있어서도 그렇지 않은 것이 하나도 없다. 그런데 조선만이 홀로 80년간 버려두고 거두지 않던 땅을 가지고 오히려 우리가 국경을 침범했다고 책망하고 있다. 아무런 논리도 없이 옛날 땅을 회복하고자 한 것이 아니었던가. 그런데 당시 정부는 80년 동안 우리나라 사람들이 어렵漁獵을 해올 수 있었던 그 이익을 포기하고 하루아침에 그 청을 받아들였으니 죽도竹島에 울도鬱島란 옛날 이름을 부

───────────

판하기에 이르렀으나 조선은 이에 따르지 않았다고 한다. 그래서 더 이상 사람을 죽도에 이주시키지 않았는데, 元和 4년(1618) 호키의 상인이 죽도에 도해하기를 청하여 막부가 이를 허가해 주었다. 그로부터 해상 권리를 장악한 지 어언 70여 년이 흘러 元祿 9년(1696)에 이르게 되었다”.

여해 준 것은 당시의 정부인 것이다. 실로 당시는 항해를 금하는 정책을 썼다. 외국과의 관계를 끊기 위해서였다. 동시에 그로 인해 오가사와라섬을 개척하자는 말이 나왔으나 실행되지 않았던 점에 비추어 보면 왜 죽도를 돌려주었는지 충분히 알 수 있다. 당시의 정책은 편한 것만을 추구하였을 뿐 개혁하여 강성해지고자 하는 것이 아니었기 때문이다. 만약 외국에 대한 이야기를 하고 외국의 종교를 받드는 자가 있으면 그를 나라의 적으로 보아 엄한 형벌을 가했다. 각 나라에서 내항하는 것을 금하고, 중국, 조선, 네덜란드 이외에는 항구로 들어오는 것을 허락하지 않았다. 사면이 바다로 둘러싸여 천혜의 항구를 가지고 있었는데도 쇄국정책을 취하고 이용하지 않았다. 혹 큰 계획을 세우고 외국으로 나가고자 하는 지사가 있어도 자기 집 봉당에서 허무하게 늙어 죽을 수밖에 없었다. 어찌 통탄하지 않을 수 있겠는가. 무릇 죽도는 매우 협소한 땅으로 아직 우리에게 있어도 되고 없어도 되는 땅이나 당시의 일을 생각하면 홀로 큰 한숨이 나온다.

북택정성北澤正誠은 위 자료에서 보다시피 "울도鬱島가 조선의 섬이라는 것에 대해서는 두말할 필요가 없다. 그러나 문록이래文祿以來(1592~1614) 버려두고 거두지 않았다. 우리나라 사람들이 그 빈 땅[空地]에 가서 살았다. 즉 우리 땅인 것이다. 그 옛날에 두 나라의 경계가 항상 그대로였겠는가. 그 땅을 내가 취하면 내 땅이 되고, 버리면 다른 사람의 땅이 된다"고 하였다. 따라서 울릉도를 조선이 80년간 버려두고 거두지 않아서 일본의 땅이 되었다고 하였다. 그것을 안용복 사건 직후 한국의 땅이라고 돌려준 것은 당시 일본정부가 쇄국정책을 취한 탓이라고 하면서 당시의 정책을 비판하면서 한숨을 지었다.

북택정성北澤正誠은 『죽도고증竹島考證』 상권上卷의 『기죽도각서磯竹島覺書』에서도 "조선 태종 때 그 섬으로 도망가는 유민이 심히 많다고 듣고, 다시 명령하여 삼척 사람 김인우를 안무사로 삼아 쇄출하고 그 땅을 비웠다[刷出空其地]고 한 것을 인용한 후 "전조前朝 왕씨王氏에서는 공도제空島制를 행하지 않았기 때문에 바닷가에 살던 사람이 때때로 그 섬으로 이주하기도 하였다"고 하였다. 그리고 "그 후 세종 20년에 이르러 현인縣人 만호萬戶 남호南顥가 수백 명을 이끌고 가서 도망간 백성을 모두 잡아 김환金丸 등 70여 명을 데리고 돌아왔고, 그 땅은 결국 비워졌다[其地遂空]"고 하여 울릉도가 빈 섬[空島]이었다는 점을 부각시키고 조선왕조에서 공도제를 시행하였음을 논증하고자 하였다. 그것을 통해 앞 인용문에서 보다시피 임진왜란 이후 조선이 버려두고 거두지 않은 빈 땅[空地]을 일본이 일구었기 때문에 자국의 영토라는 논리를 전개하고자 하였다.

당시 근대 제국주의로 발돋움한 일본은 대외팽창을 적극 추진하여 대만을 정벌하고(1874), 사할린[樺太]·쿠릴[千島] 교환협정을 체결하였고(1875), 오가사와라[小笠原]제도를 편입하고(1876), 류우큐우[琉球]를 귀속시켰다(1879). 그 와중에 1876년에 운요호 사건을 계기로 조선을 개국시키고, 동해에 위치한 울릉도를 침탈하고자 하였다. 그러나 안용복 사건으로 인해 죽도, 즉 울릉도를 한국의 영토로 인정하고 '죽도도해금지령'을 내린 일본으로서는 그 목적을 이루기가 여의치 않았다. 그런 상황 하에서 명치유신 이후 러시아와의 무역에 종사하거나 동해상에서 어로 활동을 하고 있었던 일본 어부들이 죽도, 즉 울릉도를 '송도松島'로 바꾸어 부르면서 동해상에서 새로운 섬인 '송도松島'를 발견하였다고 하여 일본 외무성으로부터 개척원을 얻어내고자 하였을 것이다. 그 하나의 증거가 1882년 이규원이 울릉도를 검찰하였을 때 발견한 '일본국 송도규곡 명치 2년 2월 13일 암기충조 건지日本國 松島槻谷 明治二年二月十三日 岩崎忠照 建之'라고 한 표목이다. 1869년(명치 2)에 암기충조岩崎忠照 등은 당시 조선이 수토제도를 구사하여 울릉도에 입도하는 것을 범법자로 간주한다는 것을 잘 알고 있었다. 따라서 자기들이 울릉도를 '송도'라 하여 부르면서 일본 땅이라고 주장하더라도 조선인들이 그것을 조선정부에 보고하지 않으리라는 것을 너무나 잘 알고 있었다. 이들의 계획된 의도에 의해 울릉도는 송도, 혹은 죽도로 불리어졌으며, 결국 여타 일본인들은 그 명칭에 혼동을 느끼게 되었을 것이다.

북택정성北澤正誠의 『죽도고증竹島考證』은 1881년(명치 14) 8월에 쓰여진 것이다. 그 해 5월 22일 일본의 울릉도 침탈이 조선 정부에서 이미 문제가 되어 이규원을 울릉도검찰사로 파견하기로 결정된 상황이었기 때문에[4] "오늘날의 송도松島는 원록元祿 12년에 죽도竹島라고 불렀던 섬으로 옛날부터 우리나라 영역 밖에 있었던 땅"이라고 할 수밖에 없었을 것이다. 그렇지만 그는 당시 조선의 수토정책을 '공도정책空島政策'이라 명명하고 빈 섬, 버려진 섬임을 『죽도고증竹島考證』의 곳곳에서 부각하여 '버려진 땅을 내가 취하면 내 땅이 된다'는 것을 외무성 등에 주지시키고자 하였을 것이다.

이런 시각에서 볼 때 『죽도고증竹島考證』 하권下卷의 말미에 실린 공신국장公信局長 전변태일田邊太一의 주장은 주목이 된다.

들기에 '송도松島'는 우리나라 사람들이 붙인 이름이며 사실은 조선의 울릉도에 속하는 우산이라고 합니다. 울릉도가 조선에 속한다는 것은 구정부 때에

---

4) 『高宗實錄』高宗 18년 5월 21일, 「統理機務衙門에서 보고하였다. "지금 江原監司 林翰洙의 狀啓를 보니, '鬱陵島搜討官의 보고를 하나하나 들면서 말하기를, 순찰할 때에 어떤 사람이 나무를 찍어 해안에 쌓고 있었는데 머리를 깎고 검은 옷을 입은 사람 7명이 그 곁에 앉아있기에 글을 써서 물어보니 일본 사람이 나무를 찍어 元山과 釜山으로 보내려고 한다고 대답하였답니다. 일본 선박의 왕래가 근래 대중없어서 이 섬에 눈독을 들이고 있으니 폐단이 없을 수 없습니다. 청컨대 통리기무아문으로 하여금 稟處토록 하기 바랍니다'라고 하였습니다. 나라에서 채벌을 금하는 산은 원래 중요한 곳이고 조사하여 지키는 것도 역시 정식이 있습니다. 그런데 저 사람들이 남몰래 나무를 찍어서 가만히 실어가는 것은 邊禁에 관계되므로 엄격하게 막지 않을 수 없습니다. 장차 이 사실을 문건으로 작성하여 東萊府 倭館에 내려 보내서 일본 外務省에 전달하게 할 것입니다. 생각하건대 이 섬은 망망한 바다 가운데 있는데 그대로 텅 비워두는 것은 대단히 허술한 일입니다. 그 형세가 요충지로 될 만한가 방어를 빈틈없이 하고 있는가를 두루 살펴서 처리하여야 할 것입니다. 副護軍 李奎遠을 鬱陵島檢察使로 임명하여 가까운 시일에 빨리 가서 철저히 타산해보고 의견을 갖추어서 보고하여 이로써 문의해서 처리하게 하는 것이 어떻겠습니까"」.

한 차례 갈등을 일으켜 문서가 오고간 끝에 울릉도가 영구히 조선의 땅이라고 인정하며 우리 것이 아니라고 약속한 기록이 두 나라의 역사서에 실려 있습니다. 지금 아무 이유없이 사람을 보내어 조사하게 하는 것은 다른 사람의 보물을 넘보는 것과 같습니다. 이제 겨우 우리와 한국과의 교류가 시작되었지만 아직도 우리를 싫어하고 의심하고 있는데 이처럼 일거에 다시 틈을 만드는 것을 외교관들은 꺼릴 것입니다. 지금 송도를 개척하고자 하나 송도를 개척해서는 절대 안됩니다. 또 송도가 아직 무인도인체 있는지도 분명하지 않고 그 소속이 애매하므로 우리가 조선에 사신을 파견할 때 해군성이 배 한 척을 그곳으로 보내서 측량 제도하는 사람, 생산과 개발에 대해 잘 아는 사람을 시켜, 주인 없는 땅[無主地]임을 밝혀내고 이익이 있을 것인지 없을 것인지도 고려해 본 후, 돌아와서 점차 기회를 보아 비록 하나의 작은 섬이라도 우리나라 북쪽 관문이 되는 곳을 그대로 방치해서는 안됨을 보고한 후 그곳을 개척해도 되므로 뇌협瀬脇씨의 건의안은 채택할 수 없습니다.

전변태일田邊太一이 울릉도에 속하는 우산이라고 하는 송도가 무주지無主地임을 밝혀내고 기회를 보아 개발을 하자고 한 주장은 '버려진 땅[空地]을 내가 취하면 내 땅이 된다'는 북택정성北澤正誠의 논리와 그대로 연결된다. 결국 이들의 논리가 1905년 독도를 '무주지無主地'라고 하여 시마네현 의회 고시를 통해 자국의 영토로 편입시킨 논리로 구체화되었다고 볼 수 있다.

『죽도고증竹島考證』은 1881년 일본 외무성에 제출되었다. 거기에 실린 북택정성北澤正誠과 전변태일田邊太一의 '공도제空島制'와 '무주지無主地' 이론을 접한 일본 외무성 관리들은 1905년 독도침탈의 '무주지선점론無主地先占論'을 개발하였다고 보아야 할 것이며, '공도제'는 울릉도와 독도에 대한 조선 정책으로 규정되기에 이르렀다. 이후 일본의 독도·울릉도 연구는 일제의 식민지 침략과 함께 시작된 한국학 연구의 성과를 토대로 하여, 한국 자료의 문제점을 지적하면서 자기들의 영유권 주장이 타당하다는 것을 강조하기 위해 '공도정책'을 부각시켜 나갔다. 일제식민지를 경험한 한국의 경우 근대 역사학 등의 학문분야는 일본을 통해 이론을 습득하여 성립된 면이 적지 않다. 그 결과 조선시대의 독도 · 울릉도 정책을 '공도정책'이란 용어로 받아들여 비판 없이 사용함은 물론 이것을 조선의 해양정책 전반으로까지 확대하여 적용하였다.

흔히들 공도정책은 고려 말에서 시작되어 조선시대에 걸쳐 시행되었다고 한다. 공도조치란 섬 주민들을 육지로 모두 이주시켜 섬을 비워버리는 극단적인 조치를 의미한다. 공도정책이란 용어를 받아들인 한국 측 학자들이 고려 말 '왜구의 침탈로부터 섬 주민을 보호하기 위해서' 섬 주민을 육지로 이주시켰다는『신증동국여지승람』등의 지리지 기록을 접했을 때 그것을 공도정책의 시작으로 보았던 것이다. 이의 이해를 위해 고려 말 왜구의 침입에 관해 우선 살펴보고자 한다.

『고려사』에서 왜구 침탈에 관한 기록은 1223년(고종 10)부터 나오기 시작한다. 그 후 4년 동안 소규모, 산발적인 왜구의 출몰이 이어졌다. 이에 대해 고려왕조는 1227년 일본에 사신을 보내 엄중 항의하였고, 일본 측에서는 편지를 보내어 왜구의 침탈행위를 사과하고 우호통상관계를 맺을 것을 청하였다. 이후 왜구의 출몰은 기록상 30여 년간 자취를 감춘다. 이는 당시 고려왕조가 왜구의 침탈을 압도할 수 있는 해양력을 소지하고 있었다는 것을 의미하는 것이다.

왜구가 자취를 감춘 30여 년의 기간은 강화도 고려정부의 대몽항쟁기와 겹치는 시기였다. 몽고의 1차 침입 후 최우정권이 개경의 수성책이 마련되지 않았음을 빌미로 해도인 강화도로 들어가 계속 항전을 할 수 있었던 것은 이러한 우수한 해양력을 구비하고 있었기 때문이다. 이후 강화정부는 산성 및 해도 입보책을 통해 들판을 텅 비워버리는 청야전술을 구사하면서 몽고에 계속 항전을 하였다. 특히 강화정부는 몽고병이 기병을 근간으로 하면서 병선兵船을 마련하지 않았기 때문에 '해도입보海島入保' 정책을 통해 강화도로 들어오는 길목 요충지인 섬들에 군사와 주민을 들여보내어 몽고에 효과적으로 항전할 수 있었다.5)

---

5) 윤용혁,「고려의 해도입보책과 몽고의 전략변화 ― 여몽항쟁 전개의 일양상 ―」,

고려는 장기간의 전쟁에 따른 육지의 피해와, 이에 따른 민심의 이반으로 인해 몽고에 결국 항복하였다. 고려왕조는 비록 몽고에 항복하였지만 오랜 저항의 결과 왕실의 존속과 고려의 자주성을 확보할 수 있었다. 그러나 삼별초 세력이 항몽과 타도 개경정부를 내세우며 독립정부를 세워 진도와 제주도를 근거지로 하여 항몽 및 반정부활동을 전개하자 고려는 내전에 휩싸이게 되었다. 결국 여몽연합군의 삼별초 정벌과 뒤이은 일본 동정으로 인해 고려의 해양력은 크게 피폐할 수밖에 없었다.

고려의 해양력이 크게 피폐해지자 왜구의 침탈은 1260년대에 들어 소규모, 산발적인 형태로 다시 나타났으며, 1350년대를 넘어서면서부터 침탈의 빈도와 규모가 크게 증대하였다. 바로 이 시기에 고려왕조는 이른바 공도조치를 단행하였다고 한다. 그리고 이러한 공도정책은 고려왕조에 이어 조선왕조에서도 지속되었다고 한다. 과연 그럴까?

고려 말에 공도조치가 실시되었다는 자료로 거론되는 것은 『신증동국여지승람』의 건치연혁建治沿革 혹은 고적조古跡條에 나온다. 남해도·거제도·진도·압해도·장산도·흑산도 등에서 '왜적의 침입에 의해 읍의 치소를 옮겼다'는 기록에 근거하여 공도조치가 시행되었다고 한다.6) 이러한 공도정책에 대해 최근 다음과 같은 비판이 가해지고 있다.

> 이들 섬(공도정책이 시행되었던 섬)들을 보면 하나같이 군현이 설치될 정도로 비중 있고, 전통적으로 해양세력의 중요 근거가 된 큰 섬들임을 알 수 있다. 따라서 왜구의 침탈을 이유로 이들을 공도화 했다는 것은 선뜻 이해하기 어렵다. 오히려 이러한 섬들의 방어 능력을 충실화하여 왜구의 침탈을 저지하는 것이 왜구에 대한 보다 적극적이고 합리적인 대비책이지 않을까 하는 의구심이 앞서기 때문이다. 이러한 의구심은 거제도의 공도화 시점에서 더 크게 일어난다.

---

6) 『신증동국여지승람』에 의하면, 거제도는 1271년(원종 12)에, 진도는 1350년(충정왕 2)에, 그리고 남해도는 공민왕대(1351~1374)에 각각 공도화 되었고, 나머지 섬들의 공도화 시점은 기록에 나오지 않는다.

거제도를 공도화한 1271년을 전후한 시기엔 왜구의 침탈은 단지 소규모, 산발적인 수준에 그치고 있어, 거제도란 거대한 섬을 통째로 비워버리는 공도의 조치를 취했다는 것은 아무래도 이해할 수 없는 바이다. 더욱이 1271년의 시점은 삼별초가 진도를 중심으로 서남해안을 석권하던 그 시기와 정확히 겹치고 있어서, 거제도 공도화 조치는 왜구의 침탈 때문이라기보다는 오히려 진도 삼별초세력과 거제도 해양세력의 연계 가능성을 차단하기 위한 조치로 파악하는 것이 더 자연스러워 보이기도 한다. 실제로 당시 진도 삼별초세력은 완도에 송징 장군을, 남해도에 유존혁 장군을 파견하여 서남해 제해권을 확대 · 강화해 가고 있었으니, 이런 추세를 우려의 눈초리로 주시하였을 고려정부의 입장에서 볼 때, 삼별초세력이 거도巨島 거제도마저 장악하는 일이 시간문제로 받아들여졌음직하다. 따라서 적어도 1271년에 취해진 거제도 공도화 조치의 원인은 왜구보다는 삼별초세력과의 상관관계 속에서 찾아보는 것이 더 타당하지 않을까 한다.[7]

이러한 주장을 보완하기 위해 거제도에 관한 다음의 사료를 살펴보기로 한다.

A-1) 거제현巨濟縣 원래 바다가 있는 섬으로서 신라 문무왕이 비로소 이곳에 상군裳郡을 설치하였고 경덕왕은 거제군으로 고쳤다. 현종 9년에 현령을 두었고 원종 12년에 왜적의 침입으로 말미암아 이 지역을 잃었으므로 주민들이 거창군 가조현에 붙여 살았으며 충렬왕 때에 관성管城에 합쳤다가 얼마 후 원래대로 고쳤다(『고려사』, 권57, 지리2 경상도 진주목 거제현).

2) 거제현이 원종 12년 신미에 왜倭로 인해 실토失土하여 가조에 교우僑寓하였다(『세종실록지리지』, 권50, 가조현).

---

7) 이 글은 해상왕장보고 기념사업회, 『월간 해상왕 장보고 NEWS』 47호(2003년 8월) · 48호(2003년 9월)에 연재된 '한국해양사의 흐름'에 실린 「고려 말의 공도 조치-해양세력의 몰락」과 「조선을 자폐와 쇄국의 길로 이끈 공도 및 해금 정책」에 실린 내용을 인용한 것이다. 이 자료는 [해상왕장보고] 홈페이지 (http://www.changpogp.or.kr)에 수록되어 있다. '한국해양사의 흐름'을 집필한 강봉룡은 그 내용을 수정 보완하여 『바다에 새겨진 한국사』(한얼미디어, 2005)를 최근 출판하였다. 그 책 6장에 실린 '고려 말의 공도조치와 해상세력의 몰락', '조선의 공도 및 해금정책'을 참고하기 바란다. 이하의 공도정책에 관한 인용문은 강봉룡의 위 견해를 인용한 것이다. 따라서 별도의 전거를 밝히지 않고 인용문으로 처리하였다.

3) 원종 때에 거제현이 삼별초의 난을 피해서 관아도 여기에 우접하고 그대
로 거제라 일컬었다(『신증동국여지승람』 가조현).

사료 A-1), 2)에서 보다시피, 고려 말 거제도 공도정책의 원인에 대
해 『고려사』 및 『신증동국여지승람』 등의 '거제현'에 관한 기록에
1271년(원종 12)에 왜구로 인해 읍치를 육지인 거창군의 속현인 가조현
으로 옮겼다고 하였다. 그것과는 달리 사료 A-3)의 『신증동국여지승
람』 '가조현'조의 경우 "원종 때에 거제현이 삼별초의 난을 피해서 관
아도 여기에 우접하고 그대로 거제라 일컬었다"고 하였다. 아마도 이
사료는 고려 말 공도조처가 삼별초 세력과 관련된다는 견해를 확인시
켜주는 중요한 사료라고 생각되지만, 위 견해에서는 이 자료를 활용하
지 않고 있다. 그러나 거제현이 얼마 후 복구되었다는 것을 공도정책
이 시행되었다고 주장하는 한 · 일 양국의 학자들은 주목하지 않는다.
거제현을 제외한 다음의 사료 B)~C)는 이른바 공도조처가 왜구침략
으로 인한 것으로 기록되어 있다.

B-1) 남해현南海縣 원래 바다 가운데 있는 섬인데 신라 신문왕이 비로소 전야
산군轉也山郡을 설치하였으며 경덕왕은 남해군으로 고쳤다. 현종 9년에
현령을 두었고 공민왕 7년에 왜적의 침입으로 말미암아 이 지역을 잃었
으므로 진주 관내의 대야산부곡大也山部曲에 붙여 살았다. 여기에 소속현
이 2개 있다(『고려사』 권57, 지리2 경상도 진주목 남해현).

2) 난포현蘭浦縣 원래 신라의 내포현內浦縣으로서 남해도南海島 안에 있는데
경덕왕이 지금 명칭으로 고쳐서 본 현에 소속시켰다. 고려 초에도 그대
로 소속시켰다. 후에 왜적의 침입으로 말미암아 주민과 가축들이 다 없
어졌다(『고려사』 권57, 지리2 경상도 진주목 난포현).

3) 평산현平山縣 원래 신라의 평서산현平西山縣(서평西平이라고도 한다)으로서 역
시 남해도 안에 있는데 경덕왕이 지금 명칭으로 고쳐서 남해군의 관할
하에 현으로 만들었다. 고려 초에도 그대로 불렀으며 후에 왜적의 침입
으로 말미암아 주민과 가축이 다 없어졌다(『고려사』 권57, 지리2 경상도 진주목
남해현).

C-1) 진도군 본래 백제의 인진도군이었는데 신라 때 진도로 고쳐서 무안의 영
현이 되고, 고려 때 나주의 임내가 되었다. … 충정왕 2년(1350)에 진도는
왜구로 인해 육지로 옮겼다. 태종 9년(1409)에 이르러 해남현을 합하여 해
진군으로 삼고, 12년에 군치소를 영암의 속현인 옥산으로 옮겨 읍을 설
치하였다(『세종실록지리지』 전라도 나주목 해진군).

2) 진해진군사에게 명하여 군민軍民을 거느리고 다시 진도 구치舊治로 들어
가게 하였다. 진도군은 본래 남해 가운데에 있었는데 일찍이 왜구로 인
하여 내륙으로 옮겨졌다가 이제 해변이 평안하기에 이주하라는 명이 내
려졌다(『태종실록』 권27, 태종 14년 2월 경오).

이에 대해 강봉룡은 다음과 같은 견해를 표명하였다.

그렇다면 여타 섬들의 공도조치는 어떤가? 진도와 남해도의 경우 왜구의 침
탈이 본격화되는 1350년 직후에 공도화 되었다는 점에서, 공도화의 원인을 '왜
구의 침탈로부터 섬 주민을 보호하기 위해서'라고 파악한 『신증동국여지승람』
등의 기록을 부정하기는 어려울 것처럼 보인다. 그렇지만 왜구 침탈이 본격화
되기 때문에 이들이 공도화된 것인지, 이들이 공도화되었기 때문에 왜구의 침
탈이 본격화된 것인지 인과관계의 순서를 한번쯤 따져볼 필요는 있다. 왜냐하
면 왜구 침탈이 본격화한 시점과 공도화의 시점이 거의 동시적으로 이루어지
고 있기 때문이다. 먼저 인과관계의 순서를 전자에 따라 파악할 경우, 공도조
치는 섬 주민을 보호하기 위해서 취해진 것으로 이해할 수 있다. 그러나 후자
에 따라 파악할 경우엔, 진도와 남해도 등을 공도화한 것이 원인이 되어 그간
미온적인 수준에 머무르던 왜구의 침탈 욕구가 더욱 증폭되는 결과를 가져왔
을 것으로 파악할 수도 있겠다. 그런데 당시의 추세를 엄밀히 따져보면 전자보
다는 오히려 후자의 관점이 더 타당할 수 있겠다는 생각으로 기운다. 먼저 고
려 말에 공도화의 대상이 된 섬들을 보자. 그들은 대체로 대몽 항쟁의 중심지
였던 섬들이 망라되어 있다. 즉 압해도는 일찍이 1256년에 몽고의 차라대로부
터 대규모 공격을 받은 적이 있었고, 남해도는 강화도정부가 팔만대장경 조판
사업을 일으키면서 분사대장도감을 설치할 정도로 대몽항쟁에서 중시되던 곳
이었다. 진도는 삼별초가 입거하여 대몽항쟁의 새로운 기지를 건설한 곳이었
으니 말할 것도 없다. 이런 견지에서 볼 때, 이들을 공도화한 조치 역시 거제도
와 마찬가지로 일차적으로는 저항세력을 제거한다는 정치군사적 의도에서 비
롯된 것으로 보는 것이 합리적이지 않을까? 이런 관점에서 다음과 같은 추론이
가능할 것 같다. 먼저 진도 삼별초세력의 저항이 한창이던 1271년의 시점에 거
제도를 첫 공도의 대상으로 삼았던 것은, 진도에서 비교적 멀리 떨어져 있는

거제도의 해양세력이 삼별초세력과 연대할 가능성을 사전에 차단하고자 함이었을 것이다. 그리고 진도와 남해도에 대한 공도화 조치를 비교적 늦은 시점인 충정왕 및 공민왕 연간에 단행했던 이유는 이렇게 설명할 수 있겠다. 삼별초 주력세력이 제주도에서 최종 진압됨에 따라 삼별초의 중심 기지 역할을 담당해오던 진도와 남해도에 대한 1차 탄압조치가 당연히 취해졌을 것이다. 그런데 이후 왜구의 침탈이 본격화될 조짐이 감지됨에 따라, 고려정부에 저항적 성향을 견지해오던 남해도와 진도 등지의 해양세력이 왜구와 연대할 것이 우려되어 이들에 대한 2차 공도화 조치를 취했을 것으로 볼 수 있지 않을까 한다. 삼별초 세력과 그 동조세력을 적도로 간주하던 고려왕조의 입장에서 볼 때, 삼별초 동조세력과 왜구의 연대 가능성에 대한 우려는 충분히 가질 수 있는 상황이었다. 이런 견지에서 볼 때, 고려 말의 공도조치는 1차적으로는 서남해의 저항 해양세력에 대한 대대적인 탄압을 의미하는 것으로 볼 수 있겠으며, 2차적으로는 그들과 왜구의 연대 가능성을 사전에 차단하기 위한 조치로 볼 수 있을 것이다. 그렇다면 이러한 공도조치는 이후 어떠한 결과를 초래했을까? 그것은 서남해 해양세력의 붕괴를 가져왔을 것이고, 이것이 원인이 되어 더욱 극렬한 왜구 침탈을 부추기는 결과를 가져왔을 것이 분명하다. 2차 공도화 조치가 취해졌던 1350년대 이후부터 왜구의 침탈이 그 빈도와 규모에서 급격히 증대되는 추세를 보여주고 있는 것이 이를 단적으로 반영하는 바이다. 요컨대 고려 말 공도조치는 해양국가 고려의 해양력을 약화시키고 해방체제海邦體制를 붕괴시키는 결과를 가져왔으며, 급기야 고려왕조의 멸망으로 이어지게 하는 원인으로 작용했던 것이니, 곧 한국 해양사의 일대 전환이 일어나고 있었던 것이다.

위 견해에 의하면 고려 말 공도조치는 1차적으로는 서남해의 저항 해양세력에 대한 대대적 탄압을 의미하며, 2차적으로는 그들과 왜구의 연대 가능성을 사전에 차단하기 위한 조치로 볼 수 있다고 하였다. 이로 인해 고려의 해양력 약화, 해방체제의 붕괴를 가져와 고려왕조의 멸망으로 이어지는 원인으로 작용하였다고 하였다. 그리고 고려 말의 공도조치는 조선왕조에 들어 더욱 강화되어 법으로 규제되는 하나의 국가 '정책'으로 자리 잡아 갔다고 하였다. 이에 관한 견해를 살펴보기로 한다.

고려 말의 이러한 공도조치는 조선왕조에 들어 더욱 강화되고 전면화되어, 단순히 일시적인 '조치'의 차원을 넘어서서 법으로까지 규정되는 하나의 국가

‘정책’(이른바 ‘공도정책’)으로 자리잡아 갔다. 관官의 허락 없이 몰래 섬에 들어간 자는 장杖 1백대의 형을 받는 것으로 규정되었으며, 심지어 섬에 도피 은닉한 죄는 본국을 배반한 죄에 준하는 것으로 다스려져야 한다는 주장까지 거론될 정도로 심각한 사안이 되었다. 조선이 공도정책을 실시했던 목적은, 고려 말에 반정부 활동을 전개하던 해상세력을 탄압하기 위해 취했던 공도조치와는 사뭇 다른 것이었다. 조선시대의 해양은 이미 피폐화 되어 있었고, 해양을 근거로 하여 삶을 영위하던 해양인들도 크게 쇠락해 있었으므로, 그들을 경계하고 탄압한다는 것은 더 이상 의미가 없는 일이었다. 그럼에도 불구하고 조선왕조가 공도를 국가의 정책으로 삼아 강력하게 추진했던 이유는 무엇일까? 그것은 모든 백성들은 국왕의 지배와 보호를 받는 위치에서 편제되어야 한다는 조선적 통치의 이념에서 나온 것이었다. 조선시대에 섬은 원칙적으로 국왕의 지배와 보호가 미치는 통치의 대상이 아니었고, 행정 편제의 대상에서도 배제되었다. 다만 왕권 내에 있는 조선의 영토라는 관념만이 막연하게 미치고 있을 뿐이었다. 따라서 만약 백성들이 섬에 흘러 들어간다면, 그것은 곧 국왕의 통치권에서 벗어남을 의미하는 것이었다. 그들에게 국가 탈출죄 혹은 반역죄에 상응하는 형벌이 가해졌던 것은 이 때문이었다. 이러한 조선의 공도정책은 고려 말에 취한 공도의 조치를 계승한 측면도 있지만, 더 본질적으로는 명의 해금정책海禁政策을 추수追隨한 결과였다고 볼 것이다. 명을 건국한 주원장은 원을 축출하고 중국대륙을 통일하는 한편, 명 왕조의 정권을 안정화시켜 가는 과정에서, 명의 지배에 저항하는 해양세력에 일대 타격을 가하기 위해 일체의 해양활동을 금하는 해금정책을 폈다. 당시 절강浙江 지방의 염민鹽民을 규합하여 큰 세력을 형성한 장사성張士誠이나 영파寧波, 온주溫州 등의 무역항구를 점거하여 해상무역을 주도하면서 세력을 키워간 방국진方國珍 등이 주된 견제와 제거의 대상이었다. 그리하여 명 태조 주원장은 민간 상인들의 해외 도항을 모두 금지하고, 민간에서 원양선을 건조하지 못하도록 하였을 뿐만 아니라, 이미 건조한 원양선도 국내 수송용 배로 개조하도록 명함으로써, 이들 해양세력의 활동 수단과 무대 자체를 제거하는 조치를 취했다. 이러한 명의 해금정책은 궁극적으로 바다를 폐쇄하고 육로라는 제한적인 통로를 통해 주변 국가와 조공관계를 맺음으로써 대내적 안정을 추구하고 대외적 패권주의를 관철하려는 데 주된 목적이 있었다. 그리하여 주원장의 뒤를 이은 영락제는 정화鄭和로 하여금 1405년부터 28년 동안 7차례에 걸쳐 인도에서 멀리 페르시아만에 이르는 남해 대원정을 단행하게 하였으니, 이로써 전대까지 성행해온 국제 해상무역은 더욱 무력화되었다. 명의 해금정책은 소기의 성과를 거두었으며, 그럴수록 국제적인 해상무역은 위축되어 갔다. 조선은 육로를 통해 명이 설정한 조공체제를 충실히 이행할 수 있는 지정학적 위치에 있었으므로, 명의 해금정책에 적극 동조하였다. 그러나 일본은 명의 해금정책으로 인해 가장 심각한 타격을 입게 되었다. 일본이 명 · 조선과 교역하기 위해서는 바다를 통하지 않고서는 불가능하였기 때문이다. 결국 일본은 바다를 통한 불법적 교역활동을 전개할 수밖에 없었고, 이것은 결과적으로 명의 해금정책에 도전하는 셈이 되었다. 그리고 명은 이에 대해 강력 대응하였다. 이러한 악순환이 계속되는 가운데 일본인들의 불법 행위는 점차 무력적 침탈 행위로 돌변해 갔으니, 이른바 왜구라 불리는 해적집단의 침탈로 나타났던 것이다.

위 인용에서 언급한 바와 같이 조선시대에 섬이 원칙적으로 국왕의 지배와 보호가 미치는 통치의 대상이 아니었고, 행정 편제의 대상에서도 배제되었을까? 사료 A)의 거제현, 그리고 C-1), 2)의 진도군 예에서 보다시피 이른바 공도정책이 실시되었다는 섬에 고려 말 조선초 다시 그 읍치가 원래의 섬으로 되돌아가고 있다. 그것은 일정한 호구와 전결의 확보 및 어염의 이익으로 인해 섬이 읍으로 유지될 만큼의 재정 자립도를 갖고 있었음을 말하는 것이다. 그것을 간과하고 고려에 이어 조선왕조에 들어와 섬에 대한 공도정책이 확립되었으며, 조선시대의 해양은 이미 피폐화 되어 있었고, 해양을 근거로 하여 삶을 영위하던 해양인들도 크게 쇠락했다고 보는 견해[8]는 문제가 있다. 공도정책이 실시되었다고 한 진도의 경우 세종 15년 당시 주민수가 500여 명을 넘어섰다. 조선 초기 실록 등의 자료에 의하면 섬과 바다에서 어염을 비롯하여 해산물 채취가 농사에 종사하는 것보다 훨씬 이익이 많아서 바닷가 연안민들이 생계를 유지하기 위해 섬으로 대거 유입하였다. 이 때문에 백성들이 생업의 기반을 농업에서 어업으로 전환하지 않을까 염려할 정도로 바닷가 연안지역의 주민들이 불법적으로 섬으로 이주해 들어갔던 것이다. 이른바 조선 초기에 공도정책이 실시되었다는 논자

---

8) 강봉룡, 『바다에 새겨진 한국사』, 한얼미디어, 2005. 그렇다고 강봉룡이 지적한 바와 같이 "조선은 통제하기 어려운 해양의 불안정성을 싫어하여 해양을 통해서 문화의 다양성을 얻을 수 있는 기회를 저버렸고, 대신에 중화의 권위를 빌어서 內地의 인민들을 철저히 통제하여 획일적 안정성을 추구한 것에 길들여져 갔다"(237쪽)는 주장을 부정하는 것은 아니다.

들은 육지 백성 가운데 불법적으로 섬에 들어간 사람들을 다시 육지로 쇄환하는 자료들을 갖고 '공도정책'이 시행되었다는 자료로 잘못 해석하고 있는 것이다.[9]

바다와 섬이 부를 축적하는 곳으로 인식되어 섬으로 사람들이 몰리게 되자 중앙정부는 날로 늘어나는 도서 이주민들에 대한 대책을 마련할 수밖에 없었다. 일부 섬에 수령이 파견되는가하면, 섬에 대한 양전量田이 실시되기도 하였다.[10] 또 이들의 안정된 생업을 위해 왜구들이 들어오는 길목이긴 하지만, 선군船軍의 내왕이 불편하고 또 적변이 일어나도 군관이 미처 구하지 못하기 때문에 부득이 내륙의 해안가 포구에 수성군과 병선을 더욱 보강해주고 수령으로 하여금 변방을 방어하도록 하였다.[11]

섬에 대한 정책 전환이 이루어질 수 있었던 것은 세종조에 있어서의 대대적인 왜구소탕전의 결과이기도 하다. 세종대에 오면 왜구의 침탈을 본원적으로 뿌리 뽑기 위해서 왜구의 근거지로 지목해온 대마도 정벌을 추진하였다. 1418년(세종 원년) 6월 19일 조선 측은 삼군도체찰사三軍都體察使 이종무李從茂의 지휘 하에 17,000여 명의 병력을 227척의 병선에 나눠 싣고 거제도를 출발, 대마도 정벌에 나섰다. 정벌군은 왜구의 근거지에 큰 타격을 가하는 한편 많은 조선인 포로들을 쇄환刷還해 오는 전과를 올렸다. 이로써 세종대에 일본에 대한 각종 회유정책이 조선의 주도 하에 실시될 수 있게 되었고, 대마도는 조·일 양국외교의 안전판 역할을 하게 되었다. 『신증동국여지승람』에 대마도가 수록되는 것은 바로 그 때문이다.

공도정책에 따르면 섬은 원칙적으로 국왕의 지배와 보호가 미치는

---

9) 본서 제3장 참조.
10) 『세조실록』, 권25, 세조 7년 8월 계유.
11) 『세종실록』, 권64, 세종 16년 6월 갑자.

통치의 대상이 아니었고, 행정 편제의 대상에서도 배제되었다고들 한다. 그러나 15세기 지리지에는 지금까지 기록되지 않은 섬들이 기재되고, 해당 섬의 크기(둘레·넓이), 인구, 특산물, 유적·유물, 본 읍과의 거리 등의 다양한 내용이 실리게 된다.[12] 그것은 공도정책이란 뜻과는 달리 중앙정부 차원에서 대대적인 섬에 대한 조사가 시행되었음을 의미한다. 섬에 대한 조사는 피역避役 문제, 군사의 비용 및 흉년을 대비하기 위한 등의 국용國用 마련에 그 목적이 있었고, 당시 섬이 부를 낳는 황금의 땅으로 간주될 만큼 섬이 개발 이용되었기 때문이다. 울릉도와 독도는 그 과정에서 『세종실록지리지』에 처음 기록되었다. 그로부터 50여년 후에 만들어진 『신증동국여지승람』에는 독도에 대한 훨씬 구체적이고 상세한 내용이 실리고, 심지어 대마도까지 기록되었다.

섬이 부를 낳는 황금의 땅이고, 국용의 한 몫을 담당할 수 있는 곳이라고 여기고 있는 마당에 섬을 텅 비워두는 공도정책이 국가의 정책이었다고 보는 것은 이치에 맞지 않다. 다만 울릉도·독도는 왜구 침략의 전초기지로 활용될지 모른다는 우려 때문에 국용 마련을 위해 개발을 하여 설읍과 설진을 할 것인가, 아니면 섬의 주민들을 육지로 끄집어내오는 쇄출 혹은 쇄환, 순심정책을 행할 것인가를 두고 논란이 끊임없이 야기되는 섬이었을 뿐이다.[13]

조선전기의 쇄환, 혹은 쇄출, 순심정책이나 안용복 사건 이후의 수토정책이 뜻하는 바는 다음의 자료들에 잘 나타난다.

D-1) 강원도 감사 유계문에게 전지하기를, "지난 병진년 가을에 경이 아뢰기

---

12) 전라도의 연안지역 소속도서의 경우 『세종실록지리지』(1432년 간행)에는 27개의 섬이 기록된 반면에 『고려사』 지리지(1454)에는 60개로 늘어나고, 『신증동국여지승람』(1481)에는 무려 234개의 섬이 실릴 정도이다.

13) 김호동, 「조선초기 울릉도·독도에 대한 '空島政策' 재검토」 『민족문화논총』 32, 영남대학교 민족문화연구소, 2005.

를, '무릉도는 토지가 기름져서 곡식의 소출이 육지보다 10배나 되고, 또 산물이 많으니 마땅히 현縣을 설치하여 수령을 두어서 영동의 울타리를 삼아야 한다'고 하였으므로, 곧 대신으로 하여금 여러 사람과 의논하게 하였더니, 모두 말하기를, '이 섬은 육지에서 멀고 바람과 파도가 매우 심하여 헤아릴 수 없는 환난을 겪을 것이니, 군현을 설치하지 않는 것이 마땅하다' 하였다. 그러므로 그 일을 정지하였더니 경이 이제 또 아뢰기를, '고로古老들에게 들으니 옛날에 왜노들이 와서 거주하면서 여러 해를 두고 침략하여, 영동嶺東이 빈 것 같았다'고 하였다. 내가 또한 생각하건 대, 옛날에 왜노들이 날뛰어 대마도에 살면서도 오히려 영동을 침략하여 함길도에까지 이르렀었는데, 무릉도에 사람이 없는 지가 오래니, 이제 만일 왜노들이 먼저 점거한다면 장래의 근심을 또한 알 수 없다. <u>현을 신설하고 수령을 두어 백성을 옮겨 채우는 것은 사세로 보아 어려우니, 매년 사람을 보내어 섬 안을 탐색하거나, 혹은 토산물을 채취하고, 혹은 말의 목장을 만들면, 왜노들도 대국의 땅이라고 생각하여 반드시 몰래 점거할 생각을 내지 않을 것이다.</u> 옛날에 왜노들이 와서 산 때는 어느 시대이며, 소위 고로라고 하는 사람은 몇 사람이나 되며, 만일 사람을 보내려고 하면 바람과 파도가 순조로운 때가 어느 달이며, 들어갈 때에 장비할 물건과 배의 수효를 자세히 조사하여 아뢰라" 하였다(『세종실록』 세종 19년 2월 무진).

2) 당초 갑술년에 무신 장한상을 파견하여 <u>울릉도의 지세를 살펴보게 하고, 왜인으로 하여금 그곳이 우리나라의 땅임을 알도록 하였다.</u> 그리고 이내 2년 간격으로 변장邊將을 보내어 수색하여 토벌하기로 했는데, 이에 이르러 유상운이 아뢰기를, "금년이 마땅히 가야 하는 해이기는 하지만, 영동 지방에 흉년이 들어 행장을 차려 보내기 어려운 형편이니, 내년 봄에 가서 살펴보게 하는 것이 좋겠습니다" 하니, 임금이 그대로 따랐다(『숙종실록』 숙종 24년 4월 갑자).

　　쇄환, 혹은 수토정책은 사료 D-1), 2)에서 보다시피 일본으로 하여 금 울릉도와 독도가 우리나라의 땅임을 대내외적으로 확인하는 과정이 었다. 쇄환, 수토정책은 울릉도에 입도한 동해안 어민들의 쇄환에 목적 이 있기 보다는 일본으로 하여금 울릉도가 우리 땅임을 확인시키고자 하는 데 주된 목적이 있었던 것이고, 부차적으로 울릉도에 들어간 어 민들로부터 조세수취와 역역 동원을 제대로 할 수 없었기 때문에 다시 그들을 육지로 데려오는 정책이었다.[14] 그들은 육지로부터 세금과 역역 부담을 피해 울릉도에 들어간 범법자이기 때문이다.

쇄환, 혹은 수토정책의 대상에는 울릉도 뿐만 아니라 독도도 포함되었다. 그것은 태종, 세종조 울릉도 쇄환에 나선 김인우를 '무릉등처안무사武陵等處按撫使'로 파견한 것이나[15] "김인우를 안무사로 삼아 도로 우산 · 무릉 등지에 들어가서 그곳 주민을 거느리고 육지로 나오게 함이 마땅하다"고 한 기록[16]에서도 확인된다. 1694년 수토관으로 파견된 장한상의 『울릉도사적』에 독도에 관한 다음과 같은 기록이 나온다.

> E) 동쪽으로 5리 쯤에 한 작은 섬이 있는데, 고대高大하지 않으며 해장죽海長竹이 한쪽 면에 무더기로 자라고 있다. 비 개고 안개 가라앉는 날 산으로 들어가 중봉中峯에 오르면 남북 양봉兩峯이 높다랗게 마주보고 있는데 이를 삼봉三峯이라고 한다. 서쪽을 바라보면 대관령의 구불구불한 모습이 보이고 동쪽을 바라보면 바다 가운데 한 섬이 보이는데 아득히 진방辰方에 위치하며 그 크기는 울도의 3분의 1 미만이고 (거리는) 삼백여 리에 불과하다.[17]

진방辰方의 방위는 동남동이다. 독도는 울릉도의 동남동에 위치하고 있다. 비록 크기는 과장되어 있지만 장한상이 확인한 이 섬은 바로 독도를 가리키는 것이다. 장한상이 독도를 이렇게 정확하게 관찰할 수 있었던 것은 울릉도에 입도한 시점이 울릉도에서 독도를 관찰하기에 가장 적절한 가을 청명한 날에 해당하는 시점이기 때문이다.[18] 조선시

---

14) 김호동, 「조선 초기 울릉도 · 독도에 대한 '공도정책' 재검토」『민족문화논총』 32, 영남대학교민족문화연구소, 2005 ; 영남대학교 민족문화연구소편, 『독도를 보는 한 눈금 차이』, 선출판사, 2006.
15) 『태종실록』 태종 16년 9월 경인.
16) 『태종실록』 태종 17년 2월 을축.
17) 張漢相, 『鬱陵島事蹟』.

대에 울릉도에 입도한 관인들의 대다수는 입도하기에 가장 좋은 봄에 해당하는 4, 5월에 입도하였다. 그러나 이때 독도를 보기는 쉽지 않다. 그에 반해 장한상이 입도한 가을날은 입도하기에는 태풍 등 때문에 어려움이 있지만 맑은 날 독도를 관찰하기에는 가장 적절한 시기이기 때문에 독도를 관찰할 수 있었던 것이다. 그는 울릉도에 들어가기 이전부터 독도에 관한 정확한 인지를 하고 있었기 때문에 그것을 확인하여 기록에 남긴 것이다. 독도에 관한 첫 기록인 『세종실록지리지』의 기록, "두 섬(우산·무릉도)이 서로 떨어짐이 멀지 않아 풍일이 청명하면 바라볼 수 있다"는 내용을 울릉도 수토관이 확인하여 문헌에 남긴 최초의 기록이다.

조선시대에 공도정책이 실시되어 섬이 원칙적으로 국왕의 지배와 보호가 미치는 통치의 대상이 아니었고, 행정 편제의 대상에서도 배제되었다면 이러한 기록들이 어떻게 역사의 전면에 떠오르는가? 이러한 관점에 서서 볼 때 '공도정책'이란 용어는 폐기되어야만 한다. 우리가 흔히들 말하는 공도정책이란 조선시대의 섬들에 대한 잘못된 인식을 심어줌은 물론 독도가 대한민국의 땅이라는 주장에도 부정적으로 작용한다. 이러한 논리를 전개할 때 우리들 스스로 국제법상 영토 분쟁의 판단 근거의 하나인 '어느 쪽이 얼마만큼 계속적으로 이용해 왔는가'를 입증하는 것을 부정하게 되는 것이다.

---

18) 숙종 20년(1694) 9월 19일, 6척의 배에 150여 명을 거느리고 삼척을 출발한 장한상 일행은 9월 20일부터 10월 3일까지 13일 동안 울릉도에 체류하여 조사 활동을 펼친 후 10월 6일 삼척으로 돌아왔다. 장한상의 『울릉도사적』에 의하면 울릉도 심찰 결과를 산천·道里를 적어 넣은 지도와 함께 정부에 보고하였다. 그 요지는 왜인이 왕래한 흔적은 있으나 살고 있지는 않다는 것, 해로가 순탄하지 않아 일본이 횡점한다 하더라도 막기 어렵다는 것, 堡를 설치하려 하여도 땅이 좁고 큰 나무들이 많아 인민을 주접시키기 어렵다는 것, 토질을 알아보려고 麰麥을 심고 왔다는 것 등이다.

2. 독도에 관한 한일 양국의 최초 기록 들여다보기

일본은 1905년 무인도였던 다케시마, 즉 독도를 일본의 영토로 삼았다고 주장한다. 그에 반해 우리나라에서 독도를 다룬 책들은 삼국시대 이사부의 우산국정벌 이후부터 독도가 우리나라 땅이라고 한다. 어떤 책들은 삼국시대부터 독도에 사람들이 살았다고 적어두기까지 한다. 그랬으면 좋겠지만 독도는 그동안 무인도였다. 현재 김성도씨 부부가 독도에 살고 있지만 독도는 사람들이 지속적으로 살 수 있는 기본적 조건을 구비하지 못하고 있다. 독도경비대원들이 독도를 지키지만 그들은 독도주민이 결코 아니다. 독도에 삼국시대부터 사람이 살았다는 식의 우리 측 표현은 우리 측의 다른 자료의 신뢰성에 대한 불신을 초래한다는 점을 알아야 한다.

독도가 한국의 고유영토가 된 것은 삼국시대인 서기 512년(지증왕 13)에 '우산국'이 신라에 복속돼 그 일부가 된 때부터라고 한다. 이 사실은 『삼국사기』 신라본기 지증왕 13년조와 열전 이사부조에 두 차례나 기록되어 있다고 한다.[19] 과연 그럴까? 그에 관한 지증왕 13년의 사료를 한번 살펴보기로 한다(열전 이사부에 실려 있는 내용은 지증왕 13년조에 실린 내용과 똑같은 내용이다).

(지증마립간) 13년 6월에 우산국이 귀복歸服하여 해마다 토의土宜(토산물)를 바치기로 하였다. 우산국은 명주溟州(현 강릉)의 정동쪽의 해도海島에 있어 혹은 울릉도鬱陵島라고도 하거니와, 땅이 사방 100리로, 천험을 믿고 신라에 귀복하지 않았다. 이찬 이사부異斯夫가 하슬라주何瑟羅州(강릉)의 군주軍土가 되어 생각하되, '우산국 사람은 어리석고도 사나워 위세로써 내복하게 하기는 어려우나 계교를 써서 항복받을 수는 있다' 하고, 이에 목우사자木偶獅子를 많이 만들어 전선

---

19) 신용하, 『독도의 민족영토사 연구』, 지식산업사, 1996.

에 나누어 싣고 그 나라 해안에 이르러 속여 말하기를, "너희들이 만일 항복하지 아니하면 이 맹수를 놓아 밟아 죽이겠다"고 하므로, 그들이 두려워하며 곧 항복하였다(『삼국사기』 권4 신라본기 지증마립간).

우산국과 울릉도는 나오지만 우산도에 관한 언급은 단 한마디도 없다. 삼국시대의 역사를 담고 있는 또 다른 책인 『삼국유사』의 경우도 마찬가지이다.

아슬라주阿瑟羅州[지금 명주] 동해중東海中에 순풍順風 이틀거리[二日程]에 우릉도于陵島[지금은 우릉羽陵이라고 쓴다]가 있으니 주위가 26,130보다. 도이島夷가 그 해수海水의 깊음을 믿고 교만하여 조공하지 않거늘 왕이 이찬伊飡 박이종朴伊宗으로 하여금 군사를 거느리고 가서 치게 하였다. 이종이 나무로 사자를 만들어 큰 배에 싣고 위협해 말하되 "항복하지 않으면 이 짐승을 놓으리라" 하니, 도이島夷가 두려워서 항복하였다. 이종을 포상하여 그 주백州伯(주의 장관)으로 삼았다(『삼국유사』권1, 기이 1, 지철로왕).

이름과 지명은 비록 다르지만 지증왕대 우산국 정벌에 관한 기록을 담고 있는 내용임에는 분명하지만 이 책에도 독도에 관한 언급은 없다. 그럼 이러한 주장은 어디에 근거를 둔 것일까?

서기 512년부터 독도는 한국의 영토였다는 것이 역사적으로 증명되었다는 주장을 입증하는 자료로 활용되는 것은 15세기 중엽에 만들어진 『세종실록지리지世宗實錄地理志』이다. 『세종실록지리지』 강원도 삼척 도호부 울진현조에 실려 있는 울릉도 · 독도에 관한 기록은 독도문제를 거론할 적에 가장 많이 인용하는 자료이기 때문에 한 글자도 빠짐없이 인용해보기로 한다.

A) 우산于山과 무릉武陵 두 섬이 현의 정동쪽 바다 가운데에 있다. [두 섬이 서로 거리가 멀지 않아 날씨가 청명하면 가히 바라볼 수 있다. 신라 때에 우산국于山國, 또는 울릉도鬱陵島라 하였는데, 지방地方이 1백리이다. 사람들이 지세가 험함을 믿고 복종하지 아니하므로, 지증왕智證王 12년

에 이사부異斯夫가 하슬라주何瑟羅州 군주軍主가 되어 이르기를, "우산국 사람들은 어리석고 사나와서 위엄으로는 복종시키기 어려우니, 가히 계교로써 하리라" 하고는, 나무로써 사나운 짐승을 많이 만들어서 여러 전선戰船에 나누어 싣고 그 나라에 가서 속여 말하기를, "너희들이 항복하지 아니하면, 이 사나운 짐승을 놓아서 너희들을 잡아먹게 하리라" 하니, 그 나라 사람들이 두려워하여 와서 항복하였다. 고려 태조太祖 13년에, 그 섬 사람들이 백길토두白吉土豆로 하여금 방물方物을 헌납하게 하였다. 의종毅宗 13년에 심찰사審察使 김유립金柔立 등이 돌아와서 고하기를, "섬 가운데 큰 산이 있는데, 산꼭대기로부터 동쪽으로 바다에 이르기 1만여 보이요, 서쪽으로 가기 1만 3천여 보이며, 남쪽으로 가기 1만 5천여 보이요, 북쪽으로 가기 8천여 보이며, 촌락의 터가 7곳이 있고, 간혹 돌부처·쇠북·돌탑이 있으며, 멧미나리[柴胡]·호본蒿本·석남초石南草 등이 많이 난다" 하였다. 우리 태조太祖 때, 유리하는 백성들이 그 섬으로 도망하여 들어가는 자가 심히 많다 함을 듣고, 다시 삼척三陟 사람 김인우金麟雨를 명하여 안무사安撫使를 삼아서 사람들을 쇄출刷出하여 그 땅을 비우게 하였는데, 인우가 말하기를, "땅이 비옥하고 대나무의 크기가 기둥 같으며, 쥐는 크기가 고양이 같고, 복숭아씨가 되[升]처럼 큰데, 모두 물건이 이와 같다" 하였다.]

위 사료에서 밑줄 친 부분에 나오는 우산과 무릉의 두 섬 가운데 우산도는 현재의 독도이며, 무릉도는 울릉도이다. 『세종실록지리지』는 조선 세종조 당시의 우리나라 영토에 대한 기록을 담고 있다. 여기에서 독도와 울릉도가 행정구역상 강원도 삼척도호부 울진현의 속도屬島로 기록되어 있다.

울릉도에서 날씨가 맑은 날 육안으로 보이는 우산도가 독도임이 분명하다면, 독도, 즉 우산도가 문헌상 처음 등장하는 시기는 언제일까? 문헌상 우산도를 직접 거론한 최초의 기록은 1417년(태종 17) 2월의 다음의 기록이다.

B-① 안무사 김인우가 우산도에서 돌아와 토산물인 대죽大竹·수오피水牛皮·생저生苧·면자綿子·검박목檢樸木 등을 바쳤다. 또 그곳의 거주민 3명을 거느리고 왔는데, 그 섬의 호戶는 15구口요, 남녀를 합치면 86명이었다.

김인우가 갔다가 돌아올 때에, 두 번이나 태풍을 만나서 겨우 살아날 수 있었다고 했다(『태종실록』 태종17년 2월 임술).

②) 우의정 한상경, 6조·대간에 명하여, 우산·무릉도의 거민居民을 쇄출刷出하는 것의 편의 여부를 의논케 하니, 모두가 말하기를, "무릉의 주민은 쇄출하지 말고, 오곡과 농기를 주어 그 생업을 안정케 하소서. 인하여 주수主帥를 보내어 그들을 위무하고 또 토공을 정함이 좋을 것입니다"라고 하였다. 그러나 공조 판서 황희만이 유독 불가하다 하며, "안치시키지 말고 빨리 쇄출하게 하소서" 하니, 임금이 "쇄출하는 계책이 옳다. 저 사람들은 일찍이 요역을 피하여 편안히 살아왔다. 만약 토공을 정하고 주수를 둔다면 저들은 반드시 싫어할 것이니, 그들을 오래 머물러 있게 할 수 없다. 김인우를 그대로 안무사로 삼아 도로 우산·무릉 등지에 들어가 그곳 주민을 거느리고 육지로 나오게 함이 마땅하다" 하고, 인하여 옷[衣]·갓[笠]과 목화木靴를 내려 주고, 또 우산 사람 3명에게도 각기 옷 1습씩 내려 주었다. 강원도도관찰사에게 명하여 병선 2척을 주게 하고, 도내의 수군만호와 천호 중 유능한 자를 선발 간택하여 김인우와 같이 가도록 하였다(『태종실록』 태종 17년 2월 을축).

1417년 2월[B-①] 5일(임술)에 "안무사 김인우가 '우산도'에서 돌아왔다"고 한 기록과 3일 후인 8일(을축)에 중앙정부에서 우산·무릉도에 거주하는 사람들을 잡아들일 것인가를 논의하였다는 기록[B-②)]이 우산도를 거론한 최초의 기록이라고 볼 수 있다. 그러나 두 사료를 검토해보면 동해 바다에 우산·무릉의 두 섬이 있다는 것을 분명히 알고 있지만 '우산도'를 독도, 무릉도를 울릉도로 확연히 구분하여 사용하지 않은 채 혼동하여 부르고 있음을 알 수 있다. 아마 그것은 울릉도를 우산국으로 부르면서 우산국 안에 울릉도와 독도를 포함시켜 부른 관행으로 인해 혼동되어 나타난 것이라고 볼 수 있다. 그러나 당시에 '울릉도'와 별개의 다른 섬이 존재하며, 때로는 우산도를 우산국, 또는 울릉도를 지칭하는 뜻으로 사용하기도 하였지만, 그 섬을 별도로 무릉도(울릉도)와 대칭시켜 구별하여 부를 때 '우산도'로 부른 것만은 분명하다. 울릉도 외에 하나의 별도의 섬이 존재한다는 것을 분명히 인식하고 있었기 때문에 1416년 9월, 김인우를 울릉도 안무사로 삼았을 때 '무릉등처 안무사'라고 호칭하였던 것이다. 그를 이 직책에 임명할 당시의 기록을 살펴보면 그것이 더 분명해진다.

> ⓒ 김인우를 무릉등처안무사武陵等處安撫使로 삼았다. 호조참판 박습朴習이 아뢰기를, "신이 일찍이 강원도도관찰사로 있을 때에 들은 이야기를 말씀드리면 무릉도武陵島의 둘레가 7식息이고, 곁에 작은 섬[小島]이 있고, 전지가 50여 결이 되는데, 들어가는 길이 겨우 한 사람이 통행하고 나란히 가지는 못한다고 합니다"(『태종실록』 태종 16년 9월 경인).

1141년(태종 11년)에 호조참판 박습이 강원도 감사로 있을 때 무릉도 옆에 작은 섬이 있다는 것을 들었기 때문에 울릉도와 함께 이 섬에 대한 조사를 위해 김인우를 '무릉등처 안무사'로 삼았을 것이다. 그럼에도 불구하고 두 번이나 태풍을 만나 겨우 돌아올 수 있었던 김인우는 울릉도에는 가보았지만 독도, 즉 우산도에는 가보지 못하였을 가능성이 크다. 태종이 '우산·무릉 등지에 들어가 그곳 주민을 거느리고 육지로 나오게 함이 마땅하다'고 하여 김인우를 다시 안무사로 임명한 것이나 '우산 사람 3명' 운운한 것은 김인우가 독도에 가보지 못하였기 때문에 대충 얼버무려 보고하였고, 중앙정부에서는 우산도에도 주민이 살고 있으리라 생각하였기 때문에 B-②)의 자료에서 보다시피 혼동이 일어났을 것이다.

김인우가 울릉도에 들어갔다 온 태종 17년 이후에 울릉도 외의 또 다른 섬, '독도'를 정확히 인지하게 되었고, 그 섬을 '우산도'로 기록하기 시작하였고, 세종조에 다시 김인우가 울릉도에 파견되면서 독도에 대한 인식은 확연히 자리잡아 『세종실록지리지』에 우산于山과 무릉武陵 두 섬이 현의 정동 쪽 바다 가운데에 있으며, 두 섬이 서로 거리가 멀지 않아 날씨가 청명하면 가히 바라볼 수 있고, 신라 때에 우산국于山國,

또는 울릉도鬱陵島라고 불렀다고 기록하게 되었다고 볼 수 있다.

15세기 중엽에 독도가 우리나라의 영토로 문헌상 확실하게 규정된 데 반해 일본 측의 문헌에서 독도가 처음 나오는 것은 17세기 중엽에 발간된 『은주시청합기隱州視聽合記』(1667년 발간)이다. 그 기록은 다음과 같다.

> D) 은주隱州는 북해北海 가운데 있다. 그러므로 은기도隱岐島라고 말한다. … 술해간戌亥間(서북 방향) 2일 1야夜를 가면 송도松島가 있다. 또 1일 거리에 죽도竹島가 있다[속언俗言에 기죽도磯竹島라고 말하는데 대나무와 물고기와 물개가 많다. 신서神書에 말하는 50맹猛일까]. 이 두 섬은 무인도인데 고려를 보는 것이 마치 운주雲州에서 은기隱岐를 보는 것과 같다. 그러한즉 일본의 서북[乾] 경지境地는 이 주州로서 한限을 삼는다.

일본에서 최초로 독도를 기록한 문헌인 『은주시청합기』에 독도는 송도, 울릉도는 죽도로 기록되어 있다. 이 두 섬에서 고려를 보는 것이 마치 일본의 운주에서 은기를 보는 것과 같다고 하여 일본의 서북방의 경계는 은주(은기도)로써 한계를 삼는다고 밝히고 있다.

'주州'는 사람이 살고 있는 곳을 전제로 한 행정편제 대상의 하나이다. 여기에 일본이 무인도라고 하는 울릉도와 독도가 포함될 수는 없다. 따라서 일본의 서북방 경계는 은주이다.

현재의 국제법 관행에서 영토분쟁 판단의 한 근거는 어느 쪽이 먼저 알았는가와 어느 쪽이 얼마만큼 계속적으로 이용해 왔는가 하는 데 있다. '먼저 알았는가'의 측면에서 볼 때 문헌상 우리나라에서 독도를 일본보다 230여 년 전에 먼저 인지하고 있었음을 『세종실록지리지』와 『은주시청합기』를 통해 알 수 있다. 더욱이 송도, 즉 독도를 최초로 언급한 일본 측 문헌에 독도를 우리의 영토로 규정하고 있다는 점은 주목할 필요가 있다. 우리는 이 점을 부각할 필요가 있다.

그에 반해 독도와 울릉도는 우산국이었고, 우산국이 신라에 병합된 512년에 영토상으로 울릉도와 독도가 신라에 병합되었다는 것을 전제로 하여 삼국시대부터 독도는 우리나라 땅이라고 하는 주장은 국제사회를 설득하는 데 문제가 있다.

『세종실록지리지』를 인용하면서 삼국시대부터 독도가 우리나라 땅이라고 하는 경우 사료 A)의 밑줄 친 부분만을 잘라 아래와 같이 인용한다.

> 우산과 무릉 두 섬이 현의 정동 쪽 바다 가운데에 있다. 두 섬이 서로 거리가 멀지 않아 날씨가 청명하면 가히 바라볼 수 있다. 신라 때에 우산국이라 칭하였다.

이 기록에 의거해 『세종실록지리지』에서 '울릉도'와 '독도'를 '우산국'이라고 칭했다고 하면서, 우산국이 울릉도와 독도를 영토로 한 해상 소왕국이었음을 명백하게 기록하고 있다고 한다. 따라서 우산국이 서기 512년(신라 지증왕 13)에 신라에 병합되었다는 것은 영토상으로 울릉도와 독도가 신라에 병합되었음을 의미한다고 한다. 이것을 입증하기 위해 1808년에 편찬된 『만기요람萬機要覽』 군정편軍政篇에 "여지지輿地志에 이르기를 울릉도와 우산도는 모두 우산국 땅이다. 우산도는 왜인들이 말하는 송도松島이다"라고 한 기록을 들고 있다.[20] 우산국을 울릉도와 독도라고 한 최초의 기록은 『세종실록지리지』이다. 그것을 보강하는 우리 측 사료들은 그 이후에 간행된 것들이다. 우산국이 멸망한 512년에서 『세종실록지리지』가 만들어진 1432년까지는 약 900년의 시간적 간격이 있다. 이 시간적 틈을 보완할 수 있는 객관적 사료는 없다. 독도를 한국 땅이라고 한 미촌수수梶村秀樹의 『독도 문제란 무엇인가?』에서조차 "독도를 선험적으로 울릉도의 속도라고 보는 관점에서 그것이 당연히 우산국의 판도에 이미 들어가 있어야 할 것이라는 견해

---

20) 신용하, 『독도의 민족영토사 연구』, 지식산업사, 1996, 27~28쪽 ; 『신용하의 독도 이야기』, 살림, 2004, 10~11쪽 참조.

가 한국에 일부 있기는 하지만, 멀리 떨어져 있는 무인도인 독도가 우산국의 판도에 들어가 있다는 직접적인 증거도 없다"[21]라고 한 것을 염두에 두어야만 한다.

『세종실록지리지』와 『만기요람』 등에 의거해 울릉도와 독도를 우산국이라고 한 우리 측 주장이 국제사회에 얼마만큼 설득력을 가질 것인가에 대한 질문을 던지고, 이에 대한 보완을 하여야만 할 것이다.

3. 울릉도와 독도에서 '서로 바라볼 수 있다'는 기록이 갖는 의미

『세종실록지리지』에 의하면 우산도와 무릉도는 "날씨가 청명한 날이면 서로 바라볼 수 있다"고 기록되어 있다. 『세종실록지리지』는 세종조 당시의 조선왕조의 영토에 관한 기록을 담고 있다. 그렇기 때문에 이 기록을 두고 한국 측은 울릉도에서 날씨가 청명한 날 서로 바라볼 수 있는 우산도는 지금의 독도라고 하면서 독도가 우리나라의 영토였음이 역사적으로 입증된다고 한다. 이에 반해 일본학자들은 울릉도에서 독도가 보이지 않는다고 주장한다. 그들은 우산도는 울릉도 저동 앞에 있는 '죽도(죽서도)', 혹은 '관음도'라고도 한다. 그러나 이 두 섬은 울릉도에서 폭풍우가 치는 날에도 볼 수 있기 때문에 굳이 날씨가 맑은 날에 보인다고 기록할 필요가 없다. 이 때문에 1960년대 일본 외무

---

21) 카지무라 히데키(梶村秀樹), 『일본인 역사학자가 말한다 왜 독도는 한국 땅인가?』, 다함께, 2005. 이 글은 원래 1978년 일본 朝鮮研究所의 정기간행물 『朝鮮研究』에 실린 논문의 국역으로, 1983년 청아출판사의 편집부에서 번역하여 펴낸 『일제하 한국사회구성체론』에 「독도문제와 일본 국가」란 제목으로 실린 바 있다. 이것을 다함께 편집부에서 번역의 손질을 가하여 실은 것이다.

성의 조사관 가와까미 겐조(川上健三)는 『세종실록지리지』의 기록은 울릉도에서 독도를 본 것이 아니라 본토에서 울릉도를 본 것이라고 주장하였다. 그는 울릉도에서 독도를 볼 수 없다는 것을 입증하기 위해 해상에서 물체를 볼 수 있는 거리를 구하는 공식까지 제시하기까지 하였다. 그는 지구가 둥글기 때문에 해상에서 시선이 닿을 수 있는 거리(시달거리)를 계산하는 데 다음과 같은 수식을 사용하였다.

$$D=2.09(\sqrt{H}+\sqrt{h})$$

D: 시달거리(해리) 1해리＝1,852km
H: 목표물의 수면으로부터의 높이(m)
h: 눈의 높이[관측자가 선 지점의 해발높이＋관측자의 눈높이(m)]

그는 목표물의 수면으로부터의 높이(H)를 독도 서도 정상의 높이 157m로 잡고, 바닷가에서 선 사람의 눈높이, 즉 수면에서 눈까지의 높이(h) 4m로 대입하여 계산한 결과 시달거리는 30.5해리라고 하였다. 울릉도에서 독도까지의 거리가 92km이므로 울릉도에서 독도를 볼 수 없다고 하였다. 따라서 독도를 보기 위해서는 배를 타고 34km 이상 바다에 나가야 한다고 주장하였다. 아울러 울릉도에서 독도에 이르는 해역은 한류와 난류가 교차하기 때문에 안개가 잦아서 독도를 볼 수 있는 맑은 날은 극히 한정되어 있다고 한다.[22]

이 공식을 그대로 적용하여 반론을 제기한 이한기는 울릉도의 최고봉에 오르지 않더라도 약 120m만 올라가면 충분히 독도를 볼 수 있다고 지적하면서, 가와까미 겐조가 울릉도에서의 눈높이를 4m로 정함으로써 의도적인 결론을 유도하려는 속셈을 갖고 있었다고 비판하였다. 이에 대해 가와까미 겐조는 울릉도는 원시림이 울창하여 200m 정도 올라가기 어렵고, 나뭇가지에 가리거나 한난류의 교차로 발생한 안개

---

22) 川上健三, 『竹島의 歷史 地理學的 研究』, 古今書院, 1966.

때문에 독도를 볼 수 없다고 하였다.

책상머리에 앉아 복잡한 수학공식을 적용하여 울릉도에서 독도가 보이지 않는다는 것을 입증한다는 것 자체가 참으로 우스꽝스러운 일이다. 울릉도에서 육안으로 독도를 실제 확인해보면 될 일을 가지고. 그러나 그런 공식을 갖고 논란을 벌일 만큼 독도를 육안으로 관찰한다는 것은 쉽지 않다. 독도 근해는 항상 짙은 안개가 드리워져 있다. 1년 365일 가운데 안개가 끼지 않은 날은 겨우 60~90일 정도이다. 울릉도에서 독도를 볼 수 있는 시기는 1년 중 일기가 가장 청명한 9월부터 이듬해 2월 사이에 겨우 며칠만 가능하다. 그러니 『세종실록지리지』에서 날씨가 맑은 날 보인다고 기록에 남겼으리라.

울릉도에서 독도가 보인다는 말을 듣고 울릉도에 간 숱한 관광객들은 날씨가 맑은 날에도 불구하고 독도를 볼 수 없다는 것을 알고 대개 실망하고 의구심을 갖고 돌아선다. 현재 울릉도에서 독도를 찍은 사진이 몇몇 책에 실려 소개되고 있다. 좀더 많은 사진을 확보하기 위해 울릉군에서 독도를 촬영한 사진들에 대해 포상을 하고, 그 사진들을 그 촬영 장소에 게시해 둔다면 좋은 관광거리가 될 성싶다. 그런 포상이 알려진다면 비교적 관광객이 적은 늦가을에서 겨울 사이에 울릉도 관광객 증가의 한 요인이 될지도 모른다는 생각도 실없이 해본다. 또 망원경을 비치해 맑은 날 독도 근해에 짙은 안개가 드리워져 있는 것을 보여주는 것도 좋을 듯한데.

1998년 5월 8일, 경상북도의 학술용역인 『울릉도·독도 종합적 연구』에 참여한 영남대학교 민족문화연구소 연구진들이 독도에 입도한 적이 있었다. 그때 울릉도는 구름 한 점, 바람 한 점 없는 날이었다. 그러나 독도근해는 한 치 앞을 바라볼 수 없는 짙은 안개에 쌓여 있었다. 한순간 짙은 안개 속에 불쑥 독도가 솟아나는 바람에 깜짝 놀란 적이 있다. 독도에 머문 지 몇 시간 후 파도가 높아져 철수해야한다는 선장의 독축에 서둘러 배에 올랐다. 높은 파도에 겁을 잔뜩 집어먹고 돌아섰건만 울릉도 근해는 아침에 떠날 때 그대로의 모습이었다. 한류와 난류가 교차하는 독도해역은 예나 지금이나 그런 모습으로 존재했었다.

울릉도에서 독도를 찍은 사진은 몇몇 알려져 있지만 독도에서 울릉도를 보고 찍은 사진은 거의 없다. 그간 독도에 들어간다는 것이 북녘 땅에 들어간다는 것 못잖게 어렵다는 점에서 당연하겠지만. 독도에서 울릉도를 찍은 사진도 확보할 필요가 있다. 그 문제는 독도경비대에서 사진 찍고자 한다면 쉬이 해결되리라고 본다. 어쩌면 독도를 지킨다는 것 그것 못지않게 독도 지키는 일의 하나일 것 같다.

울릉도에서 독도를 바라본다는 것은 그만큼 어렵다. 그럼에도 불구하고 『세종실록지리지』에서 두 섬을 서로 바라볼 수 있다고 기록한 것은 오랜 세월동안 양쪽에서 부단히 서로 보면서 그것을 알게 된 체험의 축적이다. 이것은 독도가 울릉도민, 나아가 우리나라 동·남해 어민들의 삶의 터전으로서 계속적으로 이용되었음을 말해주는 것이다. 그 시점은 『세종실록지리지』가 만들어지기 이전에, 그 상한선은 우산국 시대까지 거슬러 올라갈 것이다. 이것을 입증하는 것이 독도는 삼국시대부터 우리나라 땅이라는 것을 역사적으로 증명하는 것이다.

『세종실록지리지』에 우산과 무릉, '두 섬이 날씨가 청명하면 서로 보인다'고 한 기록은 국제사회를 설득하는 데 중요한 자료로 활용될 수 있다. 이것은 국제법상 영토판단의 한 근거인 '어느 쪽이 얼마만큼 계속적으로 이용해 왔는가'의 측면에서 중요한 의미를 갖는 기록이다. 그 기록은 『고려사』 지리지와 『신증동국여지승람』에도 실려 있다.

1882년 4월, 고종은 이규원을 울릉도 검찰사로 보내면서 우산도 등에 대한 조사도 당부하였다. 이규원은 『검찰일기』에서 "울릉도의 최고봉인 성인봉 꼭대기까지 올라가 사방을 둘러보았는데 섬이 하나도 없습니다"라고 고종에게 보고하였다. 일본 학자들은 당시 이규원의 이러한 인식을 들면서 조선 조정은 독도를 조선 영토로 인식하지 않았다고 주장한다. 대개 봄의 경우 울릉도에서 독도를 바라다본다는 것은 쉽지 않다. 음력 4월 이규원이 성인봉에서 독도를 보지 못한 것은 어쩌면 당연하다. 지리지 외에 육안으로 울릉도에서 독도를 관찰한 기록은 숙종조 장한상의 『울릉도사적』에서 확인된다.

　1694년(숙종 20) 9월 20일부터 10월 3일까지 울릉도에 체류하여 조사 활동을 펼친 장한상의 『울릉도 사적』에 "동쪽을 바라보면 바다 가운데 한 섬이 보이는데 아득히 진방辰方에 위치하며 그 크기는 울도의 3분의 1 미만이고 (거리는) 삼백여 리에 불과하다"고 한 기록이 나온다. 진방辰方의 방위는 동남동인데 독도는 울릉도의 동남동에 위치하고 있다. 비록 크기는 과장되어 있지만 장한상이 확인한 이 섬은 바로 독도를 가리키는 것이다. 장한상이 독도를 이렇게 정확하게 관찰할 수 있었던 것은 그가 울릉도에 입도한 시점이 울릉도에서 독도를 관찰하기에 가장 적절한 가을 청명한 날에 해당하는 시점이기 때문이다. 조선조 울릉도에 입도한 관인들의 대다수는 입도하기에 가장 좋은 봄 4, 5월에 입도하였다. 그러나 이때 독도를 보기는 쉽지 않다. 그에 반해 장한상이 입도한 가을날은 입도하기에는 태풍 등 때문에 어려움이 있다. 그러나 독도를 관찰하기에는 가장 적절한 시기이기 때문에 독도를 관찰할 수 있었던 것이다. 장한상에 의해 『세종실록지리지』의 기록, "두 섬이 서로 거리가 멀지 않아 날씨가 청명하면 가히 바라볼 수 있다"는 내용이 공식적으로 확인된 셈이다. 이규원은 지리지와 장한상의 기록을 숙지하고 있었고, 그 때문에 성인봉에 올라가 둘러보았지만 자신이 그것을 확인할 수 없었다고 적은 것에 불과한 것이다. 이를 두고 조선 조정이 독도를 조선 영토로 인식하지 않았다고 일본 측이 주장하는 것은 어불성설이다.

　『세종실록지리지』에서 울릉도와 독도가 '서로 거리가 멀지 않아 날씨가 청명하면 가히 바라볼 수 있다'는 기록이 갖는 의미는 울릉도와 독도가 자연지리적이나 인간의 경제생활의 영역에서 같은 생활문화권이라는 것을 의미한다. 고대 우산국시대부터 울릉도에 삶의 둥지를 틀었던 사람들은 울릉도에서 눈에 보이는 독도로 건너갔고, 그 해역에서 어로활동을 하였을 것이다. 그렇기 때문에 독도는 울릉도의 부속도서로서 항상 기록되었다. 그런 점에서 독도와 그 해역은 울릉도로 어로활동을 하러 온 동·남해 어민들의 삶의 터전이기도 한 것이다.

독도를 울릉도의 부속도서로 간주하는 것은 일본의 경우에도 마찬가지였다. 덕천막부德川幕府의 구산장위문龜山庄衛門은 독도, 즉 송도松島를 '죽도지내송도竹島之內松島' 또는 '죽도근소지소도竹島近所之小島'라고 하여 울릉도竹島의 부속도서로 간주해왔다.23) 명치정부 수립 직후인 1870년(고종 7, 明治 3)의 「조선국교제시말내탐서朝鮮國交際始末內探書」의 기록을 살펴보면,

　一. 죽도竹島와 송도松島가 조선부속朝鮮附屬으로 되어 있는 시말始末

　이 건은 송도松島는 죽도竹島의 인도隣島로서 송도松島의 건件에 부부付해서는 이제까지 게재된 서류書留도 없다. 죽도竹島의 건件에 부부付해서는 원록도후元祿度後는 잠시 조선朝鮮으로부터 거류居留를 위해 차견差遣한 바 있다. 당시는 이전과 같이 무인無人으로 되어 있다. 죽목竹木 또는 죽竹으로부터 큰 갈대가 자라며 인삼 등이 자연으로 난다. 그 밖에 어산漁産도 상응하여 있다고 들었다.(하략)24)

울릉도竹島와 독도松島가 조선의 부속령임을 명시하면서 송도松島는 죽도竹島의 인도隣島라고 하였다. 독도는 울릉도의 부속도서, 혹은 인도隣島로서 독도와 그 해역의 어로활동은 육안으로 서로 볼 수 있는 울릉

---

23) 川上健三, 『竹島의 역사지리학적 연구』, 古今書院, 1966, 74～78쪽.
24) 日本 外務省調査部 編, 『日本外交文書』 第3卷, 事項 6, 文書番號 87, 1870년 4월 15일자, 「外務省出仕佐田白茅等ノ朝鮮國交際始末內探書」, 137쪽.

도를 거점으로 하여 이루어졌다. 그런 점에서 일본 군함 신고호新高號가 독도에 일본 해군의 망루 설치를 위해 예비탐색조사를 한 것을 기록한 1904년 9월 25일의 일기는 주목할 만하다.

> 송도松島에서 '리야ソコ─ルト' 암岩을 실제로 본 사람으로부터 들은 정보에 '리야ソコ─ルト' 암岩은 한인韓人이 그를 독도獨島라고 쓰며 본방 어부들은 약하여 '리야ソコ島'라고 한다. … 풍파가 강하여 같은 섬에 배를 메어두기 어려울 때는 대저 송도松島에서 순풍을 기다려 피난한다고 한다. 송도松島로부터 도항渡航하여 해마海馬 사냥에 종사하는 자는 6~70석 적재량의 화선和船을 사용한다. 섬 위에 납옥納屋을 만들어 매번 약 10일간 체재하는데 다량의 수입이 있다고 한다. 그런데 그 인원도 때로 4~50명을 초과할 경우도 있으나 담수淡水의 부족은 말해지지 않는다. 또 올해에 들어와서는 여러 차례 도항했는데, 6월 17일에는 러시아의 군함 3척이 이 섬 부근에서 발견되어 일시 표박한 후 북서쪽으로 진항進航하는 것을 봤다고 한다.[25]

이 일기는 주로 우리나라 사람들이 1904년에 이미 '독도'라고 부른 것을 입증하는 자료로 활용하고 있다. 이 자료에서 필자가 주목하고자 하는 것은 독도에서의 해마 잡이나 어로활동이 주로 울릉도로부터 이루어지고 있다는 것이다. 우리나라 어민이던 일본 어민이던 독도와 그 해역에서의 어로활동은 울릉도를 중심으로 전개되었던 것이다. 신고호新高號도 울릉도에서 독도에 관한 상세한 상황을 사전에 전해 듣고 독도를 탐색하였다. 이처럼 1904년 독도는 울릉도민들의 삶의 터전으로 존재하고 있었다.

그런 점에서 일본이 1905년 1월 28일 내각회의에서 독도를 일본영토로 편입한다는 각의결정의 기록을 살펴보기로 한다.

> 별지 내무대신 청의請議 무인도소속에 관한 건을 심사해보니, 북위 37도 9분

---

25) 신용하 편저, 「戰艦新高行動日誌」『독도영유권 자료의 탐구』 3, 독도연구보전협회, 2000, 186~193쪽.

30초, 동경 131도 55분, 은기도隱岐島를 거려距하기 서북으로 85리에 있는 이 무인도는 타국이 이를 점유했다고 인정할 형적이 없다. … 명치明治 36년 이래 중정양삼랑中井養三郞이란 자가 해도該島에 이주하고 어업에 종사한 것은 관계서류에 의하여 밝혀지며, 국제법상 점령의 사실이 있는 것이라고 인정하여 이를 본방소속本邦所屬으로 하고 도근현소속 은기도사島根縣所屬 隱岐島司의 소관으로 함이 무리없는 건이라 사고하여 청의請議대로 각의결정閣議決定이 성립되었음을 인정한다.26)

일본 내각회의가 독도를 "무인도로서 타국이 이를 점유했다고 인정할 형적이 없다"고 하여 '무주지無主地를 선점'한 것으로 간주하거나 중정양삼랑中井養三郞이란 일본인이 1903년(명치 36)이래 독도에 이주하여 어업에 종사한 것은 사실이기 때문에 이는 국제법상 무주지를 먼저 점유한 사실이 있는 것이라고 인정된다고 한 것은 사실을 호도한 것에 불과하다. 중정양삼랑中井養三郞의 '사업경영개요'27)를 보면 '죽도에 해려海驢가 많이 군집하는 것은 종래 울릉도 방면 어부의 주지하는 바'라고 한 것, 그리고 '홀연히 제방諸方으로부터 다수의 잡이꾼들이 내집來集하여 경쟁 남획에 이르지 않는 바가 없다'고 한 것에서 보다시피 독도의 강치잡이는 울릉도를 거점으로 하여 이루어졌음을 알 수 있다. 따라서 독도는 울릉도의 생활무대였음을 중정양삼랑中井養三郞은 확실히 인지하고 있었다. 그렇기 때문에 당초 그는 독도가 한국영토임을 명백히 인지하고 한국정부에 그 대하원을 제출하려고 동경에 올라가서 일본정부의 관리들과 접촉하였던 것이다.

이상의 자료들은 결국 『세종실록지리지』에서 울릉도와 독도가 '서로 거리가 멀지 않아 날씨가 청명하면 가히 바라볼 수 있다'는 기록의 재확인에 불과한 것이다.

---

26) 『公文類聚』第29編 卷1.
27) 中井養三郞, 「履歷書」附屬文書 「事業經營槪要」(1910년 작성 隱岐島廳 제출) 島根縣廣報文書課 編, 『竹島關係資料』第1卷, 1953.

제2장 고·중세의 독도와 울릉도

1. 고대 우산국의 삶의 터전으로서의
독도·울릉도

인간이 영위한 최초의 사회형태인 원시공동체사회에서는 공동노동·공동소유·공동분배를 바탕으로 한 사회구성원 간의 평등한 관계가 유지되었다. 이러한 평등한 사회관계는 생산력 수준이 극히 낮았던 결과였다. 농업의 발달과 청동기의 사용으로 생산력이 발전하면서 원시공동체사회는 붕괴하기 시작하였다. 그리고 계급이 발생하여 인간에 의한 인간의 지배가 시작되었고 국가가 성립하면서 이러한 사회적 불평등은 제도화되었다. 한국사에서 청동기와 지석묘, 그리고 토성이 동시에 건립되는 시기를 국가단계로 보고, 이것을 성읍국가로 부르고, 철기문명의 전래로 인해 성읍국가의 연맹인 연맹왕국으로 발전한다고 본다. 이와는 달리 청동기 시대를 정치적 권력자, 즉 군장은 출현하지만 아직 국가 성립 이전단계, 즉 준準국가단계로 파악하기도 한다. 이 경우 철기문명의 전래와 동시에 초기국가가 성립된다고 본다. 한반도에서 철기의 전래는 기원전 5세기경까지 소급하고 있으나 철제농기구의 출현은 기원을 전후한 시기이다. 그러나 철제농기구가 보편화된 시기는 4~6세기에 가서야 가능하다.

울릉도의 경우 문헌기록상 우산국의 멸망에 관한 기록만이 유일하게 남아 전하기 때문에 우산국의 국가 성립시기 등은 현재 알 수 없다. 다만 현재 고고학적 유물의 존재를 통해 우산국의 문화를 추정해볼 수밖에 없다.[1]

선사시대에는 문자기록이 없기 때문에 고고학적 자료에 의존하고 있는 실정이다. 울릉도의 경우 일제시대인 1917년 도리이 류우조(鳥居龍藏)에 의해 처음 유물의 채집이 있은 이후 후지다 료사쿠(藤田亮策) 등의 조사가 있었다. 해방 후 국립박물관에 의해 울릉도의 고고학적 조사가 실시되었다. 1947년, 1957년에 김원룡 등에 의해 체계적인 조사가 이루어졌고, 1963년에 김정기에 의해 보충조사가 실시되어, 그 결과가 1963년 『울릉도』라는 보고서로 나왔다. 그 이후로 울릉도에 대한 현지의 고고학조사가 실시되지 않다가 1997년 서울대학교박물관과 1998년 영남대학교 박물관에서 울릉도에 대한 고고학적 조사를 실시하였다. 그러나 지금까지의 고고학적 조사는 지표조사나 간단한 발굴조사에 그치고 있는 실정이다. 따라서 체계적이고 정밀한 지표조사와 시굴, 발굴조사를 통한 고고학적 층위와 의미를 가지는 유적과 유물을 확보하지 않는 상황이기 때문에 울릉도의 선사시대를 확정해 언급할 단계는 아직 아니다.

한반도의 경우 현재까지 남한과 북한에 걸쳐 70여 곳에서 약 70만 년 전부터 약 1만 년 전에 이르는 구석기 유적이 발견되었다. 제주도의 빌레못 동굴에서 구석기 유적이 발견된 것으로 보아 울릉도의 경우도 구석기 유적이 발견될 가능성이 있지만 현재까지 이에 관한 흔적은 찾

---

1) 우산국의 고고학적 연구성과는 가장 최근에 이루어진 정영화 · 이청규, 「울릉도의 고고학적 연구」『울릉도 독도의 종합적 연구』[영남대학교 민족문화연구소 편, 1998(영남대출판부 재영인, 2005)]의 연구성과를 정리한 것이다.

을 수 없다.

약 1만 년 전부터 빙하기가 끝나면서 신석기 시대가 시작되는데, 우리나라에서는 기원전 6천년경부터 신석기문화가 꽃피웠다. 신석기인이 발명한 최대의 기술혁명은 흙으로 그릇을 만드는 것이었다. 우리나라 신석기토기는 크게 세 단계를 거쳤다. 처음에는 바닥이 둥글고 무늬가 없는 민무늬토기(원시무문토기)와 밑이 평평하고 몸체에 울퉁불퉁한 덧띠를 붙인 덧무늬토기(혹은 융기문토기), 그리고 몸체에 무늬를 눌러 찍은 눌러찍기문 토기(혹은 압문토기)를 사용했다. 기원전 4천년경부터 새로운 형태의 토기인 빗살무늬토기(혹은 즐문토기)가 제작되었다. 한국 신석기시대를 대표하는 이 토기는 팽이처럼 밑이 뾰족하거나 둥글고, 표면에 빗살처럼 생긴 무늬가 새겨져 있다. 곡식을 담는 데 많이 이용된 이 토기는 전국 각지에서 출토되고 있지만, 울릉도에서 아직 발견된 바 없다. 신석기 말기인 기원전 2천년경부터는 중국 하남성 묘저구 계통의 신석기문화의 영향을 받아 그릇 밑이 평평하고, 몸체에 물결무늬, 번개무늬, 타래무늬 등 동적인 무늬를 그린 채색토기가 나타난다. 이들 유적지의 일부 지역에서는 돌로 만든 보습, 낫, 괭이, 곡식(피) 등이 함께 발견되어 농사와 목축이 시작되었음을 보여준다. 이들 신석기인은 그 다음 청동기문화를 건설한 사람들과 더불어 한국인의 조상을 형성하였다. 그러나 울릉도에는 현재까지 구석기는 물론 신석기시대의 유적과 유물이 발견되지 않는다.

신석기시대 말기에 구리에 주석이나 아연 등을 합금한 청동기가 발명되면서 인류역사는 크게 바뀐다. 석기와는 비교되지 않는 무기와 도구를 가졌기 때문이다. 이집트, 수메르, 인더스, 황하[은나라] 등 세계 4대 문명이 청동기문화를 바탕으로 건설된 것인데, 이집트와 수메르는 기원전 3천년경으로 소급되고, 황하문명도 기원전 16세기경으로 올라간다.

우리나라의 청동기문화는 지역적 차이가 있어서 만주지역에서는 기원전 15~13세기경에, 한반도는 기원전 10세기경에 시작된다. 청동기 유물로는 비파형동검과 무문토기와 고인돌 등을 들 수 있는데, 비파형동검은 기원전 4세기경에는 구리에 아연이 합금된 세형동검으로 발전한다. 고인돌은 지역에 따라 기원전 7~8세기부터 만들어지지만 훨씬 후대부터 만들어지는 곳도 있다. 울릉도에는 북면 현포리와 울릉읍 저동 내수전에서 지석묘가 발견되었고, 특히 서면 남서리 고분군에서 성혈이 새겨진 지석묘 개석과 유사한 큰 바위가 발견되었다. 또 현포리에서 무문토기와 유사한 토기가 발견되었는데, 이 무문토기의 기원은 본토의 철기시대 전기 말경, 아무리 늦어도 서력기원 전후의 전형적인 무문토기로 추정된다. 이로써 울릉도에 주민이 들어온 최초의 시기를 서력기원 전후까지 올라갈 가능성이 제시되기도 하였다.[2] 그러나 이것을 갖고 울릉도의 선사시대의 삶의 모습을 그려내기에는 무리이다.

국립박물관이 1957년과 1963년 두 차례에 걸쳐 우산국의 옛 터인 울릉도에서 실시한 고고학적 조사에 의하면 1963년 당시 최소 87기의 고분이 확인되었다. 북면 현포리에 38기, 천부리에 3기, 죽암에 4기, 서면 남서리에 37기, 남양리에 2기, 태하리에 2기, 남면 사리에 1기가 있다. 그 후 1997년에 서울대학교, 1998년에 영남대학교 등의 지표조사 때 최소 54기 정도의 고분이 조사되었다. 그 사이에 많은 훼손이 있음을 확인할 수 있었다.

울릉도의 고고학적 유적들의 입지를 고분유적과 생활유적으로 나누어 살펴보면 고분유적은 대체로 해안가의 저지성 구릉지와 산록완사면에 분포하는 비율이 높으며 생활유적 역시 고분유적을 포함한 주변의 산록 완사면에서 확인되고 있다. 이로써 볼 때 울릉도에서는 고분유적

---

2) 서울대학교박물관,『울릉도 문화유적 지표조사보고서』1, 서울대학교 박물관 학술총서 6, 1997.

과 생활유적이 따로 분리되어 있지 않고 취락지 안에 고분이 서로 혼재되어 분포한 것으로 추정된다. 다만 남서동 고분군과 남서동 유물산포지의 경우 고분유적이 입지와 경관이 뛰어나고 석재를 구하기 쉬운 내륙의 산록경사면과 산록완사면에 축조되었고 취락이 그 아래의 하천과 해안가 주변에 발달한 것으로 추정된다.

유적의 주변에는 하천, 농경지, 바다, 그리고 저평한 평지가 형성되어 있어 비교적 주변의 자연자원을 잘 이용할 수 있는 곳에 입지하고 있다. 특히 울릉도의 하천이 흐르는 산록완사면에는 대부분 고분들이 확인되기 때문에 섬 안에서 가장 보편적인 입지로 선택되었다고 생각된다. 또 무엇보다도 유적의 입지에 중요한 요소는 주변에 배를 댈 수 있는 유리한 지형을 선택하였다는 것이다. 사동, 통구미, 남양동, 현포동, 천부동은 섬 안에서도 배를 대기에 아주 유리한 곳으로 당시에도 주변에 취락이 발달했던 것으로 추정되며 실제로 많은 유적과 유물이 확인된다.

특히 패총유적이 현재 확인되지 않기 때문에 현재의 자료만으로 고대 우산국의 섬 주민들이 어떠한 경제 형태를 가지면서 생업을 이어갔는지는 불확실하다. 그러나 1963년 국립박물관의 현포동유물산포지 조사보고를 통해 고대인들의 생업경제에 대한 어느 정도의 추측을 할 수는 있다. 현포동은 섬 안에서 비교적 완만한 경사지를 갖고 있어서 당시의 농업생산에 유리한 곳으로 생각되며 해안가에 위치하고 있기 때문에 어업에 대한 생업경제도 활발하게 이루어졌을 것이다. 1963년 보고서에는 현포동 유물산포지를 시굴한 내용이 있는데, 이곳에서 나온 패각류와 동물뼈 등은 당시의 생업형태를 보여준다. 여기에서 출토된 패각류로는 소라, 바다우렁, 전복 등이 있으며 동물뼈로는 도미, 대구어大口魚 등의 어류와 가재와 같은 갑각류, 그리고 소[牛] 등이 있다. 따라서 당시의 생업활동은 수렵, 채취, 어로, 농경 등 다양한 형태를 가지고 복합적으로 이루어졌을 것이다.

현재까지 확인된 유적들은 주로 해식애가 발달한 동쪽과 서쪽보다는 북쪽과 남쪽에 주로 분포한다. 특히 해안 가까이 하천이 흐르는 계곡의 사면이나 산록완사면에 많은 유적들이 분포하는 것이 큰 특징이다. 나리분지와 그 주변은 섬 안의 유일한 평지와 구릉성지형인데 2002년 경북문화재연구원에서 고분을 확인하였다.[3]

울릉도의 고분은 그 구조에 있어서 아주 특수한 모습을 갖고 있기 때문에 일명 울릉도식 고분으로 부르고 있으며, 구조는 크게 기단부, 석실부, 봉석부로 구분된다. 기단부는 고분이 경사면에 축조되었기 때문에 고분의 뒷부분에 경사면을 파고 앞부분에 기단을 축조하여 석실 축조면을 정지하기 위하여 만들어진 것으로 추정된다. 남서동 고분군, 남양동 고분군, 현포동 고분군이 대표적인데 기단부의 축조는 정연하게 쌓아올렸으며 평면 형태는 타원형, 원형, 부정형 등 다양하고 불규칙한 형태를 가진다.

석실부는 울릉도식 고분을 특징짓는 가장 중요한 부분의 하나이다. 석실은 지상식으로 배모양[舟形]의 긴 석실을 축조하며 천정 후위를 낮추는 경향이 있다. 양장벽兩長壁은 주로 할석으로 평적하여 내경되게 쌓았는데 천정이 평천정을 이루게 같은 높이로 쌓은 것이 아니라 입구에서부터 석실 중간까지는 점점 높게 쌓고 중간부터 석실 끝부분까지는 점점 낮게 쌓았다. 따라서 개석을 덮은 천정의 모습이 장축방향으로 호선弧線을 그리게 되었다. 석실의 규모는 1963년도 보고된 고분 가운데 그 크기가 소개된 20기의 자료를 이용해서 석실의 길이를 중심으로 비교해보면 장축의 길이가 5.0m 이하가 1기, 5.0~7.0m에 해당하는 것이 15기, 9.0~11.0m에 해당하는 것이 4기이다. 장축과 단축의 비율은 대부분 4 : 1에서 5 : 1 정도이며 8 : 1 이상이 되는 것도 있다. 따라서

---

3) 울릉군 · 경상북도문화재연구원, 『문화유적분포지도-울릉군-』, 2002.

대부분의 석실은 세장한 형태이다.

봉석부는 주변의 다양한 크기의 할석을 적석하여 구축하였는데, 남서동 11호분은 주변의 자연암괴를 이용하여 크기가 다른 돌들을 혼축하여 축조한 것이 특징이다. 형태는 부정형이 많으며 특히 봉석단면이 반원상을 그리는 것이 아니라 주로 정상부가 평탄면을 이루는 것이 특징이며 개석부가 돌출되어 보이는 것도 있다. 따라서 봉석의 형태는 대개 절두원추형을 이룬다.

지금까지 살펴본 바에 의하면 울릉도식 고분은 '기단식 적석석실분'이라고 할 수 있으며 연도가 확실한 것이 전혀 보이지 않기 때문에 횡구식일 가능성이 높다. 울릉도식 고분은 동해안의 강원도와 경상도 지방의 수혈식석곽, 횡구식석실과 유사하지만 직접적으로 관련을 짓기 어렵고 시기적으로도 공백이 있다. 1963년의 김원룡과 최근의 서울대박물관보고자들은 축조집단에 대해서 몇 가지 의견을 내놓았다. 김원룡은 63년도 보고서에서 "울릉도 고분은 오랜 시일을 거쳐서 반복해서 쓰이고 또 쓰인 공동묘가 아니면 우산국시대의 유력가들만이 세울 수 있었던 고분이었다고 생각되나 여러 가지 조건들이 해당되지 않고 결과적으로 말하여 현상과 같은 자료로서는 아무런 확단도 내릴 수 없다"고 하였다.[4] 그러면서도 결론에서는 "낙동강 동안의 삼국시대 석곽묘와 주체구조에 있어서 유사하며 신라중심지의 묘제가 아니라 가야지방 묘제와 연결되며 위의 사실은 우산국이나 주민의 출자가 신라계가 아니라 가야계라는 것을 말한다"고 하였다.[5]

또 서울대학교박물관 보고자들은 "신라묘제로부터 영향을 받아서 울릉도의 실정에 맞게 변형된 것으로 6세기 중엽 이후 축조되기 시작한 것"으로 판단하고 "울릉도식 고분이 상당히 늦은 시기까지 축조된

---

4) 김원룡, 『울릉도』, 국립박물관 고적조사보고 제4책, 1963, 54쪽.
5) 김원룡, 앞의 보고서, 1963, 58쪽.

것으로, 그 양상으로 보아 울릉도에 진출한 신라인들에 의해 만들어졌다기보다는 오히려 우산국의 토착 지배층에 의해 사용되었던 것으로 토착적인 발전을 거쳤던 것"으로 추정하였다.[6] 그러나 1998년 영남대학교 조사에서는 "현재의 고고학적 자료의 한계로 고분축조집단이 토착민인지 이주민인지에 대해 단언하기가 어렵다. 다만 고분의 구조나 형식이 육지와 어떤 식으로 관련이 있는 것은 분명하다. 그러나 전통적인 토착민들이 외부의 영향으로 발전시켰다기보다는 오히려 육지에서 울릉도식 고분과 유사한 고분형태와 토기를 가지고 이주한 사람들이 축조하면서 섬 안에서의 독특한 생태적 조건에 적응한 산물로 파악하는 것이 타당하지 않은가 한다"고 하였다.[7]

울릉도에서 확인된 토기에 대해서 김원룡은 갈색 승문토기와 회청색 신라토기로 구분하고 전자는 섬 안에서 제작된 것이고 후자는 이사부의 정벌 이후 육지에서부터 이입된 것이라고 결론을 내렸다. 최근 서울대박물관의 보고자들은 울릉도에서 확인되는 토기들을 무문토기, 적갈색토기, 신라토기로 구분하고 이 무문토기의 연대를 본토의 철기시대 전기 말경, 아무리 늦어도 서력기원 전후의 전형적인 무문토기로 추정하고 있다.

그러나 울릉도의 토기를 대별해보면 적갈색 연질토기와 회청색 도질토기로 구분할 수 있으며, 다시 적갈색 연질토기는 태토에 의해서 굵은 석립이 다량 함유된 조질토기와 고운 점토로 제작된 경질토기로 구분할 수 있다. 도질토기는 앞의 회청색 신라토기와 일치하나 문제는 이러한 적갈색 연질토기 중에서 시기를 올려볼 것이 있는가, 아니면 도질토기와 같은 것으로 볼 것인가 하는 것이다. 아마 이 두 가지 연질

---

6) 서울대학교 박물관, 『울릉도 문화유적 지표조사 보고서』 1, 서울대학교 박물관학술총서 6, 1997.

7) 정영화·이청규, 「울릉도의 고고학적 연구」 『울릉도 독도의 종합적 연구』, 영남대학교 민족문화연구소, 1998(영남대출판부 재영인, 2005).

토기 중에서 일부는 도질토기와 함께 육지로부터 이입된 것이고, 일부는 섬 안에서 육지토기의 영향으로 제작된 것으로 추정할 수 있다. 따라서 6세기 이전에 사용되었다기보다는 울릉도식 고분이 축조되던 시기에 이 토기들이 유입되고, 또 어떤 토기들은 섬 안에서 제작된 것으로 추정된다. 그렇다면 문헌상에 나타나는 이사부 정벌 이전에 사용된 울릉도의 토기들에 대한 자료는 없는 셈이다.

다만 육지에서 4세기대로 편년되는 토기편이 천부동 유물산포지에서 한 점 확인되었다. 이 하나의 편으로 단언하기는 어려우나 아마도 어디엔가 6세기 이전의 토착민들이 사용한 유물이 있을 것으로 생각되나 단정하기는 어려운 실정이다.

울릉도에서 확인되는 적갈색 토기는 주로 평저에 발형토기들이 주류를 이루는 것으로 생각된다. 그러나 정확한 기종과 양식의 파악은 현재로서는 어렵다. 도질토기의 경우 서울대박물관의 보고서에서 6세기 중엽에 해당하는 토기가 확인되므로 6세기 이후부터 다량의 도질토기들이 섬 안으로 유입된 것으로 이해된다. 이 시기의 토기들은 신라 통일 양식으로 이해된다. 그 기종으로는 고배류, 개류, 완류, 합류, 병류, 대호 옹류, 동이류, 시루류, 등잔류, 자주류, 장군류, 기대류 등으로 구분할 수 있다. 울릉도에서 확인되는 기종으로는 고배류, 개류, 완류, 합류, 병류, 대호류, 시루류, 등잔류 등이다. 그리고 울릉도 지역은 단편적으로 경주 낙동강 유역의 제2기 토기중 고배류가 확인되고, 제3기에 형성되고 제4기에 유행한 각병, 주름무늬병, 나팔형 장경병이 다량으로 유입된 증거를 확인할 수 있다. 따라서 울릉도는 경주 낙동강 유역의 토기문화권에 편입되어 있다는 주장도 있다.[8] 따라서 울릉도 약수공원 향토사료관 유물들과 기존의 자료들을 분석한 결과 토기들과

---

8) 강창화, 「통일신라토기의 변천에 대한 연구」, 영남대학교 석사학위논문, 1994.

고분들의 존속 시기는 6세기 중반부터 10세기까지로 추정된다.

이상의 고고학적 연구성과를 바탕으로 하여 울릉도에 사람이 살기 시작한 시기와 우산국의 존재양태를 살펴보기로 한다.

울릉도에는 남서동 고분군에서 성혈이 새겨진 지석묘 개석과 유사한 큰 바위를 발견하였고 현포동에서 무문토기와 유사한 토기가 발견되었는데, 이 무문토기의 기원은 본토의 철기시대 전기 말경, 아무리 늦어도 서력기원 전후의 전형적인 무문토기로 추정된다. 이로써 울릉도에 주민이 들어온 최초의 시기가 서력기원 전후까지 올라갈 가능성이 제시되기도 하였다. 그러나 문헌상 울릉도에 사람이 살았다는 것을 보여주는 기록은 3세기에 나온다.

울릉도에 사람들이 언제부터 살기 시작하였는지 현재 분명히 알 길은 없으나, 늦어도 245년(고구려 동천왕 19)경부터는 살고 있었을 것이라는 추정은 다음의 사료에 근거하고 있다.

> 옥저의 기로耆老가 말하기를 "국인이 언젠가 배를 타고 고기잡이를 하다가 바람을 만나 수십일 동안 표류하다가 동쪽의 섬에 표착하였는데 그 섬에 사람이 살고 있었으나 언어가 통하지 않았고 그들은 해마다 칠월이 되면 소녀를 가려 뽑아서 바다에 빠뜨린다"고 하였다.[9]

위 사료의 '동쪽의 섬'에 대해 일찍이 "우산국에 틀림없을 것 같다"[10]고 하거나 "울릉도에 관한 최고의 문헌기록으로 보인다"[11]고 한 견해 등이 있다. 이와는 달리 "3세기로 올라갈 유적·유물이 울릉도에는 보이질 않아 이 『삼국지三國志』기사는 일단 고려 밖으로 보류해 둘 수밖에 없다"[12]는 견해도 있다. 그러나 현재 서력기원을 전후한 시기

---

9) 『三國志』 권30, 魏志 東夷傳 沃沮條.
10) 이병도, 「탐라와 우산국」『한국사』 고대편, 진단학회, 1959, 459쪽.
11) 이케우치 히로시(池內宏), 「刀伊の賊」『滿鮮史研究』, 中世第一, 1933, 316쪽.
12) 한국근대사자료연구협의회간, 「울릉도·독도영유의 역사적 배경」『독도연구』,

및 4세기의 유물이 발견되고 있기 때문에 울릉도에 3세기경에 이미 사람들이 살고 있었다는 것을 본토에서도 인식하였고, 그곳에 표류하여 정착하거나 그곳을 찾아 이주한 사람들도 있었을 것이다. 따라서 위 사료는 울릉도에 관한 최초의 기록으로 볼 수 있을 것이며, 이들을 중심으로 울릉도에는 '우산국'이란 국가가 성립되었다고 추정할 수 있다.

우산국의 성립과 발전에 관한 기록은 문헌상 보이지 않고, 다만 '우산국'의 멸망에 관한 기록만이 보일 뿐이다.『삼국유사三國遺事』에서 하슬라주(강릉)로부터 2일 정도면 갈 수 있는 거리에 있는, 우산국 즉, "우릉도는 사방이 26,730보步지만 섬사람들이 바다물의 깊음을 믿고 교만하여 신복臣僕하지 아니했다"13)고 하였다. 그러나 언제 누구에 의해서 세워진 국가였으며, 또 그들이 창조하였던 문화적 수준 등은 현재 사료와 유물이 거의 없어서 파악할 수 없다. 다만『삼국사기三國史記』지증왕 13년(512)조에 있는 아래 기록을 통해 그 편린을 살펴볼 수 있는 형편이다.

우산국이 귀부하여 해마다 토산물을 바치기로 하였다. 우산국은 명주의 바로 동쪽 바다 가운데 있는 섬으로 혹은 울릉도라고도 한다. 지경地境의 면적은 사방 100리인데 지세가 험한 것을 믿고 항복하지 않다가 이찬 이사부가 하슬라주의 군주가 된 뒤, 우산인들은 어리석고 사나우므로 위력으로써 내복來服시키기는 어려울 것으로 생각하고 계략으로써 복종시키기로 하였다. 곧 나무로 사자를 많이 만들어서 전선戰船에 나누어 싣고 그 나라 해안에 이르러 거짓말로 "너희들이 만약 항복하지 않는다면 이 맹수를 풀어 모두 밟아 죽일 것이다"고 하였다. 그 나라 사람들이 무서워서 곧 항복하였다.14)

우산국은 면적이 사방 100리에 불과하였지만 지세가 험난하고 사람들이 용맹하여 신라의 최전방을 지키고 있던 하(아)슬라주 군주의 위력

1985, 82쪽 "김원룡의 고고학적 관찰" 참조.
13)『삼국유사』권1, 智哲老王.
14)『삼국사기』권4, 지증왕 13년 6월.

으로도 복종시키기가 어려웠기 때문에 결국 계략으로 복종시켰다고 한
다. 당시 하(아)슬라주의 군주가 거느린 군대는 신라 최전방을 담당하고
있었던 용장이 거느린 정예부대였을 것이다. 그럼에도 불구하고 우산
국을 정벌하기가 용이하지 않았다면 우산국의 군사력과 문화수준이 상
당히 높은 단계에 있었기 때문일 것이다.[15]

　우산국이 동해안 일대에서 해상국가로 군림할 수 있었던 것을 우해
왕과 왕비인 풍미녀에 관한 설화를 통해 그것을 확인할 수 있다. 그 이
야기를 대강 정리하여 옮겨 보기로 한다.

　　우산국이 가장 왕성했던 시절은 우해왕이 다스릴 때였으며, 왕은 기운이 장
사요, 신체도 건장하여 바다를 마치 육지처럼 주름잡고 다녔다. 우산국은 작은
나라지만 근처의 어느 나라보다 바다에서는 힘이 세었다.
　　당시 왜구는 우산국을 가끔 노략질하였는데 그 본거지는 주로 대마도였다.
우해왕은 군사를 거느리고 대마도로 가서 대마도의 수장을 만나 담판을 하였
고, 그 수장은 앞으로 우산국을 침범하지 않겠다는 항서를 바쳤다.
　　우해왕이 대마도를 떠나 올 때 그 수장의 셋째 딸인 풍미녀를 데려와서 왕후
로 삼았다. 우해왕은 풍미녀를 왕후로 책봉한 뒤 선정善政을 베풀지 않았을 뿐
아니라 사치를 좋아했다. 풍미녀가 하는 말이면 무엇이건 들어주려 했다. 우산
국에서 구하지 못할 보물을 풍미녀가 가지고 싶어하면, 우해왕은 신라에까지
신하를 보내어 노략질을 해 오도록 하였다. 신하 중에 부당한 일이라고 항의하
는 자가 있으면 당장에 목을 베거나 바다에 처넣었으므로, 백성들은 우해왕을
매우 겁내게 되었고 풍미녀는 더욱 사치에 빠졌다. "망하겠구나", "풍미 왕후
는 마녀야", "우해왕이 달라졌어" 이런 소문이 온 우산국에 퍼졌다.
　　신라가 쳐들어오리라는 소문이 있다고 신하가 보고를 하였더니, 우해왕은
도리어 그 신하를 바다에 처넣었다. 왕의 마음을 불안하게 하는 자는 죽였다.
이를 본 신하는 되도록 왕을 가까이하지 않으려 했다. 풍미녀가 왕후가 된지
몇 해 뒤에 우산국은 망하고 말았다.[16]

---

15) 김윤곤, 「우산국 · 우산도인의 해상활동과 동해문화권」, 『울릉도 · 독도 동해
　　안 주민의 생활구조와 그 변천 · 발전』, 영남대학교 민족문화연구소 편, 영남
　　대출판부, 2003.
16) 이 설화는 울릉문화원 간행, 『鬱陵文化』 제2호, 1997의 146쪽～148쪽에 수록
　　되어 있는 것인데, 그 원문을 새로 대략 정리하여 놓은 것이다.

이 설화는 전해지는 과정에서 많은 윤색이 가해졌을 것이지만 문헌 사료에 보이지 않는 우산국의 실체를 전해준다. 여기에서 주목되는 것은 우해왕이 대마도-왜국과 혼인동맹을 체결하고 있다는 점이다. 그러나 그 동맹관계는 우산국이 왜구의 노략질을 징벌하고 차단하기 위해 그 소굴인 대마도를 정벌하고 맺은 것이다. 더욱이 우해왕은 신라의 변방을 공격하는 등 동해안 지역의 해상권을 장악하고 있었다. 아마 이러한 사실이 동해안의 해상권 장악을 노리던 신라에게 위기감을 가져다주어 이사부의 우산국 정벌을 불러일으키게 되었을 것이다. 대마도를 정벌하고 신라의 변방을 공격할 정도의 힘을 갖고 있었던 동해의 해상강국, 우산국의 영토 내에는 울릉도에서 육안으로 볼 수 있는 독도가 포함되었을 것이다. 어족자원이 풍부한 독도 근해는 우산국 민들의 어장으로서, 삶의 터전이었을 것이다. 왜구로 인해 이 삶의 터전이 위협받게 되자 우해왕은 대마도를 정벌하고 '풍미녀'를 전리품으로 획득하여 왕비로 삼았을 것이다.

위 설화 외에 우산국 최후의 모습을 전해주는 전설로서 사자바위와 투구바위를 비롯한 비파산琵琶山의 설화 등이 더 있다.『삼국사기』 기록에 의하면 우산국을 정벌하기 위해 나무로 만든 사자를 만들어 위협하여 우산국의 항복을 받아냈다고 한다. 지금 울릉도의 남서동 고분군으로 올라가는 입구인 남양포南陽浦에 '사자바위'가 있고 그 옆에 '사자굴'이 있고, 사자바위를 굽어보는 곳에 '투구바위'가 있다. 신라에서 던진 나무 사자가 변하여 지금의 '사자바위'가 되었고, 우산국의 우해왕이 벗어던진 투구가 '투구바위'가 되었다는 것이다.

또 우산국을 큰 위기로 몰아넣은 우해왕은 풍미녀가 죽자 슬픔을 가눌 길 없어 뒷산에 병풍을 치고 백일 제사를 지냈으며, 왕비의 열두 시녀로 하여금 매일 비파를 뜯게 하였으므로 '비파산'과 '병풍바위' 등의 설화가 생기게 되었다는 것이다.

<사진 1> 사자바위 : 신라에서 던진 나무사자가 변하여
사자바위가 되었다고 한다.

<사진 2> 투구봉 : 우산국 우해왕이 신라의 이사부에게 항복하고
벗어던진 투구가 바위가 되었다고 전해진다.

<사진 3> 비파산 : 남양리 마을 뒤편에 위치. 암석의 주상저리현상으로
국수를 말리는 모양 또는 비파 모양을 하고 있다.

그리고 왕비가 평소 사랑하던 학鶴도 백일 제사를 마치던 날 한소리
높이 슬프게 울며 학포鶴圃 방면으로 날아갔다고 전한다. 이러한 설화
를 통해 우해왕이 신라와의 싸움에서 전사하지 않았음을 알 수 있다.
'우산국이 귀복하여 해마다 토산물을 바치기로 하였다'고 한 『삼국사
기』 기록도 그것을 뒷받침 해준다. 이 사실은 "현재 남아 있는 유적・
유물들은 우산국을 정복한 이래 주로 통일기에 들어서서 여기로 진출
한 본토 신라인들에 의해 남겨진 것"이며, "이사부 이후로 조금씩 시작
된 적석총이 크게 발전된 것이라고 생각된다"고 한 견해[17]를 통해서도
미루어 짐작할 수 있다. 그런 점에서 우산국은 멸망한 것이 아니라 신
라에 귀복하여 신라와 연합 동맹을 구축하였다고 보아야 할 것이다.
신라의 입장에서 우산국을 정벌하고 그곳에 군현을 설치하여 지배하기

---

17) 한국근대사자료연구협의회간, 「울릉도・독도영유의 역사적 배경」『독도연구』,
    1985, 82쪽 "김원룡의 고고학적 관찰" 참조.

위해 인적·물적 자원을 지속적으로 조달하기가 쉽지 않았다. 따라서 종래의 우산국 체제를 유지하여 동맹관계를 맺음으로써 삼국 쟁패전에 전념하는 한편 우산국으로 하여금 왜의 침략을 막는 전위 역할을 맡기고자 하였을 것이다. 특히 왜의 침략을 막는 전초기지로서의 역할은 신라가 삼국을 통일한 이후에도 필요하였다.

우산국은 지증왕 이후 이 땅에 사라진 것이 아니라 도리어 신라에 귀복함으로써 신라의 인적·물적 지원 하에 더욱더 강력한 해상력을 확보하여 동해의 해상권을 장악하였을 것이다. 따라서 독도 및 그 근해는 물론, 우산국이 정벌하였던 대마도까지 이사부의 우산국 정벌 이후에도 신라에 복속한 우산국의 세력권에 포함되어 있었다고 보아야 할 것이다. 『신증동국여지승람』 권23, 동래현 산천조에 기록되어 있는 대마도 기록에 의하면 대마도가 "옛날에 계림(신라)에 예속되었는데, 어느 때부터 일본 사람들이 살게 되었는지 모르겠다"고 한 기록은 비록 후대의 사료이지만 그에 대한 방증의 한 예라고 하겠다. 그런 점에서 『세종실록지리지』에서 '울릉도'와 '독도'를 '우산국'이라고 칭했다고 기록하였을 것이다.

자국의 영토에 대한 기록을 담은 지리지는 국정운영상의 절대적인 통치 자료로 활용되었다. 동양에 있어서 역대 제왕들은 정치의 자료로서 지리地理를 살피고, 경역境域을 나누고, 산천을 정하고 물산을 낱낱이 들고, 공부를 갖추어 지리지를 만들게 하였다. 토지의 획정, 산물의 파악, 세금의 부과, 국방의 요해처 등의 파악 등이 지리를 이해함으로서 가능하다고 보았다.[18) 따라서 한 국가의 오랜 역사적 전통과 시대적 배경 속에서 행정·경제·사회·문화 등 여러 부문에 걸쳐 당대의 자료를 풍부하게 수록한 것이 지리지이다.

우리나라의 경우 삼국시대부터 지리지가 만들어지기 시작했다. 그러

---

18) 서인원, 『조선초기 지리지 연구-『동국여지승람』을 중심으로』, 혜안, 2002.

나 현재 전해지는 지리지 가운데 가장 오래된 것은 고려시대에 편찬된 『삼국사기』 지리지이다. 『삼국사기』는 본기, 지, 열전, 표로 구성된 기전체 사서이다. 중국의 『한서漢書』나 『당서唐書』의 '지志'가 오행지에 중심을 둔 것과는 달리 『삼국사기』의 '지'에서 가장 큰 비중을 차지하고 있는 부분은 '지리지'이다. 그것은 당시 영토의식의 반영이다. 또 치열한 삼국 간의 영토 전쟁 결과 군현의 연혁과 영속관계를 담은 지리지가 중요한 비중을 차지하게 되었다. 지리지가 큰 비중을 담고 있지만 군현이 설치된 지역의 연혁과 영속관계의 변천만이 언급될 뿐이다. 따라서 도서지역의 경우 강화도나 진도, 거제도처럼 군현이 설치된 섬은 수록되지만 군현이 설치되지 않은 도서지역은 기록에서 제외되었다. 그것은 아직 도서지방에 대한 영토의식이 확고하게 자리잡지 않았기 때문일 것이다. 이 때문에 『삼국사기』 지리지에는 우산국과 울릉도, 독도에 관한 기록이 없다. 지증왕대에 신라에 복속하였지만 신라의 영토로 확정되어 군현이 설치되지 않은 채 동맹국의 지위를 유지하고 있었던 우산국은 지리지에 나오지 않는다. 더욱이 우산국 영토의 하나였을, 무인도인 독도가 『삼국사기』 지리지에 기록되지 않은 것은 당연하다.

2. 고려시대의 독도와 울릉도

512년 이사부의 우산국 정복에 관한 기록 이후에 우산국이 사서에 다시 등장하는 것은 400여 년이 지난 후삼국시대인 930년에 고려에 토산물을 바쳤다는 내용이다.

> A) 우릉도芋陵島에서 백길白吉과 토두土豆를 보내 방물을 바쳤다. 백길에게 정위正位, 토두에게 정조正朝 품계를 각각 주었다(『고려사』 권1, 세가 태조 13년 8월 병오일).

이 해 정월 고려 태조 왕건은 고창(경북 안동)의 병산전투에서 후백제 견훤을 물리침으로써 후삼국의 주도권을 장악하게 되었다. 이로 인해 신라의 동쪽 연해 주군과 부락들이 다 와서 항복하니 명주(溟州-강릉)로 부터 홍례부(興禮府-경북 울산)에 이르기까지 항복한 성이 총 1백 10여 성이었다는 기록19)과 연관시켜볼 때, 이 시기 우산국은 독자세력을 유지하면서 후삼국의 쟁패전에 대한 나름대로의 정보를 수집하여 그 향배를 결정하였을 것이다. 그러나 고려왕조에서 방물을 바친 주체를 '우산국'이라 하지 않고 '우릉도'로 표현하고, 향직인 정위, 정조를 준 것은 고려 왕조에 투항한 신라의 연해 주군과 같은 존재로 파악하고 있음을 말해주는 것이다.20) 이것은 한반도의 주도권이 급격히 고려로 기울면서 고려의 후삼국통일이 목전에 위치한 상황 하에서 우산국이 하나의 '국가'로 자처하기 보다는 '우릉도'로 자칭하면서 방물을 보냈기 때문이기도 할 것이다. 그러나 고려 국초에 동해 먼 바다에 위치한 울릉도에 대한 지배권을 확보하기가 어려운 현실에서 울릉도는 이후 '우산국'으로 불렸으며 그에 상부한 독립성을 갖고 있었다. 이에 관한 자료를 살펴보면 다음과 같다.

B-1) 우산국이 동북 여진의 침략을 받아 농사를 짓지 못하였으므로 이원구李元龜를 그곳에 파견하여 농기구를 주었다[『고려사』 권4 세가 현종 9년(1018) 11월 병인일].21)

2) 우산국 백성들로서 일찍이 여진의 침략을 받고 망명하여 왔던 자들을 모두 고향으로 돌아가게 하였다(같은 책, 현종 10년 7월 기묘일).

3) 도병마사가 여진에게서 약탈을 당하고 도망하여 온 우산국 백성들을 예주禮州(경북 영해)에 배치하고 관가에서 그들에게 식량을 주어 영구히 그

---

19) 『고려사』 권1, 세가 태조 13년 2월 을미일.
20) 고려 태조 당시에는 가장 강력한 호족으로서 고려왕실에 큰 공을 세운 사람에게 대광 · 정광 · 대승 · 대상 등의 관계인 향직을 주었다.
21) 이 기록은 『고려사』 권79, 식화2 농상 현종 9년 11월조에도 나온다.

지방 편호編戶로 할 것을 청하니 왕이 이 제의를 좇았다[같은 책, 현종 13년 (1022) 7월 병자일].

위 기록에서 보다시피 '우산국'이란 이름만이 보일 뿐 '우릉도' 등의 명칭은 보이지 않는다. 위 사료들은 시기적으로 현종 9년에서 현종 13년에 걸친 시기의 것이다. 현종 9년은 특히 고려 지방관제의 구조가 완성되는 시점이다.[22] 고려의 군현제가 완성되는 현종 9년을 전후한 시기에서 현종 13년에 걸쳐 '우산국'이란 국명이 등장하는 것은 무엇을 뜻하는가? 그것은 고려의 군현체제 속에 우산국이 포함되지 않은 채 독자성을 확보하고 있다고 보아야 할 것이다.

고려 성종 14년에 12목이 설치되기 이전까지 대개 지방은 상주외관이 파견되지 않은 채 나말려초의 성주·장군이라고 불리는 호족과 그 후예인 향호들에게 지방통치를 위임하고 있었다. 그러나 현종 때 고려의 지방제도가 완비되는 시점에 오면 내륙은 물론 서남해안의 도서 가운데, 제주도, 거제도, 진도 등에 군현이 설치되었다. 이들 도서에 설치된 군현은 인근 유인도들을 속도屬島로 거느리고 있었다. 울릉도는 고려사 지리지 울진현의 '속도'로 다음과 같이 기록되어 있다.

C) 울진현蔚珍縣은 원래 고구려의 우진야현于珍也縣(고우이군이라고도 한다)이다. 신라 경덕왕이 지금 명칭으로 고쳐서 군으로 만들었다. 고려에 와서 현으로 낮추고 현령을 두었다. 여기에는 울릉도鬱陵島가 있다[이 현의 정동正東쪽 바다 가운데 있다. 신라 때에는 우산국于山國, 무릉武陵 또는 우릉羽陵이라고 불렀는데 이 섬의 주위는 100리이며 지증왕 12년에 항복하여 왔다. 태조 13년에 이 섬 주민들이 백길白吉·토두土豆를 보내 방물을

---

22) 고려의 지방제도는 성종조의 12목의 설치를 시작으로 하여 목종을 거쳐 현종대에 대대적인 정비가 이루어진다. 현종 3년에 5도호 75도 안무사제를 거쳐 현종 9년에 4도호, 8목, 56지군사, 28진장, 20 현령이 설치된다. 현종 9년 이후 고려의 외관제는 다소의 출입이 있으나 기본체제는 큰 변함이 없다(김윤곤, 『한국 중세의 역사상』, 영남대학교 민족문화연구소, 영남대출판부, 2001, 31~33쪽 참조).

바쳤다. 의종 11년에 왕이 울릉도는 면적이 넓고 땅이 비옥하며 옛날에는 주현을 설치한 일도 있으므로 능히 백성들이 살 수 있다는 말을 듣고 명주도 감창溟州道監倉인 김유립金柔立을 파견하여 시찰하게 하였다. 유립이 돌아와서 보고하기를 "섬에는 큰 산이 있으며 이 산마루로부터 바다까지의 거리는 동쪽으로는 1만여 보步이며 서쪽으로는 1만 3천여 보, 남쪽으로는 1만 5천여 보, 북쪽으로는 8천여 보인데 마을이 있던 옛 터가 7개소 있고 돌부처, 철로 만든 종, 돌탑 등이 있었으며 시호柴胡 호본藁本, 석남초石南草 등이 많이 자라고 있었습니다. 그러나 바위와 돌들이 많아서 사람이 살 곳이 못됩니다"라고 하였으므로 이 섬을 개척하여 백성들을 이주시키자는 여론은 중지되었다. 혹자는 말하기를 우산于山과 무릉武陵은 원래 두 섬인데 서로 거리가 멀지 않아서 날씨가 맑으면 가히 바라볼 수 있다고도 한다](『고려사』 권58, 지12 지리3 동계 울진현).

그러나 이 자료에는 고려 태조 때 섬 주민들이 방물을 바쳤다는 기록 외에 고려의 군현제도가 정비되는 현종 때에 관한 기록이 일체 없다. 다만 사료 B-1)~3)에서 보는 바와 같이 '우산국'만 등장한다. 그것은 우산국이 고려의 군현조직 속에 포함되지 않은 독자세력으로 존재하였기 때문이다. 『고려사』 지리지에 고려 군현제의 획기적 정비 시기인 현종조에 관한 기사가 없는 것은 바로 이 때문이다.

그렇다면 의종 11년 사료에 '옛날에는 군현을 설치한 일도 있다'는 지리지의 기록 C)는 어떻게 해서 나온 것일까? 현종대의 기록 B-1)~3)을 살펴보면 여진족의 침략을 받아 우산국의 존립기반이 붕괴되고 있음을 알 수 있다. 현종 때 여진족의 피해는 우산국뿐만 아니라 동해안 일대의 19읍에 걸칠 만큼 광범하였다. 이때 해당 군현의 주민들의 조세 감면 등의 조처가 단행되었지만23) 우산국의 경우 조세감면의 조

---

23) "顯宗 때에는 起居舍人으로 올라갔다가 東北面兵馬使로 나갔다. 당시 朔方道의 登州와 溟州 관내의 三陟, 霜陰, 鶴浦, 波川, 連谷, 羽溪 등 19縣이 외적들의 침해를 받고 주민들의 생활이 대단히 곤란하였다. 그래서 조정에 구제 대책을 청원하여 주민들의 租稅를 감면하라는 명령을 받고 그들의 부담을 경감하여 주었다(『고려사』 권94, 열전7, 李周佐)".

처는 없다. 이것은 우산국이 고려의 군현체계 속에 포함되어 조세와 역역을 부담하는 군현민이 아니었음을 뜻한다. 그러나 여진족의 침략으로 인해 우산국은 더 이상 자립할 수 없는 상황에 이르렀다. 그 주민의 대다수가 고려에 망명하여 고려 군현에 편적될 정도였고, 농기구 지원의 명목이지만 고려의 관리를 받아들이지 않을 수 없는 상황이었다. 그 과정에서 '우산국'이란 명칭은 역사의 무대에서 사라지고 더 이상 등장하지 않음을 다음의 사료들은 보여준다.

D-1) 우릉성주羽陵城主가 자기의 아들 부어잉다랑夫於仍多郎을 파견하여 토산물을 바쳤다(『고려사』 권5, 세가 덕종 원년 11월).

2) 명주도溟州道 감창사監倉使 이양실李陽實이 울릉도蔚陵島에 사람을 보내 이상한 과실 종자와 나뭇잎을 가져다가 왕에게 바쳤다(같은 책 권17, 세가 인종 19년 7월 기해일).

3) 왕이 동해 가운데 있는 우릉도羽陵島는 지역이 넓고 땅이 비옥하며 옛날에는 주州, 현縣을 두었던 적이 있어서 백성들이 살 만하다는 말을 듣고 명주도溟州道 감창監倉 전중내급사殿中內給事 김유립金柔立을 시켜 가 보게 하였다. 유립이 돌아와서 그곳에는 암석들이 많아서 백성들이 살 수 없다고 하였으므로 그 의논이 그만 잠잠하여졌다[같은 책 권18, 세가 의종 11년 (1157) 5월 병자일].

4) 또 동해東海 중에 울릉도라는 섬이 있는데 땅이 비옥하고 진귀한 나무들과 해산물이 많이 산출되나 수로가 원격하여 왕래하는 사람이 끊어진 지 오래이다. 최이가 사람을 보내서 시찰한즉 과연 집터와 주춧돌이 완연히 있었으므로 동부지방의 군 주민들을 이주시켰다. 그 후 풍랑과 파도가 험악해서 익사자가 많다는 이유로 이민을 중지하였다(같은 책 권129, 열전42 반역 최충헌전 부 최우 고종 30년).

5) 국학학유國學學諭 권형윤權衡允과 급제 사정순史挺純을 울릉도 안무사安撫使로 임명하였다[같은 책 권23, 세가 고종 33년(1246) 5월 갑신일].

6) 울진 현령 박순朴淳이 처자와 노비 및 가산을 배에 싣고 울릉도에 가려고 하였다. 성안 사람들이 이것을 알고 마침 성안에 들어 온 박순을 붙잡아 두었는데 뱃사람들이 배에 실은 가산을 가지고 도망하여 갔다(같은 책 권25, 원종 1년 7월 경오일).

7) 계축일에 대장군 김백균金伯均을 경상도 수로방호사水路防護使로 임명하고 판함문사 이신손李信孫을 충청도 방호사로 임명하였다. 첨서 추밀원사 허공許珙을 울릉도 작목사斫木使로 임명하여 이추와 함께 가게 하였다. 왕이 황제에게 보고하여 울릉도에서 나무를 찍는 일과 홍다구의 부하 5백명의 의복을 마련하는 것을 축감해 달라는 것과, 삼별초를 평정한 후 제주의 주민들은 육지에 나오지 말고 예전대로 자기 생업에 안착하게 하여 줄 것을 요청하였다. 황제가 그 제의를 좇았다[같은 책 권27, 원종 14년(1273) 2월 계축일].

8) 얼마 안 지나서 원나라에서 또 이추를 보내서 재목을 요구했다. 이추는 울릉도蔚陵島로 건너가서 재목을 작벌코자 하므로 왕이 대장군 강위보康渭輔를 동행시켰다. 이추는 3품 관질은 낮다 하여 "3품이란 개 같은 것인데 어찌 데리고 다니겠느냐"라고 하였으므로 첨서 추밀사 허공許珙을 대신 보냈다. 왕이 원나라에 청하여 드디어 이추를 파면시켰다(같은 책 권130, 열전 43 반역 조이 부 이추).

9) 동계東界의 우릉도芋陵島 사람이 내조來朝하였다[같은 책 권37, 세가 충목왕 2년(1346) 3월 을사일].

　　이상에서 보다시피 현종 때를 마지막으로 하여 우산국의 명칭은 보이지 않고 우릉성, 혹은 우릉도 내지 울릉도의 명칭이 보일 뿐이다. 그리고 울릉도에는 감창사, 안무사, 혹은 작목사 등의 고려의 관리가 수시로 파견되고 있다.24) 그것은 고려의 군현체계상 목, 도호부―영군·현―속군·현의 정연한 조직체계는 아니지만 고려의 군현조직의 하나인 주―속읍체제의 한 형태로 운영되고 있음을 말해준다. 수령이 파견되지 않은 속읍 및 향소부곡 등에는 그 지방의 향리들이 다스리면서 주읍의 수령 및 계수관의 관원과 안찰사 등이 수시로 순행하여 통치의 실을 기하고 있다. 특히 동계·북계 등의 양계는 성을 중심으로 한 독립된 전투단위부대를 형성하고 있었다.25) 사료 D―1)에서 보는 바와

─────────────

24) 고려 말년에 이르러서는 울릉도가 유배지로도 이용되기도 하였으며(『고려사』 권91, 열전4, 영흥군 환;『고려사절요』 신창 원년 9월), 왜의 침략이 있기도 하였다(『고려사』 권134, 열전 47, 신우 5년 7월).

25) 이기백, 「고려 양계의 주진군」『고려병제사연구』, 일조각, 1968, 245쪽 및

같이 우릉성주가 토산물을 바쳤다는 '우릉성'의 기록은 그것을 뒷받침
해준다. 사료 D-3)는 그것을 "옛날에는 주현州縣을 두었던 적이 있다"
라고 표현하였다. 그러나 여진족이 우산국을 한차례 휩쓸고 간 뒤 이
곳 울릉도는 때로는 독자의 토착세력이 존재하면서 '우릉성'으로 존재
하기 보다는 도리어 개척의 대상으로 여겨지는 등 안정되고 지속적인
상태로서 고려의 군현조직 속에 포함되지 못하였다. 조선시대『고려사』
찬자는 지리지를 편성하면서 울릉도의 특수성을 옳게 파악하지 못한
채 군현의 설치에만 주목하였기 때문에 동계 울진현의 '속도'로 울릉
도가 있다는 사실만 밝혀둔 채 현종조~인종조에 이르는 사료 B-1)~
3) 및 D-1)~2)에 대한 기록을 빠뜨리고 말았던 것이다.

　『삼국사기』지리지에는 우산국과 울릉도, 독도에 관한 기록이 없다.
지증왕대에 신라에 복속하였지만 신라의 영토로 확정되어 군현이 설치
되지 않은 채 동맹국의 지위를 유지하고 있었던 우산국은 지리지에 나
오지 않는다. 더욱이 우산국 영토의 하나였을, 무인도인 독도가『삼국
사기』지리지에 기록되지 않은 것은 당연하다.『고려사』지리지의 경
우 조선시대에 편찬되는 지리지와는 달리『삼국사기』지리지처럼 군
현의 연혁과 영속관계를 밝힌 행정적 변경사항만이 언급되고 있다. 그
러나『고려사』지리지의 경우 읍이 설치된 섬 뿐만이 아니라 읍이 설
치되지 않은 섬도 그것의 행정업무를 관장하는 읍에 '속도'로 기록하
고 있다. 그것은 섬에 대한 영토의식이 그만큼 증대되었음을 반영하는
것이다. '속도'를 거느리고 있는 해당 읍이 섬에 대한 행정사무를 맡아
보았기 때문이다. 그런 점에서 지리지에 실린 '섬'들은 군현이 설치되
지 않은 향·소·부곡·장·처와 같은 반열에 있었다고 보아야 할 것
이다.『고려사』지리지 동계 울진현조에 '울릉도'가 실린 것은 고려의
영토로서, 그 소관 읍이 울진현이었음을 의미하는 것이고, 울진현과 울

267쪽 참조.

릉도 양자의 관계는 군현과 향소부곡과 같은 관계였다고 볼 수 있다.26)

고려시대의 사료 가운데 독도에 관한 사료는 C)에 유일하게 나온다. 『고려사』는 고려시대의 실록 등의 고려시대의 사료를 바탕으로 하여 작성하였다. 위에서 살펴본 바와 같이 사료 C)의 지리지 기록을 제외한 고려시대의 사료에는 우산국, 울릉도 등에 관한 사료가 나오지만 그 속에 독도가 포함된다는 것을 증명해주는 기록이 없다. 그렇기 때문에 『고려사』 지리지의 찬자는 동계의 울진현조에 울릉도만을 속도로 기록하였다. 그러나 『고려사』가 편찬된 시기는 독도에 관한 최초의 기록을 담고 있는 『세종실록지리지』가 만들어진지 약 20년이 지난 1451년(문종 1)이다. 조선시대의 『고려사』 지리지의 찬자는 울릉도의 기록 말미에 "혹자는 말하기를 우산과 무릉은 원래 두 섬인데 서로 거리가 멀지 않아서 날씨가 맑으면 가히 바라볼 수 있다고도 한다"라고 하여 독도를 언급하였던 것이다. 그런 점에서 볼 때 고려시대의 사료에는 우산국, 그리고 울릉도에 독도가 포함된다는 것을 증명해주는 어떠한 흔적도 찾을 수 없다. 『세종실록지리지』에 우산도, 즉 독도가 울릉도와 함께 우산국의 영토였다는 기록에 의거해 『고려사』에 나오는 우산국의 존재 속에 독도가 포함된다고 우리들이 주장할 경우 국제사회에 얼마만큼 설득력을 가질 것인가를 생각해보아야 한다.

일본 측의 자료인 『대일본사』, 권234, 열전 5의 고려 관홍원년(1004)조에 "고려의 번도인 우릉도인이 표류하여 이르렀다[高麗蕃徒芋陵島人漂至]"고 한 것이나 『대일본사료』 제2편의 5, 관홍원년 3월 7일조에 "고려번도 가운데에 신라국 우릉도인이 있다[高麗蕃徒之中 有新羅國迂陵島人]"는 기록은 우산국이 고려의 통치를 받고 있다는 것을 입증하는 자료로서 중요한 의미를 가진다. 그러나 "구우산국지(울릉도와 독도)가 신라에

---

26) 영남대학교·민족문화연구소, 『독도를 보는 한 눈금 차이』, 선출판사, 2006, 52~53쪽.

이어 고려의 통치를 받는 영토라는 것을 일본이 알고 있었음을 증명해
주는 중요한 자료"라는 주장의 근거[27]로서는 부족하다. 물론 이것은
울릉도에서 눈에 보이는 독도가 우산국, 즉 울릉도의 생활무대가 아니
었다고 말하는 것은 아니다. 다만 고려시대의 자료에 그것을 증명할
시료가 없다는 것을 지적하는 것이다.

---

27) 신용하, 『독도의 민족영토사 연구』, 지식산업사, 1996, 69~70쪽.

제3장 조선시대의 독도와 울릉도

1. 조선 전기 쇄환정책의
확립과정 하의 독도 · 울릉도

조선왕조가 성립된 15세기는 지방제도의 개혁이란 면에서 볼 때 획기적인 시기이다. 고려의 5도 · 양계체제가 8도체제로 확정되고, 신분적이고 다원적이던 군현제가 일원적으로 행정구획화되며, 사심관제가 경재소와 유향소로 분화 발전해 나가고, 종래의 속읍과 향 · 소 · 부곡이 소멸, 직촌화하면서 새로운 면리제로 점차 개편되어 갔다. 그러면 고려시대 동계에 속하였던 울릉도 · 독도가 조선시대에 어떤 행정체계에 속하게 되었는가를 살펴보기로 한다. 조선조에 들어와 문헌상에 등장하는 최초의 울릉도 · 독도에 관한 다음의 기록은 그것을 잘 말해준다.

> A) 강원도 무릉도武陵島 거주민들에게 육지에 나오도록 명령하였는데, 이것은 감사의 품계에 따른 것이다(『태종실록』 태종 3년 8월 병진).

위의 자료를 통해 조선조에 있어서 무릉도, 즉 울릉도는 군현체계상 강원도에 속해 있었고, 거주민들이 살고 있었음을 알 수 있다. 이 거주

민들은 아마도 고려 말부터 울릉도에 삶의 터전을 일구어왔던 사람들
일 것이다. 그것은 다음의 자료에 의해서 확인된다.

> 의정부에 명하여 유산국도流山國島 사람을 처치하는 방법을 의논하였다. 강원
> 도 관찰사가 보고하기를 "유산국도 사람 백가물百加勿 등 12명이 고성高城 어라
> 진於羅津에 와서 정박하여 말하기를, '우리들은 무릉도武陵島에서 생장하였는데,
> 그 섬 안의 인호人戶가 11호이고, 남녀가 모두 60여 명인데, 지금은 본도로 옮
> 겨 와 살고 있습니다. 이 섬이 동에서 서까지 남에서 북까지가 모두 2식息 거리
> 이고, 둘레가 8식 거리입니다. 우마와 논이 없으나, 오직 콩 한 말만 심으면 20
> 석 혹은 30석이 나고, 보리 1석을 심으면 50여 석이 납니다. 대[竹]가 큰 서까래
> 같고, 해착海錯과 과목果木이 모두 있습니다'고 하였습니다. 이 사람들이 도망하
> 여 갈까 염려하여, 아직 통주通州·고성高城·간성杆城에 나누어 두었습니다"고
> 하였다(『태종실록』 태종 12년 4월 15일).

백가물 등이 무릉도, 즉 울릉도에서 생장하였다는 것은 이들이 여말
선초부터 울릉도에서 삶의 터전을 갖고 있었음을 말해주는 것이다. 이
들이 본도, 즉 유산국도로 옮겨 살게 된 것은 태종 3년 강원감사의 품
계에 의해 무릉도 거주민을 육지로 나오게 한 조처 때문일 것이다. 이
를 통해 강원감사가 울릉도에 대한 확고한 지배권을 행사하고 있었음
을 확인할 수 있다. 고려시대의 5도·양계체제가 조선조에 들어와 8도
체제로 바뀌면서 울릉도에 대한 관할권이 동계에서 강원도로 이관되었
던 것이다. 그러면 군현체계상 강원도에 속한 울릉도에 대한 군현통치
권이 어떻게 행사되었는가를 『세종실록지리지』 강원도 삼척도호부 울
진현에 나오는 다음의 사료를 통해 살펴보기로 한다.

> B) 우산于山과 무릉武陵 두 섬이 (울진)현의 정동正東 해중海中에 있다. [두 섬
>   이 서로 거리가 멀지 아니하여, 날씨가 맑으면 가히 바라볼 수 있다. 신
>   라 때에 우산국于山國, 또는 울릉도鬱陵島라 하였는데, 지방地方이 1백리이
>   며, (사람들이 지세가) 험함을 믿고 복종하지 아니하므로, 지증왕智證王 12
>   년에 이사부異斯夫가 하슬라주何瑟羅州 군주軍主가 되어 이르기를, "우산국
>   사람들은 어리석고 사나와서 위엄으로는 복종시키기 어려우니, 가히 계

교로써 하리라” 하고는, 나무로써 사나운 짐승을 많이 만들어서 여러 전선戰船에 나누어 싣고 그 나라에 가서 속여 말하기를, “너희들이 항복하지 아니하면, 이 (사나운) 짐승을 놓아서 (너희들을) 잡아먹게 하리라” 하니, 그 나라 사람들이 두려워하여 와서 항복하였다. 고려 태조 13년에, 그 섬 사람들이 백길토두白吉土豆로 하여금 방물을 헌납하게 하였다. 의종毅宗 13년에 심찰사審察使 김유립金柔立 등이 돌아와서 고하기를, “섬 가운데 큰 산이 있는데, 산꼭대기로부터 동쪽으로 바다에 이르기 1만여 보이요, 서쪽으로 가기 1만 3천여 보이며, 남쪽으로 가기 1만 5천여 보이요, 북쪽으로 가기 8천여 보이며, 촌락의 터가 7곳이 있고, 간혹 돌부처 · 쇠북 · 돌탑이 있으며, 멧미나리[柴胡] · 호본蒿本 · 석남초石南草 등이 많이 납니다” 하였다.

　　우리 태조 때, 유리하는 백성들이 그 섬으로 도망하여 들어가는 자가 심히 많다 함을 듣고, 다시 삼척 사람 김인우金麟雨를 명하여 안무사安撫使를 삼아서 사람들을 쇄출刷出하여 그 땅을 비우게 하였는데, 인우가 말하기를, “땅이 비옥하고 대나무의 크기가 기둥 같으며, 쥐는 크기가 고양이 같고, 복숭아씨가 되[升]처럼 큰데, 모두 물건이 이와 같다” 하였다](『세종실록지리지』 강원도 삼척 도호부 울진현).

　울릉도에 관한 기록이 삼척도호부 울진현에 기록되었다는 것은 울릉도가 삼척도호부 울진현 관할이었음을 말해준다. 이것은 숙종조 일본에 보낸 외교문서에 ‘우리나라 강원도 울진현에 속도屬島가 있어 울릉이라 이름하는데 울진현의 동해 가운데 있다’[1]고 한 것에서 확인된다. 그런데 사료 B)에 울진현의 정동正東 해중海中에 있는 섬으로서 무릉도, 즉 울릉도와 함께 우산도가 기록되어 있다. 우산과 무릉은 독도와 울릉도를 지칭하고 있음을 ‘두 섬이 거리가 멀지 아니하여, 날씨가 맑으면 가히 바라볼 수 있다’고 한 데서 알 수 있다. 울릉도 주변의 죽도 · 삼선암 · 관음도 등은 언제나 울릉도에서 볼 수 있는 데 반해 날씨가 청명한 날에 볼 수 있는 섬은 독도밖에 없다. 따라서 울진현의 속도는 울릉도와 우산도 두 섬이다. 이처럼 조선왕조에서 울릉도 · 독도는 강원도의 울진현의 속도로서 군현제의 틀 속에 엄연히 자리잡아 있었

---

1) 『숙종실록』 권27, 숙종 20년 8월 기유.

다. 그러나 일반 속읍과 달리 이곳은 설읍設邑이 되어 있지 않았고, 쇄환정책으로 인해 사람이 거주할 수 없도록 되어 있었다.

그렇다면 조선왕조에서 독도 · 울릉도가 강원도 울진현의 속도로서 어떻게 관할되었는가를 다음의 사료 C)를 통해 살펴보기로 한다.

C-①) 김인우金麟雨를 무릉등처안무사武陵等處安撫使로 삼았다. 호조참판 박습朴習이 아뢰기를, "신이 일찍이 강원도도관찰사로 있을 때에 들었는데, 무릉도武陵島의 둘레가 7식息이고, 곁에 작은 섬[小島]이 있고, 전지가 50여 결結이 되는데, 들어가는 길이 겨우 한 사람이 통행하고 나란히 가지는 못한다고 합니다. 옛날에 방지용方之用이란 자가 있어 15가家를 거느리고 입거入居하여 혹은 때로는 가왜假倭로서 도둑질을 하였다고 합니다. 그 섬을 아는 자가 삼척三陟에 있으니, 청컨대, 그 사람을 시켜서 가서 보게 하소서" 하니, 임금이 옳다고 여기어 삼척 사람 전前 만호萬戶 김인우를 불러 무릉도의 일을 물었다. 김인우가 말하기를, "삼척 사람 이만李萬이 일찍이 무릉武陵에 갔다가 돌아와서 그 섬의 일을 자세히 압니다" 하니, 곧 이만을 불렀다. 김인우가 또 아뢰기를, "무릉도가 멀리 바다 가운데에 있어 사람이 서로 통하지 못하기 때문에 군역軍役을 피하는 자가 혹 도망하여 들어갑니다. 만일 이 섬에 주접住接하는 사람이 많으면 왜적이 끝내는 반드시 들어와 도둑질하여, 이로 인하여 강원도를 침노할 것입니다" 하였다. 임금이 옳게 여기어 김인우를 무릉등처안무사로 삼고 이만을 반인伴人으로 삼아, 병선兵船 2척, 초공抄工 2명, 인해引海 2명, 화통火通 · 화약火藥과 양식을 주어 그 섬에 가서 그 두목頭目에게 일러서 오게 하고, 김인우와 이만에게 옷과 갓 · 신발을 주었다(『태종실록』 태종 16년 9월 경인).

② 안무사 김인우가 우산도于山島에서 돌아와 토산물인 대죽大竹 · 수우피水牛皮 · 생저生苧 · 면자綿子 · 검박목檢樸木 등을 바쳤다. 또 그곳의 거주민 3명을 거느리고 왔는데, 그 섬의 호戶는 15구口요, 남녀를 합치면 86명이었다. 김인우가 갔다가 돌아올 때에, 두 번이나 태풍을 만나서 겨우 살아날 수 있었다고 했다(『태종실록』 태종 17년 2월 임술).

③ 우의정 한상경韓尙敬, 육조 · 대간에 명하여, 우산于山 · 무릉도武陵島의 거민居民을 쇄출刷出하는 것의 편의 여부를 의논케 하니, 모두가 말하기를, "무릉의 주민은 쇄출하지 말고, 오곡五穀과 농기農器를 주어 그 생업을 안정케 하소서. 인하여 주수主帥를 보내어 그들을 위무하고 또 토공土貢을 정함이 좋을 것입니다" 하였다. 그러나 공조 판서 황희黃喜만이 유독

불가하다 하며, "안치시키지 말고 빨리 쇄출하게 하소서" 하니, 임금이, "쇄출하는 계책이 옳다. 저 사람들은 일찍이 요역徭役을 피하여 편안히 살아왔다. 만약 토공을 정하고 주수를 둔다면 저들은 반드시 싫어할 것이니, 그들을 오래 머물러 있게 할 수 없다. 김인우를 그대로 안무사로 삼아 도로 우산·무릉 등지에 들어가 그곳 주민을 거느리고 육지로 나오게 함이 마땅하다" 하고, 인하여 옷[衣]·갓[笠]과 목화木靴를 내려 주고, 또 우산 사람 3명에게도 각기 옷 1습襲씩 내려 주었다. 강원도도관찰사에게 명하여 병선 2척을 주게 하고, 도내의 수군水軍 만호萬戶와 천호千戶 중 유능한 자를 선발 간택하여 김인우와 같이 가도록 하였다(『태종실록』 태종 17년 2월 을축).

④) 전前 판장기현사判長鬐縣事 김인우를 우산무릉등처안무사로 삼았다. 당초에 강원도 평해平海 고을 사람 김을지金乙之·이만李萬·김을을금金亐乙金 등이 무릉도에 도망가 살던 것을, 병신년에 국가에서 인우를 보내어 다 데리고 나왔는데, 계묘년에 을지 등 남녀 28명이 다시 본디 섬에 도망가서 살면서, 금년 5월에 을지 등 7인이 아내와 자식은 섬에 두고 작은 배를 타고 몰래 평해군 구미포仇彌浦에 왔다가 발각되었다. 감사가 잡아 가두고 본군本郡에서 급보急報하여 곧 도로 데려 내오기로 하였다. 인우가 군인 50명을 거느리고 군기와 3개월 양식을 갖춘 다음 배를 타고 나섰다. 섬은 동해 가운데 있고, 인우는 삼척 사람이었다(『세종실록』 세종 7년 8월 갑술).

⑤) 우산무릉등처안무사 김인우가 본도의 피역한 남녀 20인을 수색해 잡아와 복명하였다. 처음 인우가 병선 두 척을 거느리고 무릉도에 들어갔다가 선군船軍 46명이 탄 배 한 척이 바람을 만나 간 곳을 몰랐다. 임금이 여러 대신들에게 이르기를, "인우가 20여 인을 잡아왔으나 40여 인을 잃었으니 무엇이 유익하냐. 이 섬에는 별로 다른 산물도 없으니, 도망해 들어간 이유는 단순히 부역을 모면하려 한 것이로구나" 하였다. 예조 참판 김자지金自知가 계하기를, "지금 잡아온 도망한 백성을 법대로 논죄하기를 청합니다" 하니, 임금이 말하기를, "이 사람들은 몰래 타국을 따른 것이 아니요, 또 사면령 이전에 범한 것이니 새로 죄주는 것은 불가하다" 하고, 곧 병조에 명하여 충청도의 깊고 먼 산중 고을로 보내어 다시 도망하지 못하게 하고, 3년 동안 복호復戶하게 하였다(『세종실록』 세종 7년 10월 을유).

⑥) 우산무릉등처안무사 김인우에게 겨울 옷 두 벌과 갓·신을 하사하고, 반인伴人 김가물金加勿에게는 겹옷 한 벌과 갓·신을 하사하였다(『세종실록』 세종 7년 10월 신묘).

⑦) 예조와 호조에 전지하여, 무릉도에 들어갈 때 배가 깨어져서 사망한 강

원도 수군水軍의 초혼제를 지내게 하고, 치제致祭하고 치부致賻하게 하였
다. 김인우가 일본으로 표류하였다고 말하였는데, 임금이 배가 깨어진
것이라 생각하였기 때문에 이 명령이 있은 것이다(『세종실록』 세종 7년 11월
을묘).

⑧) 무릉도에 들어갈 때 바람에 표류하였던 수군인 평해 사람 장을부張乙夫
등이 일본국으로부터 돌아와서 말하기를, "처음에 수군 46인이 한 배에
타고 안무사 김인우를 수행하여 무릉도를 향해 갔다가, 갑자기 태풍이
일어나 배가 부서지면서 같은 배에 탔던 36인은 다 익사하고, 우리들 10
인은 작은 배에 옮겨 타서 표류하여 일본국 석견주石見洲의 장빈長濱에
이르렀습니다"(『세종실록』 세종 7년 12월 계사).

우선 C-①)의 강원감사를 역임한 박습이 말한 무릉도는 울릉도를
지칭하는 것이고, 무릉도 곁의 작은 섬[小島]은 구체적 언급이 없으나
독도를 가리키는 것이 아닌가 한다. 태종 16년 김인우를 '무릉등처안
무사'로 파견하였고, 그가 돌아온 후 조정회의에서 '우산于山·무릉武陵'
주민에 대한 쇄출의 문제를 논의하여 김인우를 다시 '우산무릉등처안
무사'로 삼아 그곳 주민을 쇄환토록 하고, 또 세종 7년에도 김인우를
'우산무릉등처안무사'로 파견한 것에서 울릉도·독도를 강원도 울진현
의 속도로서 파악하고 있었음을 알 수 있다.

C-①)을 통해서 호조참판 박습이 강원도 감사로 있을 때 현지에서
들은 바에 의하면 울릉도에는 '옛날에 방지용이 15가구를 거느리고 입
거해 살고 있었고, 이들은 때로는 왜구에 편승해 가왜假倭로 활동하고
있었다'는 말을 들었다고 하였다. 박습이 강원도도관찰사로 파견된 시
기가 태종 11년 2월이었음을 감안할 때 박습이 말하는 '옛날'은 태종
3년(사료 A) 이전의 사실을 말할 가능성이 있다. 이를 통해 태종 3년의
강원감사의 품계는 왜구의 침구와 이에 편승한 울릉도민의 가왜활동에
서 비롯된 조처로 볼 수 있다.[2]

---

2) 이 조처가 있기 직전인 태종 3년 7월 신축일에 왜선 8척이 강릉의 우계현에

울릉도의 사정을 아는 삼척인 김인우를 안무사로 박습이 지목할 수 있었던 것은 강원도 울진현의 속도인 울릉도·독도에 대한 지휘·감독권을 갖고 있는 강원감사가 파악해야할 당연한 임무이다. 더욱이 강원감사는 여름철에 주로 이곳에 많이 거주하였다. 태조 4년 강원도에 관찰사를 설치하고 원주原州에 설영設營한 이래 한말까지 감영의 변동은 없었다. 그렇지만 강원도 감사는 지역과 기후를 고려한 나머지 여름철에는 강릉과 삼척 등 영동에 체류하는 시간이 많았다.3) 이 기간동안 강원감사의 중요한 임무의 하나가 울진현의 속도인 울릉도·독도에 대한 철저한 조사이다. 그것은 사료 C)에서 보다시피 자도민自道民이 피역을 위해 울릉도로 끊임없이 들어가고 있었고, 이 때문에 왜구의 침구가 예상되었기 때문이다. 강원감사였던 박습이 삼척인 김인우가 울릉도에 관해 소상히 알고 있다는 것을 인지할 수 있었던 것은 이 때문이다.

사료 C-①)에서 보다시피 태종 3년에 무릉도 거주민들을 육지에 나와 살도록 한 조처에도 불구하고 유리하는 백성들이 군역을 피해 울릉도로 들어가는 사람들이 끊이지 않음을 알 수 있다. 이들의 숫자가 증가하면서 첫째, 군역인구의 감소를 초래하였고, 둘째, 왜구 침탈의 위험 증대를 들 수 있다. 이 시기 왜구의 침구는 주로 경상·전라도에 집중되었는데 울릉도에 상주인구가 많아짐에 따라 울릉도를 왜구가 노략질하고, 왜구가 이를 기반으로 하여 강원도를 침노할 것이 우려되었다. 이것은 "만약 왜가 (울릉도를) 점거하여 이것들을 가지면 가까운 강릉·삼척이 반드시 그 해를 입을 것입니다"라고 한 기록4)에서도 뒷받침이 된다. 이상과 같은 두 문제는 강원도 외관의 입장에서는 자신의 인사

침입하였고, 8월 병오일에 왜선 8척이 장기의 변경을 침범하는 등 왜구가 강원도 등의 동해안을 침범하였다.
3) 유희춘, 『미암일기』 무진(선조 원년, 1568).
4) 『숙종실록』 권26, 숙종 20년 2월 신묘 南九萬白上曰.

고과 성적과 결부되는 것이다. 이의 이해를 위해 다음의 자료를 살펴
보기로 한다.

> D) 경상도 · 전라도 각 포浦의 병선을 점검하여 과죄科罪하는 법을 세웠다.
> 의정부에서 수판受判하였는데, 다음과 같았다. "경상도 · 전라도 각 포의
> 병선이 여러 번 왜적의 침입을 받아 인명이 살해되었으니, 사람을 선택
> 하여 보내어 각 도의 전함 · 군기 · 화약의 부실함과 군인의 입역을 궐闕
> 한 것, 노약한 사람으로 수를 갖춘 것을 점검하여, 도관찰사 · 수령관首領
> 官과 각 도의 수령을 조율照律하여 논죄論罪하고, 군인과 병기가 일제히 공
> 격하고 수비할 수 없는 자는 도절제사 · 수령관 및 첨절제사 이하 군관을
> 논죄하고, 선군船軍은 한결같이 사헌부의 수판受判에 의하여, 각 호戶의 인
> 구 · 전지田地의 다소 및 장약壯弱을 분간해서, 장실壯實한 자는 군기와 화
> 약을 주고, 둔전屯田과 소금 굽는 일 등은 한결같이 본부本府의 수판에 의
> 하고, 병선은 아침에 갔다가 저녁에 돌아올 수 있는 곳에 정박하는 것 이
> 외에, 그대로 인습하여 폐단을 일으키는 것은 율律에 의하여 논죄하고,
> 금후로 병선의 제사諸事에 대하여 마음을 써서 완비하지 않는 자는 도관
> 찰사와 절제사를 모두 다 논죄하라"(『태종실록』 태종 3년 12월 무자).

경상도 · 전라도 각 포의 병선이 여러 번 왜적의 침입을 받아 인명이
살해되자 각 도의 전함 · 군기 · 화약의 부실함과 군인의 입역을 궐한
것, 노약한 사람으로 수를 갖춘 것을 점검하여, 도관찰사 · 수령관과 각
도의 수령을 조율하여 논죄하는 등의 각 포의 병선을 점검하여 과죄하
는 법을 정하였다. 강원도의 경우에도 김인우를 무릉등처안무사로 파
견하기를 결정하기 몇 달 전인 태종 16년 5월 3일에 강원도의 군기를
손질하지 않은 수령과 군관의 죄를 사헌부에서 청한 사실이 있었는
데5) 이것 역시 사료 D)와 결부시켜 볼 때 강원도 지역에 대한 왜구의
침구와 관련이 있을 것이다. 강원도 감사 이하 제 수령들의 입장에서
볼 때 일차적으로 울릉도로 관할 민이 빠져나가는 것은 곧 조세수입과
군역자원의 감소를 초래하고, 또 왜구를 강원도로 끌어들일 위험성이

---

5) 『태종실록』 태종 16년 5월 3일.

있기 때문에 결코 바람직스러운 일이 아니다.

외관의 입장에서 볼 때 사료 C-②)에서와 같이 만일 '무릉의 주민을 쇄출하지 않고, 오곡과 농기를 주어 그 생업을 안정케 하고, 인하여 주수를 보내어 그들을 위무하고 또 토공을 정하게 되면' 울릉도의 경영과 조세·공부의 수취를 위하여 울릉도를 자주 드나들어야만 한다. 그러나 사료 C)에서 보다시피 김인우는 태종 때 울릉도민의 쇄환을 위해 울릉도에 갔다가 귀환 중 2차례나 태풍을 만났고, 세종 7년에도 병선 2척을 이끌고 들어가다가 배 1척이 표류되는 사고를 겪었다. 이러한 무리를 무릅쓰고 울릉도를 경영한다는 것은 그들에게 큰 부담이 되지 않을 수 없었다. 따라서 강원감사 및 김인우 등은 '울릉도에 들어간 사람들은 피역의 무리들로서, 이들을 울릉도에 안착시켜 토공을 거두게 되면 그들을 머물게 할 수 없다'는 것을 강조함과 동시에, '이곳에 사람이 많이 살게 되면 왜구를 끌어들이고, 이곳을 기반으로 하여 왜구가 강원도를 침구할 것이고', 심지어 이들은 '가왜 활동마저 한다'는 점을 부각시킴으로써 울릉도에 대한 쇄출정책을 적극 건의하는 입장이었을 것이다. 특히 태종~세종 연간 무릉등처안무사인 김인우가 "무릉도가 멀리 바다 가운데에 있어 사람이 서로 통하지 못하기 때문에 군역을 피하는 자가 혹 도망하여 들어갑니다. 만일 이 섬에 주접하는 사람이 많으면 왜적이 끝내는 반드시 들어와 도둑질하여, 이로 인하여 강원도를 침노할 것입니다"라는 의견을 피력한 것은 태종~세종 연간의 울릉도 쇄환정책의 확정에 결정적 역할을 하였다.

울릉도 및 독도가 강원도 울진현의 속도로서, 강원감사의 지휘·통제권에 있었지만 쇄환정책의 틀 속에 있었기 때문에 하나의 군현단위는 결코 아니다. 호적에 등재된 군현민은 물론 토공도 없으므로 이를 관장할 주수主帥도 없다. 그러나 그곳에는 쇄환정책에도 불구하고 거민居民이 항상 존재하였다. 이들은 어디까지나 피역인으로서 범법자들이기 때문에 쇄환의 대상이다. 이들을 현지에 부적하고 주수를 파견하여 하나의 군현단위로 획정하는 것은 강원도 감사의 소관업무가 아니고 어디까지나 중앙정부의 일이다. 따라서 울릉도 및 독도에 대한 정책 결정권은 중앙정부의 소관업무에 속한다. 국가는 울릉도의 파악, 쇄환 정책의 실시 여부 및 울릉거민의 쇄환을 위해서 별도의 관리를 파견하였는데, 그것이 곧 사료 C)에서 보다시피 '안무사'이다.

안무사는 고려시대와 조선시대에 걸쳐 존재하였다. 고려 현종 3년(1012)에 절도사제를 폐지하고 75도에 안무사를 파견한 기록이 안무사에 관한 최초의 기록이다. 75도 안무사는 1018년에 폐지되었으며, 예종 2년(1107)에 백성의 질고와 수령의 전최殿最를 살피는 것을 임무로 하는 안무사를 여러 도에 보냈다. 이때부터 안무사는 일이 생기면 파견하고 그 일이 끝나면 파하는 임시관직으로 되었다. 후기의 안무사는 지방에 민요와 같은 변란이 일어났을 때에 흔히 파견되었으며 지방군현의 유리하는 백성을 안집하는 것을 임무로 하였다. 조선시대에는 전쟁이나 반란 직후 민심수습을 위하여 안무사가 많이 파견되었으며, 당하관일 경우 안무어사로 불렀다. 울릉도·독도에 파견된 '우산무릉등처안무사' 역시 울릉도·독도와 관련된 사안이 있을 때 중앙정부에서 파견된 임시관직으로서, 주로 피역인 쇄환의 임무를 맡아보았음을 우산무릉등처안무사인 김인우의 태종~세종 연간의 활동을 통해서도 확인할 수 있다.

태종 16년 '무릉등처안무사'에 임명되었던 김인우는 울릉도 관할권을 가진 삼척지방의 사람으로서, 전 만호였다. 만호는 고려와 조선시대 무관직의 하나이다. 고려후기에 원나라의 영향을 받아 설치된 군사조직인 만호부의 무관직의 하나이다. 조선이 건국되면서 만호부는 모두 폐지된 듯하나 만호만이 그대로 남아 서반의 외관직으로 사용되었다. 만호는 본래 그가 통솔하여 다스리는 민호의 수에 따라 만호·천호·

백호 등으로 불렸으나 차차 민호의 수와 관계없이 진장鎭將의 품계와 직책 등으로 변하였다. 지방의 경우 고려 고종 때 왜구의 침범이 잦아지고 또한 원나라와 함께 일본정벌을 목적으로, 합포合浦·전라 두 지역에 만호부를 두어 만호·천호 등으로 통솔하게 한 것이 처음이다. 일본 정벌이 실패한 이후에도 탐라·서경 등을 비롯한 외적의 침입이 예상되는 연해와 해도지역에 만호부를 설치하여 만호로 하여금 지휘, 감독하게 하였다. 조선 초기에는 각 도별로 수군절제사에 의해 기선군騎船軍(수군)이 통할되고, 영진체제營鎭體制가 갖추어지면서 각 도의 요새수어처要塞守禦處별로 군사조직이 편성됨에 따라 고려 이래로 두어온 만호에게 외침방어의 임무를 수행하도록 하였다. 또한 조선 초기에는 북방족 등을 무마하기 위하여 야인들에게 명예직으로서의 만호직을 수여하기도 하였다. 초기의 만호는 3품관이었으며 부만호는 4품관이었다. 그러나 세조 4년(1458)에 영·진체제가 진관체제鎭管體制로 바뀌면서 각 도 연해안의 요해처나 북방내륙의 제진諸鎭에 동첨절제사同僉節制使·만호·절제도위節制都尉 등을 두어 그 진을 다스리게 하였다. 동첨절제사와 절제도위 등은 대개 독진獨鎭이 아닌 경우에는 지방 수령이 겸했으나 만호만은 무장武將이 별도로 파견되어 사실상 일선 요해처의 전담무장이 되었다. 『경국대전經國大典』에 법제화된 만호를 보면 경기도에 수군만호 5인을 비롯하여 충청도 3인, 경상도 19인, 전라도 15인, 황해도 6인, 강원도 4인, 영안도(함경도) 3인과 평안도에 병마만호兵馬萬戶 4인이 있었다. 따라서 삼척인 김인우는 만호로서 왜적의 방비를 위한 임무를 맡아보았기 때문에 울릉도에 관한 사정을 자세히 알 수 있었다. C-③)에서 보다시피 울릉도·독도에 김인우를 안무사를 파견할 때 '(강원)도 내의 수군 만호와 천호 중 유능한 자를 선간하여 같이 같도록 한 조처'는 바로 이러한 이유 때문이었다. 김인우의 경우는 특히 무릉, 즉 울릉도에 들어간 적이 있었던 삼척인 이만을 통해 울릉도에 관한 사정을 소상하게 파악하였다고 볼 수 있다.

울릉도에 들어간 사람들이 혹 군역을 피해 들어갔다는 김인우의 말로써 미루어 보건대 반인伴人 이만李萬은 아마 그들 중의 일인일 가능성이 크다. 사료 C-①)에서는 김인우가 이만을 삼척인이라고 한 데 반해 C-④)에 의하면 이만은 평해인으로서 김을지·이만·김울을금과 함께 울릉도에 도망가 살던 것을 병신년, 즉 태종 14년(1416)에 국가에서 인우를 보내어 데리고 나왔다고 하였다. 그러나『실록』등의 기사에 병신년에 김인우가 울릉도에 파견된 흔적은 없다. C-①)과 C-④)를 통해 짐작건대 평해인 이만이 태종 3년 이후 어느 시점에 울릉도에 도망해 들어갔다가 태종 14년에 육지로 나와 삼척에 살았을 가능성과, 아니면 이만이 태종 3년 이전에 울릉도로 들어갔다가 태종 3년의 쇄환책에 의해 삼척에 살게 된 것으로 볼 수 있다. 후자로 보면 태종 3년의 무릉도민 쇄환 때 김인우가 만호로서 그 작전에 참여하였고, 이로 인해 울릉도에 관해 소상히 알 수 있게 되었다고도 볼 수 있다.

김인우가 우산·무릉등처를 안무하러 갈 때인 태종 16년에는 반인 이만과 더불어 병선 2척, 초공抄工 2명, 인해引海 2명, 화통 및 화약, 양식이 지급되었고[C-①)], 그 이듬해 입도시에도 강원도관찰사에게 명하여 병선 2척을 주고 도내의 수군 만호와 천호 중 유능한 자를 가려 뽑아 같이 가도록 하였다[C-③)]. 또 세종 7년의 입도시에는 반인 김가물, 수군 50명, 군기와 3개월 양식을 배 2척에 싣고 떠났다. 그런데 이때에 징발된 군인 및 군기, 양식 등의 소요경비는 울릉도·독도가 강원도에 예속되어 있었기 때문에 강원도의 부담이었다[C-③)·⑦)·⑧)]. 그 구체적 부담을 성종조 '삼봉도三峰島 수토搜討'에 관한 병조의 절목을 통해 살펴보기로 한다.

E) 병조에서 아뢰기를, "전에 전교傳敎를 받으니, 강원도의 해중海中에 삼봉

도三峯島가 있는데, '오는 임진년 봄에 사람을 보내어 찾겠으니, 그 절목節目을 상의하여 아뢰라' 하였으므로, 이제 행해야 할 사건을 조목으로 기록하여 아룁니다".

1. 초마선哨馬船 4척에 각각 군인 40명을 정하되, 본도 군사의 무재武才가 있는 자와 자원하여 응모한 사람 17명을 가려서 충당하게 하소서.

1. 호공蒿工은 본도 수군에서 행선行船에 익숙한 자를 가려 수효를 헤아려서 나누어 정하게 하소서.

1. 조정 신하 가운데에서 문무의 재질을 겸한 자 한 사람을 뽑아서 경차관敬差官으로 삼게 하소서.

1. 형명形名과 군기·화포는 본도의 삼척·울진·평해 등의 관소官所에 소장한 것으로써 가려 주게 하소서.

1. 선상船上의 군량軍粮은 본도 관찰사로 하여금 인원수와 갔다 돌아오는 날짜를 계산하여 울진 창고의 곡식으로 주게 하소서.

1. 군사 중에 '삼봉도'를 찾아내는 데 공로가 있는 자는 경차관으로 하여금 등급을 매겨서 아뢰게 하소서.

1. 바람이 잔잔한 4월 그믐 때를 기다려서 출발하게 하소서.

1. 부령富寧 사람 김한경金漢京이 삼봉도가 있는 곳을 알고 있으니, 함께 들여보내게 하소서".

하니, 그대로 따랐다(『성종실록』 성종 3년 2월 경오).

앞 사료 C)와 E)를 결부시켜 볼 때 울릉주민의 쇄환을 위한 안무사의 파견의 경우에도 군기·화포는 강원도의 삼척·울진·평해 등의 관소에 소장한 것에서 충당하였고, 군량은 강원도 관찰사로 하여금 인원수와 갔다 돌아오는 날짜를 계산하여 울진 창고의 곡식으로 주게 하였을 것이다.

결국 강원도의 입장에서 볼 때 울릉도·독도에 대한 쇄환정책은 자도민의 울릉도에 대한 피역을 근절시키지 못함으로써 부역인의 감소는 물론 이들의 쇄환을 위한 안무사 등의 파견 때 그에 소요되는 각종 인력과 경비를 부담해야만 했다. 세종 18년(1436)과 19년에 걸쳐 강원도 관찰사 유계문이 백성을 울릉도에 거주시키고 군현을 두자는 주장을 펼치게 된 것은 이러한 부담을 타개하기 위한 입장에서 개진되었다. 그 전말을 살펴보면 다음과 같다.

> F-① 강원도 감사 유계문柳季聞이 아뢰기를, "무릉도의 우산은 토지가 비옥하고 산물도 많사오며, 동·서·남·북으로 각각 50여 리 연해의 사면에 석벽이 둘러 있고, 또 선척이 정박할 만한 곳도 있사오니, 청컨대, 인민을 모집하여 이를 채우고, 인하여 만호와 수령을 두게 되면 실로 장구지책이 될 것입니다" 하였으나, 윤허하지 아니하였다(『세종실록』 세종 18년 윤 6월 갑신).
>
> ② 강원도 감사 유계문에게 전지하기를, "지난 병진년 가을에 경이 아뢰기를, '무릉도는 토지가 기름져서 곡식의 소출이 육지보다 10배나 되고, 또 산물이 많으니 마땅히 현縣을 설치하여 수령을 두어서 영동의 울타리를 삼아야 한다'고 하였으므로, 곧 대신으로 하여금 여러 사람과 의논하게 하였더니, 모두 말하기를, '이 섬은 육지에서 멀고 바람과 파도가 매우 심하여 헤아릴 수 없는 환난을 겪을 것이니, 군현을 설치하지 않는 것이 마땅하다' 하였다. 그러므로 그 일을 정지하였더니 경이 이제 또 아뢰기를, '고로古老들에게 들으니 옛날에 왜노들이 와서 거주하면서 여러 해를 두고 침략하여, 영동嶺東이 빈 것 같았다'고 하였다. 내가 또한 생각하건대, 옛날에 왜노들이 날뛰어 대마도에 살면서도 오히려 영동을 침략하여 함길도에까지 이르렀었는데, 무릉도에 사람이 없는 지가 오래니, 이제 만일 왜노들이 먼저 점거한다면 장래의 근심을 또한 알 수 없다. 현을 신설하고 수령을 두어 백성을 옮겨 채우는 것은 사세로 보아 어려우니, 매년 사람을 보내어 섬 안을 탐색하거나, 혹은 토산물을 채취하고, 혹은 말의 목장을 만들면, 왜노들도 대국의 땅이라고 생각하여 반드시 몰래 점거할 생각을 내지 않을 것이다. 옛날에 왜노들이 와서 산 때는 어느 시대이며, 소위 고로라고 하는 사람은 몇 사람이나 되며, 만일 사람을 보내려고 하면 바람과 파도가 순조로운 때가 어느 달이며, 들어갈 때에 장비할 물건과 배의 수효를 자세히 조사하여 아뢰라" 하였다 (『세종실록』 세종 19년 2월 무진).

강원도 감사 유계문이 울릉도는 토지가 비옥하고 산출이 많음을 들어 백성을 모집해서 울릉도에 거주시키고 읍을 설치하여 만호와 수령을 두어 영동의 울타리로 삼자는 주장을 세종 18년 윤6월에 올렸다. 그러나 '육지에서 멀고 바람과 파도가 매우 심하여 헤아릴 수 없는 환난을 겪을 것이니, 군현을 설치하지 않는 것이 마땅하다'는 조정대신의 주장으로 인해 세종이 이를 윤허하지 않았다. 이에 이듬해 2월 유계문은 '고로들에게 들으니 옛날에 왜노들이 와서 거주하면서 여러 해를 두고 침략하여, 영동이 빈 것 같았다'는 이유를 들어 치읍을 주장하였으나 세종은 '현을 신설하고 수령을 두어 백성을 옮겨 채우는 것은 사세로 보아 어려우니, 매년 사람을 보내어 섬 안을 탐색하거나, 혹은 토산물을 채취하고, 혹은 말의 목장을 만들면, 왜노들도 대국의 땅이라고 생각하여 반드시 몰래 점거할 생각을 내지 않을 것이다'라고 하면서 '만일 사람을 보내려고 하면 바람과 파도가 순조로운 때가 어느 달이며, 들어갈 때에 장비할 물건과 배의 수효를 자세히 조사하여 아뢰라'고 하였다. 태종조에서부터 세종 7년을 전후한 시기, 즉 무릉등처안무사 김인우가 활동하던 시기에 중앙정부나 강원도 감사, 안무사 등이 쇄환정책에 거의 한 목소리를 낼 수 있었던 것은 피역인의 문제보다도 왜구의 창궐 때문이었다. 그러나 세종 1년(1419) 이종무李從茂 등의 대마도 정벌 이후 왜구에 대한 위험이 감소됨에 따라 울릉도·독도에 관한 관심은 피역인 쇄환의 문제에 국한되었다. 왜구의 위험이 감소된 상태에서 울릉도에 대한 강원도민의 피역이 계속 증가되었을 것이다. 세종·성종 연간 무릉도원으로서의 요도蓼島, 삼봉도三峯島 이야기가 자주 나오게 된 것은 왜구의 침구 위험이 적은 상황 하에서 관권의 침탈에서 벗어나기 위해 일반 민들이 무릉도원을 찾아 동해의 섬으로 찾아 나서는 현상을 말해주는 것이다.

　세종·성종조에 걸쳐 요도, 혹은 삼봉도에 왕래하였다는 함흥부咸興府 포청면蒲靑面 김남연金南連, 혹은 부령인富寧人 김한경金漢京 등의 이야기가 조정에 전해지면서 '삼봉도'를 찾기 위한 노력이 기울어지게 되었는데 사료 E)는 그 중의 하나이다. 삼봉도는 당시 '강원도 경계에 있는데 토지가 비옥하여 사람들이 많이 살고 있는' 무릉도원으로 인식되었다. 이 때문에 세종, 성종조에 삼봉도를 찾아, 이곳에 피역한 사람들에 대한 쇄환의 노력이 경주되었음을 다음의 자료를 통해 알 수 있다. 아래의 자료는 '삼봉도 수토'에 관한 병조의 절목에 의해 삼봉도경차관三峯島敬差官에 임명된 박종원朴宗元이 길을 떠나기 전에 성종에게 하직하는 자리에서 주고받은 대화의 내용이다.

> 삼봉도경차관 박종원이 하직하니, 임금이 인견引見하고 이르기를, "삼봉도가 바다 가운데 있어서, 네가 가려면 매우 고생스러울 것이다. 그러나 우리 백성으로서 부역을 피하여 몰래 도망한 자를 쇄환하지 아니할 수 없으므로, 부득이 보내는 것인데, 너는 가서 어떻게 할 것이냐?" 하니, 박종원이 대답하기를, "저들은 신이 이른 것을 보면 반드시 모두 도망하여 숨을 것이므로, 신은 마땅히 먼저 배를 빼앗을 것이고, 만약 명命을 거역할 것 같으면 군법으로 종사할 것이나, 마땅히 임기 처치해야 하므로, 미리 헤아리기가 어렵습니다" 하였다. 임금이 말하기를, "너의 말이 바로 내 뜻에 합하니, 가서 힘쓰도록 하라" 하였다(『성종실록』 성종 3년 4월 정묘).

삼봉도를 찾아 나선 박종원 일행을 태운 군선 4척이 5월 28일 울진포를 출발하였으나 29일 박종원은 무릉도를 바라보는 지점에서 대풍大風으로 인해 표류하다가 강성군 저다진渚多津에 도착하였고, 사직司直 곽영강郭永江 등의 3척은 무릉도에 도착하여 3일간을 수색하였으나 옛 집터만 발견하였을 뿐 거주하는 사람은 한사람도 보지 못하고 도내에 울창한 큰 대[竹] 몇 개를 배에 싣고 6월 6일 강릉 우계현羽溪縣 오이포瑦耳浦에 도착하였다.[6] 아마 김인우 안무사도 이 항로를 이용하였다고 볼 수 있다. 삼봉도는 전후 사정으로 보아 독도임에 분명하며[7] 이때 영안도 내지 강원도민들 사이에 이상향으로서의 무릉도원으로 인식되어 이

---

6) 「삼봉도수토기」, 『울진군지』, 448쪽.
7) 신용하, 『독도의 민족영토사 연구』, 지식산업사, 1996, 81~86쪽 참조.

를 찾아 떠나는 사람들이 많아 조정에서 삼봉도 수토에 나서게 되었던 것이다. 그러나 결국 이를 찾지 못하고 번번이 울릉도만 수토하는 걸로 그쳤던 것이다.

동해안에 평화가 깃들자 강원도민들이 부역을 피해 울릉도로 들어가게 되자 부역인구의 감소, 그리고 이들에 대한 쇄환비용의 부담이 강원도에 부가되었다. 결국 강원도 감사인 유계문은 치읍하여 수령을 두어 이들에 대해 공부를 부과함으로써 세수의 증대를 도모함은 물론 자도민의 피역현상과, 그 쇄환비용을 동시에 해소시키고자 하였다고 볼 수 있다. 그러나 그 주장의 표면적 이유는 어디까지나 왜구에 대한 방비로 돌려졌던 것이다. 그러나 왜구의 침구가 잦아든 상황하에서 조정에서는 '이 섬은 육지에서 멀고 바람과 파도가 매우 심하여 헤아릴 수 없는 환난을 겪을 것이니, 군현을 설치하지 않는 것이 마땅하다'는 입장을 보임에 따라 치읍置邑은 끝내 이루어지지 못하였다. 이후 울릉도 거주민들은 범법자의 굴레를 벗어날 수 없었던 것이다.

세종 19년 2월, 강원감사 유계문의 치읍에 대한 주장에 대해 세종은 난색을 표하며 대신 '매년 사람을 보내어 섬 안을 탐색하거나, 혹은 토산물을 채취하고, 혹은 말의 목장을 만들면, 왜노들도 대국의 땅이라고 생각하여 반드시 몰래 점거할 생각을 내지 않을 것'이란 뜻을 밝혔다. 세종은 이듬해 4월에 '무릉도순심경차관茂陵島巡審敬差官'을 파견하여 우리나라 땅임을 분명히 드러내기 위해 울릉도에 대한 탐색을 하였음을, 다음의 자료를 통해 알 수 있다.

G-①) 전前 호군護軍 남회南薈와 전前 부사직副司直 조민曹敏을 무릉도순심경차관茂陵島巡審敬差官으로 삼았다. 두 사람은 강원도 해변에 거주하는 사람이다. 이때 국가에서는 무릉도가 해중海中에 있는데, 이상한 물건이 많이 나고 토지도 비옥하여 살기에 좋다고 하므로, 사람을 보내 찾아보려 해도 사람을 얻기가 어려웠던 것이다. 이에 해변에서 이를 모집하니, 이 두 사람이 응모하므로 멀리서 경차관의 임명을 주어 보내고, 이에

　도망해 숨은 인구도 탐문하여 조사하도록 한 것이었다(『세종실록』 세종 20
　년 4월 갑술).

②) 호군 남회와 사직 조민이 무릉도로부터 돌아와 복명하고, 포획한 남녀
　모두 66명과 거기서 산출되는 사철沙鐵·석종유石鍾乳·생포生鮑·대죽大
　竹 등의 산물을 바치고, 인하여 아뢰기를, "발선發船한 지 하루 낮과 하
　룻밤 만에 비로소 도착하여 날이 밝기 전에 인가를 몰래 습격하온즉, 항
　거하는 자가 없었고, 모두가 본군 사람이었으며, 스스로 말하기를, '이
　곳 토지가 비옥 풍요하다는 말을 듣고 몇 년 전 봄에 몰래 도망해 왔다'
　고 합니다. 그리고 그 섬은 사면이 모두 돌로 되어 있고, 잡목과 대나무
　가 숲을 이루고 있었으며, 서쪽 한 곳에 선박이 정박할 만하였고, 동서
　는 하루의 노정이고 남북은 하루 반의 노정이었습니다" 하였다(『세종실
　록』 세종 20년 7월 무술).

　이때 '우산무릉등처안무사' 대신에 '무릉도순심경차관'이 울릉도에
파견되었다. 사료 E)에서 보다시피 경차관은 '조정 신하 가운데에서 문
무文武의 재질을 겸한 자 한 사람을 뽑아서 경차관으로 삼게' 하였지만
울릉도에 파견되는 경차관이나 안무사 등은 이 직임을 맡을 사람이 없
기 때문에 주로 강원도 해변에 거주하는 사람들 가운데 관직을 역임하
였던 자들 중에서 택해졌다. 전 호군 남회와 전 부사직 조민이 경차관
에, 무릉등처안무사에 삼척인 전 만호 김인우가 임명된 것은 바로 이
때문이다. 경차관의 파견 또한 안무사와 같이 울릉도로 피역해간 무리
들에 대한 쇄환에 그 목적이 있었다. 세종이 앞에서 본 바와 같이 매년
사람을 보낼 뜻을 내비치었지만 항례적이고 규칙적인 안무사, 혹은 경
차관 등의 파견은 조선 전기의 사료에 보이지 않는다. 그러나 강원감
사는 울진현의 속도인 울릉도·독도에 대한 순심에 대한 책임과 의무
가 있었을 것이고, 구체적 사료가 없지만 나름대로 이 지역에 대한 쇄
환을 행하였을 것이다. 그리고 그 목적은 일본으로 하여금 울릉도가
우리나라 땅임을 각인시키기 위한 것이었다.
　이상에서 살펴보았듯이 울릉도 및 독도가 강원도 울진현의 속도로

서, 강원감사의 지휘·통제권 하에 있었지만 이곳은 어디까지나 순심
정책의 틀 속에 있었기 때문에 하나의 군현단위는 결코 아니다. 호적
에 등재된 군현민도 없고 토공도 없으므로 이를 관장할 주수主帥도 없
다. 따라서 일반 군현제의 틀 속에 존재하는 것은 아니다. 그러나 그곳
에는 순심정책에도 불구하고 강원도 등으로부터 피역해온 거민이 항상
존재하였다. 그 때문에 강원감사는 자신의 관할인 울진현의 속도인 울
릉도·독도에 대한 순심의 책임을 갖고 있었다.

혼히들 1416~1417년 태종에 의해 울릉도에 대한 공도정책이 채택되
었다고 한다. 태종이 공도정책을 채택한 것은 왜구가 울릉도를 침탈하
고 이로 인해 강원도까지 침탈할 것을 염려했기 때문이라고 한다. 그러
나 태종 이전, 그리고 그 이후에도 울릉도에는 사람들이 항상 살고 있
었다. 위 자료에 나타난 울릉도 거주민들을 정리하면 다음과 같다.

	울릉도 거주민 상황	연 대	전 거
1	무릉도거민	1403	『태종실록』 태종 3. 8. 무술
2	인호 11, 남녀 60여 명	1412	『태종실록』 태종 12. 4. 기사
3	호 15, 구 남녀 86명	1417	『태종실록』 태종 17. 2. 임술
4	◦강원도 평해인 김을지·이만·김우을금 등. 일찍이 무릉도로 도망해 거주하다가 병신년에 안무사 김인우에 의해 쇄환됨. ◦계묘년에 을지 등 28명이 무릉도로 도망. ◦1425년 5월 을지 등 7인이 평해군 구미포로 몰래 나왔다가 발각, 안무사 김인우 파견하여 20명 쇄환.	1425	『세종실록』 세종 7. 8. 갑술·10. 을유
5	경차관 남회 등이 쇄환한 남녀 66명	1438	『세종실록』 세종 20. 7 무술

위 사료 어디에도 ‘공도’정책이란 용어는 존재하지 않는다. 사료에
는 ‘순심巡審’, ‘쇄출刷出’, ‘쇄환刷還’이란 용어만 보일 뿐이다. 쇄출, 쇄
환의 대상은 본토로부터 울릉도로 들어간 사람들을 다시 끄집어내온다

는 것이다. 그럼에도 불구하고 울릉도민에 대한 쇄환, 쇄출을 공도정책이라 부름으로써 울릉도가 빈 땅, 버려진 땅이란 그릇된 인식을 낳아 우리의 영토가 아니라는 주장을 가져오게끔 하는 빌미를 제공하였다. 위 사료를 통해 우리가 확인할 수 있는 것은 울릉거민의 쇄환, 쇄출에도 불구하고 울릉거민이 항상 존재하였다는 역사적 사실이다. 그들은 왜 왜구의 침탈이 있을지도 모르는 울릉도로 들어가 살고자 하였던가?

1417년(태종 17) 울릉도에는 15호, 남녀 86명이 살고 있었음에도 불구하고 안무사 김인우에 의해 본토로 나온 사람은 겨우 3명뿐이었다. 그것은 울릉도에 비록 우마와 논은 없으나, 콩 한 말을 심으면 20석 혹은 30석이 나고, 보리 1석을 심으면 50여 석이 날 정도로 안정된 생활을 영위할 수 있었기 때문이다. 더욱이 이들이 피역의 무리라고 한 데서 보다시피 본토에서와 달리 조세 부과와 역역 동원이 없었기 때문에 굳이 본토로 나가기를 꺼렸기 때문이다. 육지의 주민이 보다 나은 삶의 조건을 찾아 해도로 들어감으로써 조세와 역역자원 조달에 어려움을 겪었던 중앙정부는 '우산·무릉' 주민에 대한 쇄출의 문제를 논의하였다. 당시 중앙정부의 여론은 무릉의 주민을 쇄출시키지 말고, 오곡과 농기를 주어 그 생업을 안정케 하고, 외관을 파견하여 토공을 정하자는 주장이 대세였다. 그러나 공조 판서 황희가 쇄출을 건의하였고, 태종이 "쇄출하는 계책이 옳다. 저 사람들은 일찍이 요역을 피하여 편안히 살아왔다. 만약 토공을 정하고 주수를 둔다면 저들은 반드시 싫어할 것이니, 그들을 오래 머물러 있게 할 수 없다"는 판단을 함으로써 김인우를 다시 '우산·무릉등처안무사'로 삼아 그곳 주민을 쇄환토록 하였다. 황희의 주장과 태종의 쇄출 판단은 김인우의 "무릉도가 멀리 바다 가운데에 있어 사람이 서로 통하지 못하기 때문에 군역을 피하는 자가 혹 도망하여 들어갑니다. 만일 이 섬에 주접하는 사람이 많으면 왜적이 끝내는 반드시 들어와 도둑질하여, 이로 인하여 강원도를 침노할 것입니다"라고 한 견해에 크게 영향을 받았을 것이다. 울릉도·독도가 울진현의 속도가 아닌 수령이 파견된 '읍'으로서의 승격할 기회를 무산시킨 데 대한 결정적 역할을 한 인물이 김인우라고 볼 수 있다. 태종·세종조에 울릉도로 파견된 김인우는 두 차례나 태풍으로 인해 곤욕을 치렀고, 또 돌아온 후에도 그 쇄출의 성과가 미미한 데 대한 비판을 들었기 때문에 울릉도에 읍을 설치한다는 데 대한 부정적 견해를 갖고 있었을 것이다. 울릉도에 관한 한 당시 가장 많은 정보를 갖고 있었던 김인우의 이러한 생각 때문에 울릉도에 읍을 설치하고자 하는 정책은 실시되지 않았다.

현재 울릉도에는 김인우와 관련된 '성하신당'이 있다. 성하신당은 서면 태하리 마을 한복판에 있다. 이 신당 안에는 동남동녀童男童女의 신상이 있다. 이 성하신당에 관해서는 다음의 전설이 전해져 내려온다.

조선 초기 태종 17년 조정에서는 안무사 김인우를 보내 울릉도 주민들을 육지로 이주시키게 하였다. 섬 사람들을 모두 모아 출항을 앞 둔 날 밤 김인우의 꿈에 동해의 해신이 나타나 동남동녀 한 쌍을 울릉도에 두고 가라고 했다. 다음날 지난 밤의 꿈을 잊어버리고 출항을 하려 하자 갑자기 풍랑이 일어 김인우와 울릉도 주민들은 배를 띄우지 못했다. 다음날도 김인우 일행이 출발하려 하자 잔잔하던 바다에 파도가 일어 배를 띄우지 못하게 된다. 안무사 김인우는 꿈을 떠올리고 동남동녀를 뽑아 배에서 내리게 하여 자신이 기거하던 곳에 놓아두고 온 붓과 벼루를 가져오라고 했다. 두 사람이 울릉도에 내리자 바다는 언제 그랬냐는 듯이 잔잔해졌다. 안무사 김인우는 닻을 올리고 순풍을 받아 무사히 육지로 돌아 왔다. 육지로 돌아온 김인우는 울릉도에 두고 온 두 사람이 생각날 때마다 마음이 편치 않았다. 8년 뒤 조정에서는 그에게 다시 안무사직을 맡겼다. 김인우가 자신이 기거하던 곳으로 가보니 꼭 껴안은 동남동녀의 백골이 있었다. 김인우는 그곳에 사당을 짓고 참회를 했고, 그 후 울릉도 주민들은 배를 진수할 때면 꼭 이곳에 와서 진수식을 올리고 무사한 뱃길이 되기를 기원한다.

포항과 울릉도 사이를 운행하는 썬플라워호는 2,394톤 급의 최쾌속선이다. 이 썬플라워호도 이곳에서 진수식을 올리고 무사 운행을 빌었

다고 한다. 현재 울릉도 주민들은 음력 3월 1일 이곳에서 동제를 지
낸다.

<사진 4> 성하신당 전경

<사진 5> 성하신당 내부의 동남동녀상

조선초 이래 쇄환정책에도 불구하고 울릉도에는 많은 사람들이 들어가 살았다. 이들은 어디까지나 피역인避役人으로서 범법자犯法者들이기 때문에 쇄환의 대상이고, 강원감사의 보고, 안무사, 혹은 순심경차관에 의해 쇄환됨으로써 사료에 드러난 자들이다. 바로 이들에 대한 처리가 어떻게 되었는가를 살펴보기로 한다.

H-① 의정부에 명하여 유산국도流山國島 사람을 처치하는 방법을 의논하였다. 강원도 관찰사가 보고하였다. "유산국도 사람 백가물 등 12명이 고성 어라진에 와서 정박하여 말하기를, '우리들은 무릉도에서 생장하였는데, 그 섬 안의 인호가 11호이고, 남녀가 모두 60여 명인데, 지금은 본도로 옮겨 와 살고 있습니다. 이 섬이 동에서 서까지 남에서 북까지가 모두 2식息 거리이고, 둘레가 8식 거리입니다. 우마牛馬와 논이 없으나, 오직 콩 한 말만 심으면 20석 혹은 30석이 나고, 보리 1석을 심으면 50여 석이 납니다. 대[竹]가 큰 서까래 같고, 해착海錯과 과목果木이 모두 있습니다'고 하였습니다. 이 사람들이 도망하여 갈까 염려하여, 아직 통주通州・고성高城・간성杆城에 나누어 두었습니다"(『태종실록』 태종 12년 4월 기사).

② 임금이 무릉도에서 나오는 남녀 도합 17명이 경기도 평구역리平丘驛里에 당도하여 양식이 떨어졌다 하므로, 사람을 보내어 구원케 하고, 이내 왕지王旨하기를, "들건대 무릉도에서 나오는 사람들이 지금 평구역에 당도하여 양식이 떨어졌는데, 구원해 주는 사람이 없다고 한다. …"고 하였다(『세종실록』 세종 원년 4월 을해).

③ 의정부에서 병조의 정문에 의하여 아뢰기를, "무릉도가 비록 본국의 땅이긴 하오나, 바다 가운데 절역絶域에 위치하였으므로 나라에서 현읍縣邑을 설치하지 않은 지 오래이온데, 그 온 가족이 도피 은닉한 자는 본국을 배반함과 다름이 없사오니, 청하옵건대, 그 정상을 국문하도록 하옵소서" 하니, 그대로 따르고, 인하여 강원도 감사에게 전지하기를, "무릉도에서 포획해 온 사람들을 그 도피한 죄만을 추궁하고서 위로와 온정을 가하지 않는다면, 혹 무더위에 상하여 질병이 발생하거나 혹은 기아와 피곤에 빠질까 염려된다. 경은 마땅히 극진한 구제와 보호를 가하도록 하라"고 하였다(『세종실록』 세종 20년 7월 무술).

H-①)에 의하면 무릉도에서 생장하였다는 유산국도 사람 백가물

등 12명을 강원도 관찰사가 통주 · 고성 · 간성에 나누어 두었지만 이 것은 어디까지나 임시적인 조처이다. 왜냐하면 이들의 처리를 의정부에서 논의토록 하였기 때문이다. 그러나 이들에 관한 사후조처에 관한 자료는 현재 찾을 수 없다. H-②)에 의하면 무릉도에서 나오는 남녀 도합 17명이 경기도 평구역리에 당도하여 양식이 떨어졌다고 한 것으로 보아 울릉도민이 쇄환된 뒤 경기도 평구역에 안치되기도 하였다. 그러나 H-③)에서 보다시피 쇄환자에 대한 조처를 강원도 감사에게 명한 것을 보아 그들은 대부분 강원도에 안치되기도 하였다. 당시 강원도에서 울릉도로 피역해 들어간 인물들이 가장 많았기 때문에 강원도로 쇄환 안치된 것이 일반적이었을 것이다. 그러나 쇄환정책하에서 그들의 입도는 곧 범죄행위에 해당되기 때문에 그에 대한 처벌의 의미에서 역驛에 안치되기도 하였다고 볼 수 있다. 그러나 이 경우에도 그 결정권은 강원도 관찰사에게 있는 것이 아니라 국왕에게 있었다.

조선시대 울릉도와 독도는 '공도정책'이 실시되어 사람이 살지 않은 빈 섬이었다고 한다. 공도정책은 고려 말에서 시작되어 조선시대에 걸쳐 시행되었다고 한다. 공도조치란 섬 주민들을 육지로 모두 이주시켜 섬을 비워버리는 극단적인 조치를 의미한다. 고려 말 '왜구의 침탈로부터 섬 주민을 보호하기 위해서' 섬 주민을 육지로 이주시켰다는 『신증동국여지승람』 등의 지리지 기록에 근거를 두고 만들어진 용어이다.

그러한 인식과는 달리 15세기 지리지에는 이전에 기록되지 않은 섬들이 기재되고, 해당 섬의 크기(둘레 · 넓이), 인구, 특산물, 유적 · 유물, 본 읍과의 거리 및 인접 섬과의 거리 등 다양한 내용이 언급되고 있다. 그것은 공도정책과는 달리 중앙정부 차원에서 대대적인 섬에 대한 조사가 시행되었음을 의미한다. 섬을 텅 비워두는 공도정책이 국가의 정책이었다면 과연 그러한 조사가 이루어질 수 있을까? 조선시대에 섬이 원칙적으로 국왕의 지배와 보호가 미치는 통치의 대상이 아니었고, 행정 편제의 대상에서도 배제되었다면 이러한 기록들이 어떻게 역사의 전면에 떠오르는가? 이러한 관점에 서서 볼 때 '공도정책'이란 용어는 폐기되어야만 한다. 우리가 흔히들 말하는 공도정책이란 조선시대의 섬들에 대한 잘못된 인식을 심어줌은 물론 독도가 대한민국의 땅이라는 주장에도 부정적으로 작용한다. 이러한 논리를 전개할 때 우리들 스스로 국제법상 영토 분쟁의 판단 근거의 하나인 '어느 쪽이 얼마만큼 계속적으로 이용해 왔는가'를 입증하는 것을 부정하게 되는 것이다.

조선시대에 들어와 중앙집권체제가 완비되면서 지리지는 국정운영상의 절대적인 통치자료로 활용되었다. 특히 북방개척과 사민정책을 통해 조선의 영토가 확정되어가는 시기였던 세종조에서 성종조에 걸친 시기에 지리지 편찬이 국가적 사업으로 추진되었다. 세종 6년(1424)에 지리지 편찬을 명령한 이듬해(1425)에 『경상도지리지』를 발간하였고, 『경상도지리지』와 같이 발간된 나머지 7도의 지리지를 한 데 모아서 세종 14년(1432)에 『신찬팔도지리지』를 편찬하였다. 그 후 『신찬팔도지리지』를 다소 가감, 정리하여 단종 2년(1454) 3월에 『세종실록』에 실음으로써 『세종실록지리지』가 완성되었다.

『세종실록지리지』는 현존하는 가장 오래된 조선 초기의 전국 지리지이다. 조선이 건국한 이후 국가에서 필요로 하는 기초 자료를 정리하기 위하여 전국의 지방관들에게 편찬사목을 정하여 조사하도록 하고, 이것을 중앙에서 정리한 것이다. 국토의 위치와 연혁에 치중하여 지명의 설명과 나열을 중요시한 『삼국사기』 지리지 체제를 탈피하여 인문지리, 자연지리, 경제·군사적인 내용을 상세히 기술하였다. 특히, 지방 명칭의 변천, 행정 단위의 승강 등이 기록된 연혁·소관조 등의 행정 관계 사항과 호구·군정·공부·전결·토산 등의 경제·재정 관계 사항, 명산·군영·성곽·목장·관방조 등의 군사 관계 사항, 성씨·인물조 등 주민들의 신분 구성에 관한 사항이 상세하게 기록되어 있다. 국가 통치에 근간이 되는 경제 분야의 내용과 당시의 국경상황에 따른 군사적 측면의 내용이 상세하게 조사되었고, 정치적 격변기로 인한 계층분화에 따른 인구 이동 등의 모습도 자세히 파악되었다. 그와 함께 영토개척에 따른 영토확정의 의미를 담고 있는 군현의 연혁을 강조하였다.[8] 이러한 영토의식의 반영의 결과『삼국사기』지리지에 나오지 않았던 울릉도, 독도가『세종실록지리지』에 처음으로 실리게 되었다.

『세종실록지리지』의 편찬사목은 남아 있지 않다. 하지만 그 저본인『경상도지리지』서문을 보면 섬에 관한 언급이 나온다. 이에 의하면 '섬은 수륙의 원근과 입도농업인물의 유무를 기록하도록 하였다(海中諸島 水陸之遠近 入島農業人物之有無)'고 하였고, 또 총론에 나타난 서술규칙에 의하면 '섬은 전에 살던 인민의 접거와 농작의 유무를 기록하도록 하였다(島中在前人民接居農作有無 開寫事)'고 하였다. 『세종실록지리지』의 울릉도·독도에 관한 언급을 살펴보면 이것에 입각하여 기록되었음을 한눈에 알 수 있다.

> 우산과 무릉 두 섬이 현의 정동 쪽 바다 가운데에 있다. [두 섬이 서로 거리가 멀지 않아 날씨가 청명하면 가히 바라볼 수 있다. 신라 때에 우산국, 또는 울릉도라 하였는데, 지방이 1백리이다. 사람들이 지세가 험함을 믿고 복종하지 아니하므로, 지증왕 12년에 이사부가 하슬라주 군주가 되어 이르기를, "우산국 사람들은 어리석고 사나와서 위엄으로는 복종시키기 어려우니, 가히 계교로써 하리라" 하고는, 나무로써 사나운 짐승을 많이 만들어서 여러 전선에 나누어 싣고 그 나라에 가서 속여 말하기를, "너희들이 항복하지 아니하면, 이 사나운 짐승을 놓아서 너희들을 잡아먹게 하리라" 하니, 그 나라 사람들이 두려워하여 와서 항복하였다. 고려 태조太祖 13년에, 그 섬 사람들이 백길토두로 하여금 방물을 헌납하게 하였다. 의종 13년에 심찰사 김유립 등이 돌아와서 고하기를, "섬 가운데 큰 산이 있는데, 산꼭대기로부터 동쪽으로 바다에 이르기 1만여 보이요, 서쪽으로 가기 1만 3천여 보이며, 남쪽으로 가기 1만 5천여 보이요, 북쪽

---

8) 서인원,『조선초기 지리지 연구-『동국여지승람』을 중심으로』, 혜안, 2002.

으로 가기 8천여 보이며, 촌락의 터가 7곳이 있고, 간혹 돌부처·쇠북·돌탑이 있으며, 멧미나리[柴胡]·호본薅本·석남초石南草 등이 많이 난다” 하였다. 우리 태조 때, 유리하는 백성들이 그 섬으로 도망하여 들어가는 자가 심히 많다 함을 듣고, 다시 삼척 사람 김인우를 명하여 안무사를 삼아서 사람들을 쇄출하여 그 땅을 비우게 하였는데, 인우가 말하기를, “땅이 비옥하고 대나무의 크기가 기둥 같으며, 쥐는 크기가 고양이 같고, 복숭아씨가 되[升]처럼 큰데, 모두 물건이 이와 같다” 하였다[『세종실록』 권153, 『지리지』 강원도 삼척도호부 울진현조).

울릉도와 독도는 그것을 관장하고 있는 강원도 삼척도호부 울진현의 ‘해중제도海中諸島’의 하나, 즉 울진현의 속도로 명기하였다. 울진현으로부터 수륙의 원근에 관해 “우산과 무릉 두 섬이 (울진)현의 정동 쪽 바다 가운데에 있다”고 하고, “두 섬이 서로 거리가 멀지 않아 날씨가 청명하면 가히 바라볼 수 있다”고 기록하였다. 이어서 연혁을 기록하면서 입도농업인물의 유무와 전에 살던 인민의 접거와 농작의 유무를 기록하고 있다. 결국 이러한 편찬사목을 따라 기록해나가다 보면 울릉도에 관한 언급을 할 수밖에 없고 무인도인 독도는 ‘수륙의 원근’만을 언급할 뿐 ‘입도농업인물의 유무’, ‘섬 가운데 전에 살던 인민의 접거와 농작유무’에 관한 기록이 있을 리 없기 때문에 이것을 언급하지 않았을 뿐이다.9) 그런 점에서 『세종실록지리지』는 독도를 자국의 영토로 분명 인식하고 기록에 남겼다.

『세종실록지리지』가 편찬된 이후에 지리지 편찬 사업은 계속된다. 1447년(성종 8)에 양성지에 의해 『속찬팔도지리지』가 편찬되었고, 그것을 토대로 하여 1481년(성종 12) 초고본 『동국여지승람』이 편찬된 후 1530년에 『신증동국여지승람』이 완성되었다.10) 『동국여지승람』의 제1

---

9) 김호동, 「조선 초기 울릉도·독도에 대한 ‘공도정책’ 재검토」『민족문화논총』 32, 영남대학교 민족문화연구소, 2005.

10) 양성지의 『속찬팔도지리지』가 완성되기 1년전 성종은 우리나라 문사들의 시문을 모아 양성지가 지은 지리지에 첨가하여 실으라고 명하였다(『성종실록』 권 74, 성종 7년 12월 병술). 그리하여 양성지의 『속찬팔도지리지』와 『동문선』의 시

차 수찬을 맡은 김종직은 수찬의 과정에서 고적·성씨·봉수·도서·변경의 요해要害 항목을 새로 만들었다. 이것은 세종·세조조의 대외 정복활동으로 인해 한때나마 안정되었던 여진·왜구의 세력이 다시 문제를 일으키기 시작하면서 관심을 두었기 때문이다.[11] 김종직은 수찬에 중점을 둔 부분을 설명하면서 "양계의 국경 가까운 지역과 바다 밖의 대마도 등 섬도 또 경계에 연한 지역으로 기재하였다"고 하였다. 그 결과 『세종실록지리지』에 비해 『신증동국여지승람』에는 훨씬 많은 섬이 실리게 된다. 전라도 연안지역의 소속 도서의 경우 『세종실록지리지』(1432)에 27개의 섬이 수록된 데 반해 『고려사』 지리지(1454)에는 60개로 늘어나고, 『동국여지승람』(1481)에 오면 무려 234개의 섬이 실리게 된다.[12] 단순한 숫자상의 증가만이 아니라 섬에 대한 언급 또한 훨씬 구체적이고 상세하다. 이것을 울릉도, 독도에 관한 내용을 통해 확인해보기로 한다.

> 우산도·울릉도[무릉武陵이라고도 하고, 우릉羽陵이라고도 한다. 두 섬이 고을 바로 동쪽 바다 가운데 있다. 세 봉우리가 곧게 솟아 하늘에 닿았는데 남쪽 봉우리가 약간 낮다. 바람과 날씨가 청명하면 봉 머리의 수목과 산 밑의 모래톱을 역력히 볼 수 있다. 순풍이면 이틀에 갈 수 있다. 일설에는 우산 울릉이 원래 한 섬으로서 지방이 백리라고 한다] …(『신증동국여지승람』 권45, 울진현 산천).[13]

문을 바탕으로 하여 1481년(성종 12) 초고본 『동국여지승람』이 편찬되었다. 그 후 중종조에 이르는 삼대에 걸쳐 수중과 증보를 하여 1530년(중종 25)에 『신증동국여지승람』을 완성하였다.

11) 서인원, 『조선초기 지리지 연구─『동국여지승람』을 중심으로』, 혜안, 2002, 128쪽 참조.
12) 김경옥, 『조선후기 도서연구』, 혜안, 2004, 61~62쪽 참조.
13) 이 기록은 울진현 산천조에 실려 있다. 산천의 항목에 실린 것은 산천과 津, 串, 島嶼 등이다. 따라서 각 읍의 산천조에 실린 섬들은 해당 읍의 산천으로 간주되어 그 관할권이 해당 읍에 있음을 말하는 것이다. 따라서 울릉도는 물론 독도도 조선시대의 군현조직체계 속에 위치하는 우리나라의 영토임을 알 수 있다.

독도와 울릉도는 '울진현으로부터 정동 쪽 바다 가운데 있다'는 본 읍에서의 방향이 우선 기재되었다. 그리고 "세 봉우리가 곧게 솟아 하늘에 닿았는데 남쪽 봉우리가 약간 낮다. 바람과 날씨가 청명하면 봉머리의 수목과 산 밑의 모래톱을 역력히 볼 수 있다"는 내용은『세종실록지리지』,『고려사』지리지의 "두 섬이 서로 거리가 멀지 않아 날씨가 청명하면 가히 바라볼 수 있다"는 내용보다도 훨씬 구체적으로 울릉도에서 독도를 바라본 모습을 묘사하고 있다. 일각에서 이 자료가 독도를 그려낸 것 같지만, 뒤이어 나오는 기록, "순풍이면 이틀에 갈 수 있다"는 내용 때문에 이 기록에 의문을 제기하면서 울진에서 울릉도를 묘사한 내용으로 치부해버리곤 한다. 그러나 신증동국여지승람의 토대가 되는『속찬팔도지리지』의 편찬 과정에서 만들어진『경상도속찬지리지』의 편찬사목을 보면, "해도의 경우 본 읍으로부터의 방향과, 거리를 기록한다"는 것을 상기하면 '울진현으로부터 이틀이면 독도에 도착할 수 있다'는 것으로 해석되는 것임을 알 수 있다. "일설에는 우산 울릉이 원래 한 섬으로서 지방이 백리라고 한다"는 기록은『세종실록지리지』에서 "신라 때에 우산국, 또는 울릉도라 하였는데, 지방이 1백리이다"라고 하여 우산국의 영역을 울릉도와 독도로 한 것을 달리 표현한 것이다. 이처럼『신증동국여지승람』에는 이전에 만들어진 지리지에 비해 독도의 모습, 본 읍, 즉 울진과의 거리 등이 구체적으로 언급되고 있음을 확인할 수 있다. 이것은 자국의 영토로서 간주하여 이에 대한 조사가 이루어졌음을 말하는 것이다.[14]

섬에 대한 조사가 이처럼 철저히 이루어지자 섬을 조선 강역의 경계로 삼고자 하였다.『신증동국여지승람』의 기록에 대마도를 동래현 산천조에 넣어서 '옛날에 계림(신라)에 예속되었는데, 어느 때부터 일본 사람들이 살게 되었는지 모르겠다'고 하고, '이 섬이 해동 여러 섬들의

---

14) 김호동, 앞의 글, 265~266쪽 참조.

요충에 해당한다'고 하면서 우리나라에 들어오고자 하는 자는 이곳 대
마도주의 문서를 받아야만 올 수 있다고 언급한 것을 보면[15] 대마도를
일본의 경계로 삼고 있음을 알 수 있다. 그것은 곧 울릉도와 독도가 조
선의 영토임을 확정하고 있음을 말해주는 것이다.

　『신증동국여지승람』의 경우 권수卷首에 조선전도朝鮮全圖인 「팔도총
도八道總圖」가 수록되어 있으며, 각 도마다 해당 도의 전도인 도도道圖가
삽입되어 있다.[16] 팔도총도에는 동해와 서해, 남해의 바다에 총 11개
의 섬이 기재되어 있는데, 그 가운데 울릉도와 독도, 그리고 대마도가
그려져 있다. 다만 독도, 즉 우산도가 울릉도의 안쪽에 표기되어 있는
것이 하나의 특징이다.

　『신증동국여지승람』은 조선시대를 통틀어 가장 기본적인 지리서로
서 조선 말까지 왕조의 가장 기초적인 지리서로서 자주 인용, 참고되
었다. 특히 숙종조에는 왜와 울릉도에 관한 다툼이 일어나자 이 책을
상고하여 일을 처리하기까지 할 정도였다.[17] 그럼에도 불구하고 우산
도가 울릉도 안쪽에 그려짐으로써 일본 측으로부터 우산도는 독도를

---

15) 『신증동국여지승람』 권23, 동래현 산천조. "대마도(곧 일본의 대마주이다). 옛날
　　에 계림(신라)에 예속되었는데, 어느 때부터 일본 사람들이 살게 되었는지 모
　　르겠다. 부산포의 도유삭으로부터 대마도의 선월포까지는 수로가 대략 670
　　리쯤 된다. … 이 섬은 해동 여러 섬들의 요충에 위치했으므로 모든 추장들
　　이 우리나라에 내왕하는 자는 반드시 경유하는 곳이어서 모두가 도주의 문
　　서를 받은 뒤에야 올 수 있었다. 도주 이하의 사람들이 각기 사선을 보내오
　　는데 해마다 일정액이다. 섬이 우리나라에 가장 가깝고 가난이 극심하므로
　　매년 쌀을 주는데 차등 있게 하였다".
16) 팔도총도는 '東覽圖'라는 명칭으로 수록되어 있다. 이 지도는 양성지의 『속
　　찬팔도지리지』를 그대로 수록한 것으로 보인다. 현존하는 우리나라 고지도
　　에서 연대가 확실하고 가장 오래된 지도 중의 하나로서 우리나라 사람들이
　　가지고 있던 한반도의 형태, 크기, 방위, 지표현상에 대한 관심을 잘 나타내
　　고 있다. 이찬, 「동람도의 특성과 지도발달사에서의 위치」 『진단학보』 46·47
　　합집, 1979, 244쪽 참조.
17) 『속종실록』 권27, 숙종 20년 8월 기유 및 권30, 숙종 26년 3월 계축.

지칭하는 것이 아니라는 빌미를 제공해주고 있다.

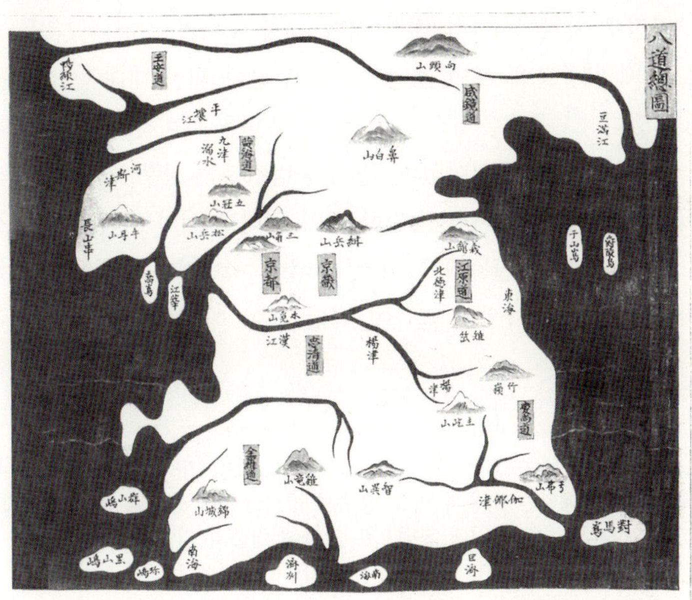

<그림 1> 울릉도와 우산도 : 『신증동국여지승람』에 실린
「팔도총도」(『新增東國輿地勝覽』, 1530년)

『세종실록지리지』에 처음으로 울릉도, 독도가 실리게 되고, 또 『신
증동국여지승람』에 훨씬 구체적이고도 상세하게 독도에 대한 언급이
이루어지고, 전자의 지리지에 비해 후자에 도서가 훨씬 많이 등재되는
이유는 무엇일까? 이것은 물론 영토의식의 성장에 따른 결과이기도 하
지만 보다 구체적인 요인은 어디에 있는가?

흔히들 조선시대는 '공도정책'에 의해 섬을 텅 비워둔 것으로 말한
다. 공도정책에 의해 섬은 왕화王化가 미치지 않는 버려진 땅으로 전락
하였다고 한다. 그러한 인식과는 달리 앞에서 살펴본 바와 같이 15세
기 지리지에는 지금까지 기록되지 않은 섬들이 기재되고, 해당 섬의

크기(둘레·넓이), 인구, 특산물, 유적·유물, 본 읍과의 거리 및 인접 섬과의 거리 등 다양한 내용이 언급되고 있다. 그것은 공도정책과는 달리 중앙정부 차원에서 대대적인 섬에 대한 조사가 시행되었음을 의미한다. 실제 세종조에 오면 중앙정부에서 섬에 대한 대대적 조사를 실시하고 있다. 그 목적은 군사의 비용 및 흉년을 대비하기 위한 등의 국용國用의 마련에 그 목적이었다. 당시 중앙정부는 상부常賦 외에 자산으로 이용할 만한 것은 어염魚鹽만한 것이 없다고 여겨 경차관敬差官을 각 도에 보내어 소금 만들기와 고기 잡이에 적당한 곳을 살피게 하였고,[18] 전라도 관찰사에게 명하여 어떤 섬이 어디에 얼마나 분포하고

---

18) 『세종실록』 권77, 세종 19년 5월 경인. 「호조에서 의정부에 보고하기를 "… 우리나라는 기름진 땅이 적고 메마른 땅이 많으며, 조세는 박하고 경비는 많습니다. 또한 남쪽 오랑캐와 북쪽 오랑캐가 있어 가장 큰 근심이 되니, 그 교제하고 접대하는 비용과 변경 장수와 군사들에게 상주고 공급하는 비용이 적지 않습니다. 또 근년에 흉년으로 인하여 경중과 외방의 저축이 백성 구제하는 데에 다 말랐으니, 옛사람이 이르기를, '나라에 3년 저축이 없으면 나라는 자기의 나라가 아니라'고 하였는데, 지금 창고의 저축이 경비에도 오히려 넉넉하지 못하니, 만약 군사의 일이 있든지 또는 흉년을 만나든지 하면 가히 한심하게 될 것입니다. 그윽이 생각하건대, 常賦 외에 자산으로 이용할 만한 것은 어염과 같은 것이 없으니, 어염은 농사일의 다음이라고 하나 농사일은 1년을 마치도록 수고로움이 있고, 거듭 부역에 괴로워하나 어염은 많은 시일과 재력을 허비하지 아니하여, 공력은 적고 이익은 많은데, 적은 세가 있는 외에는 다른 부역이 없기 때문에, 놀고 게으른 못된 무리들이 다투어 그 이익을 취합니다. 지금 바닷가에 있는 여러 도에 모두 어염의 이익이 있으나, 오직 원래 정한 監漢과 노는 무리들뿐이기 때문에, 바다가 둘러 있는 소금 만들기에 적당한 땅을 비우고 폐해 버린 것이 심히 많아서, 땅에 이익을 취하지 아니한 것이 있습니다. 漁梁·水梁에는 함길도와 강원도의 大口魚·연어·방어, 경상도의 대구어·청어, 전라도의 조기[石首魚]·청어, 충청도의 청어·잡어, 경기의 잡어·밴댕이[蘇魚], 황해도의 잡어·청어, 평안도의 조기·잡어 등은, 이것이 그 지방에서 생산하는 가장 많은 것이고, 또 다른 해산물로 이익을 취하는 것이 또한 많으니, 지금 보면 백성들이 농사를 버리고 바다에 이익을 취하는 자가 날마다 많으니, 만약 금하고 억제하지 않으면 장차 末利를 좇는 자가 많고 근본을 힘쓰는 자가 적을 것입니다. 원컨대, 청렴

있는지, 이들 섬에 공사公私의 선척船隻이 왕래할 수 있는지, 섬과 섬의 거리는 얼마나 떨어져 있고, 이들 섬에서 생산되는 물산은 무엇이 있는지 상세히 조사하여 보고하도록 하였다.[19] 왜 15세기의 지리지, 특히 『신증동국여지승람』에 독도에 대한 구체적이고 상세한 내용이 실리고, 더욱이 대마도까지 실리게 되었는가? 그것은 섬이 부를 낳는 황금의 땅으로 인식되어 섬과 바다에 대한 영토경계를 확정하고자 하는 의도에서 비롯되었다.

하고 삼가고 일에 근실한 수령을 골라서 경차관으로 삼아, 여러 도에 나누어 보내어서 소금 만들기에 적당하고 고기 잡기에 적당한 곳을 살피고 실험하게 하여, 예전에 만든 鹽所가 몇 곳, 새로 얻은 염소가 몇 곳, 예전에 만든 어수량이 몇 곳, 새로 얻은 어량·수량이 몇 곳인지 그 경계와 지역을 구획하고, 또 한 염소에 몇 사람을 쓰는 것과 쓰는 기구가 무엇 무엇이며, 한 어량과 한 수량에 각각 쓰는 사람이 몇 명이고, 소용되는 기구가 무슨 물건인지를 갖추어 아뢰게 하며, 인하여 원래 정한 염한·挾丁 및 각사의 貢奴婢와 근방 각 고을의 노자, 바닷가에 사는 백성으로 각색 군호에 숨고 빠진 남은 장정과, 범죄한 徒役 등의 각항 사람을 추쇄하여 적당하게 어량과 염소에 붙이되, 번을 나누어 사역시키소서. 그 소출의 많고 적음에 따라 그 課額을 정하며, 진상할 魚物 및 司宰監에 바치는 물건 외에는 수를 갖추어 계문하여 國用에 資賴하게 하되, 만약 인력이 부족하면 어량·수량에는 관가의 힘으로 반드시 다할 것이 아니고, 관가에서 합해 쓰는 어량을 제외하고는, 원래 영업하던 사람에게 제 힘으로 그 일을 하는 것을 허락하여 그 세만 거두소서. 경차관은 그 어염에서 나오는 물건을 공정한 수령을 골라 맡겨서 백성에게 나누어 팔게 하되, 그 값은 미곡·布貨를 불구하고 時價에 비해 넉넉하게 주며, 뱃길이 통하는 곳은 운반하여 전매하되 거둔 미곡은 의창에 돌리고 포화는 국용으로 들이면, 흉년의 준비와 군국 비용을 거의 넉넉하게 할 것이고, 말리를 따르는 자도 그칠 것입니다 …"고 하였다. 의정부에서 이에 의거하여 아뢰기를, "윗 항의 조건이 행하기 어려움이 많으나, 그러나 추수하기를 기다려서 경차관을 여러 도에 보내어, 소금 굽기에 적당하고 고기 잡기에 적당한 곳이 예전 곳이 몇 곳이고 새로이 정한 곳이 몇 곳이며, 소용되는 물건과 드는 사람의 수와, 일하기의 어렵고 쉬움과, 1년에 한 곳의 어염의 소출이 많고 적은 것 등을, 갖추 자세히 찾아 묻고 마련하여 아뢰게 한 뒤에 다시 논의하여 시행토록 하소서" 하므로, 그대로 따랐다」.

19) 『세종실록』 권104, 세종 26년 4월 병술.

섬이 국용의 한 몫을 담당할 수 있는 곳이라고 여기고 있는 마당에 섬을 텅 비워두는 공도정책이 국가의 정책이었다고 보는 것은 이치에 맞지 않다. 우리가 흔히들 말하는 공도정책이란 조선시대의 섬들에 대한 잘못된 인식을 낳게 하는 용어이다. 이제 우리는 이 용어를 폐기하여야 할 시점이다.

2. 안용복의 독도·울릉도 영유권 확인 활동

이수광李晬光이 『지봉유설芝峰類說』에서 "임진왜란 후 사람들이 (울릉도에) 들어가 본 일이 있으나 역시 왜의 분탕질을 당하여 정착하지 못했다"[20]고 언급한 바와 같이 임진왜란 이후 조선왕조의 통치력이 극도로 약화되어 울릉도·독도를 돌볼 여력을 갖고 있지 못하였기 때문에 울릉도에 들어간 사람들은 왜의 분탕질을 당해 정착하지 못하였다. 임진왜란 이후 숙종 20년(1694) 삼척첨사 장한상이 울릉도에 수토하러 갔던 시기까지는 『조선왕조실록』을 비롯한 연대기 사서에 울릉도를 안무하거나 순심한 기록이 나타나지 않고 있다. 하지만 『송호실적松湖實蹟』[21]에는 삼척영장 김연성金鍊成이 광해군 5년(1613) 3월 갑사甲士 180명과 포수 80명을 거느리고 정세를 살피러 간 것으로 기록되어 있다. 그리고 그가 울릉도에 간 이유에 대해서는 "임진왜란 이후 일본으로 돌아가지 못한 무리들이 해도海島에 잠복해 약탈을 일삼았다. 조선에서 죄를 짓고 달아난 유민들이 그들과 함께 어울려 울릉도를 소굴로 삼았다. 이에 조선정부는 김연성과 군사 260명을 울릉도에 보내 정세를 살피도록 명하였다"라고 기록되어 있다. 이에 "왜노倭奴들이 이 사실을 먼저 알

---

20) 이수광, 『지봉유설』 권2, 지리부 島 鬱陵島.
21) 義城金氏 松湖公派 종친회, 『松湖實蹟』, 1998.

고 모두 달아나 버려 뱃길을 돌려 돌아오는 도중 거친 풍랑을 만나 상
관과 군졸이 탄 배가 전복되어 대부분 익사하고 배 한 척만 평해에 도
착하니 생존자는 몇 사람에 불과하였다”고 하였다. 그러나 이 자료에
의하면 김연성이 울릉도에 입도하여 본격적인 쇄출을 행한 것 같지는
않다. 그러나 관찬사서에는 기록이 전하지 않지만, 간헐적으로 울릉도
에 대한 중앙정부의 순심정책이 강원도를 통해 삼척영장에 의해 이루
어지고 있었음을 전하는 중요한 자료이다.

임진왜란 이후 울릉도에 대한 왜구의 분탕질과 정부의 간헐적인 순
심 속에서 울릉도에 대한 입도가 끊임없이 계속되었음을 다음의 자료
는 보여준다.

> (갑술 2월) 예조에서 대마태수 다이라 요시노리(平義倫)에게 답서하기를 “울릉은
> 강원도 울진현의 동쪽 바다 가운데에 위치하는데, 풍파가 위험하고 뱃길이 불
> 편하여서 중년에 거기에 있는 백성을 이주시키고 비워두고 때로 공차公差를 보
> 내어 내왕하여 수색케 하였습니다. …” 하였다. 당시 묘의廟議는 변민邊民이 울
> 릉도에 마구 들어가는 것을 엄하게 막아야 한다고 생각하고 상에게 아뢰기를,
> “동해 바닷가는 토질이 모래와 자갈이 많아 경작할 수 없어 바닷가 백성들은
> 오직 고기잡이, 벌채로 생활해 나가고 있는데, 울릉도에는 큰 대와 전복이 나
> 므로 연해 고기잡이하는 사람들은 금함을 무릅쓰고 이익을 탐하여 무상으로
> 출입하고 있습니다. 비록 일체 금단하려 하나 그 형세가 어쩔 수 없습니다. 마
> 땅히 보이는 대로 징치해야 하며 만일 경률經律로 한다면 일후의 폐를 막을 수
> 없습니다” 하자, 상이 “어민들의 생활방편에 관계되느니만큼 몹시 금지시키기
> 어려우니, 다만 그 가운데서 우두머리와 따라간 자를 나누어 배 주인이나 뱃사
> 공은 정배定配하고 나머지는 곤장을 때려 돌려주라”고 명하였다(이맹휴李盟休, 『춘
> 관지春官志』 울릉도鬱陵島 쟁계爭界).

대마태수에 보낸 답서에 “때로 공차公差를 보내어 내왕하여 수색케
하였다”고 한 것에서도 간헐적 수토가 이루어졌음이 확인된다. 정부의
수토와 왜구의 분탕질 속에서도 불구하고 울릉도에 사람들이 끊임없이
들어간 이유는 “동해 바닷가는 토질이 모래와 자갈이 많아 경작할 수

없어 바닷가 백성들은 오직 고기잡이, 벌채로 생활해 나가고 있는데, 울릉도에는 큰 대와 전복이 나므로 연해 고기잡이하는 사람들은 금함을 무릅쓰고 이익을 탐하여 무상으로 출입하였던” 것이다. 이 때문에 울릉도 및 독도 근해에는 조선인들만 고기잡이와 벌채를 위해 입도한 것이 아니라 일본인들도 출어하거나 밀입하여 고기를 잡고 나무를 도벌해갔다. 그것은 조선정부의 순심정책이 옳게 시행되지 않았기 때문이다.

순심정책은 울릉도에 입도한 동해안 어민들의 쇄환에 주목적이 있기 보다는 일본으로 하여금 울릉도가 우리 땅임을 확인시키고자 하는데 주된 목적이 있었던 것이고, 부차적으로 울릉도에 들어간 어민들로부터 조세수취와 역역 동원을 제대로 할 수 없었기 때문에 다시 그들을 육지로 데려오는 정책이었다.[22) 쇄출이 간헐적으로 행해진 것은 위 자료에서 보다시피 일면 일체 금단하려하나 그 형세가 어쩔 수 없다거나 어민들의 생활방편에 관계되는 것이기 때문에 소극적이고 형식적인 쇄출이 행해진 측면이 있다. 그 틈을 타 임진왜란 이후 숙종조를 전후한 시기에 이르기까지 일본인의 울릉도 밀입과 출어가 증가하게 되었다. 이때부터 일본인들은 울릉도를 다케시마竹島, 또는 이소다케시마(磯竹島, 礒竹島)라고 부르기 시작하였다.[23) 조선왕조의 간헐적인 순심정책의 틈을 비집고서 일본은 대마도번주對馬島藩主가 중심이 되어 이때부터 울릉도 침탈을 시도했다. 대마도번주는 광해군 6년(1614) 6월에 조선 동래부에 서계를 보내오면서 도쿠가와이에야스(德川家康)의 분부로 이소다케시마礒竹島를 탐견探見하려고 하는데 큰 바람을 만날까 두려우니 길안내를 해달라고 했고, 이에 대해 조선왕조는 예조에서 이를 거절하는

---

22) 김호동,「조선 초기 울릉도 · 독도에 대한 ‘공도정책’ 재검토」『민족문화논총』
　　32, 영남대학교 민족문화연구소, 2005 ; 영남대학교 민족문화연구소편,『독도
　　를 보는 한 눈금 차이』, 선출판사, 2006.
23) 신용하,『독도의 민족영토사 연구』, 지식산업사, 1996, 97쪽 참조.

회유문을 주어 돌려보낸 적이 있은 후[24] 대마도번주와 장기도번주長崎島藩主는 울릉도를 다케시마竹島라고 부르면서 울릉도의 점탈을 집요하게 시도했다.

그 와중에 숙종 19년(1693) 봄에는 울릉도에서 고기잡이를 하고 있던 동래·울산 어부 40명과 울릉도에 출어한 일본 어부가 충돌하였다. 현재 울릉도의 독도박물관 앞에 '안용복 장군'의 공적비가 세워져 있지만 그는 결코 장군은 아니었다. 후일 그의 공적을 기리는 사람들이 그를 장군으로 높여 불렀을 뿐이다. 현존하는 그의 호패에 따르면, 그는 1658년에 출생했으며 아주 작은 키(4척 1촌)에 가무잡잡한 피부, 그리고 마마 자국으로 얼굴이 심하게 얽은 외모를 가진 인물이었다. 그는 부산 좌천동에서 살았으며, 좌수영 소속의 능로군으로 복무한 경력이 있는 어부였다. 좌수영 소속 능로군은 전선戰船에서 노를 젓는 수졸을 말한다.

안용복은 숙종 19년(1693) 봄, 박어둔朴於屯을 비롯한 40여 명의 어부들과 함께 고기를 잡고자 울릉도에 들어갔다. 그 곳에는 이미 일본 돗토리현의 어부들이 고기를 잡고 있었다. 이곳에서 양국 어부들 사이에 시비가 벌어졌고, 안용복·박어둔 두 사람은 일본의 오타니 가문[大谷家] 어부들에 의해 오키도隱岐島로 납치되어 갔다. 안용복은 그곳에서 '울릉도'와 '자산도子山島'가 조선의 땅임을 들어 구금 납치의 부당성을 도주島主에게 따졌다. 안용복의 항의를 받게 된 도주는 상관인 돗토리현 태수에게 이들을 이송시켰다. 사건을 보고받은 태수는 당대 일본의 최고 실권자인 에도 관백關白에게 안용복 등을 보냈다. 관백은 안용복을 심문한 후 "울릉도와 자산도는 일본 땅이 아니기 때문에 일본 어민들의 출어를 금지 시키겠다"는 막부의 서계書啓를 써주었다. 자산도, 즉 우산도＝독도를 조선의 땅이라고 한 안용복이나 일본 땅이 아니라고

---

24) 『邊例集要』 권17, 울릉도(국사편찬위원회판 하권).

한 막부의 서계는 독도 영유권 주장에 대한 중요한 국제적 판단의 근거가 된다.

그러나 대마도주의 생각은 달랐다. 황금어장인 울릉도와 독도의 편입에 지대한 관심을 갖고 있던 대마도주는 안용복으로부터 막부의 서계를 빼앗는가 하면, 50일을 더 억류시켰다. 부산포의 왜관으로 이송한 뒤에도 40일이나 더 구금한 뒤에야 동래부로 넘겼다. 동래부에서 안용복은 서계 강탈 사건에 대해 소상하게 보고했지만, 동래부사는 도리어 그를 '월경죄인'으로 몰아 감금해 버렸다. 상황이 유리하게 돌아간다고 판단한 대마도주는 다치바나 마사시게(橘眞重)를 사신으로 파견, 울릉도가 일본의 '죽도'라고 주장하면서 조선 어민들의 출어를 금지해 달라는 엉뚱한 요구까지 하였다. 이 사건을 계기로 울릉도에 대한 수토정책이 확립되고, 독도에 관한 사항이 중앙정부에 보고되었다는 점에서 안용복의 활동은 의미가 있는 일이었다.

감옥에서 풀려난 안용복은 일본인들의 이와 같은 작태에 분개했다. 그리하여 일본 측과의 직접 담판을 결심한 그는 숙종 22년(1696) 봄 울산을 출발, 울릉도로 향했다. 울릉도에 들어가서 이곳에 침입한 일본 어부들을 쫓아냈다. 이때 일본 어부들이 우리는 본래 '송도松島'에 사는데 고기를 잡으러 왔다고 말하자, 안용복은 "송도松島는 곧 자산도이다. 이 역시 우리나라 땅이다. 너희가 감히 여기에 산다고 하느냐"고 호통치고 쫓아냈다. 안용복 일행이 이튿날 새벽에 배를 저어 자산도에 들어가 보니 일본 어부들이 솥을 걸어놓고 물고기를 삶고 있었다. 그래서 막대기로 이를 두들겨 부수며 큰 소리로 꾸짖으니 일본 어부들이 그것을 거두어 배에 싣고 돌아갔다고 기록되어 있다. 안용복 일행은 그 길로 일본 백기주伯耆州에 들어갔는데, 이때 안용복은 백기주 태수와 대등해지려고 '울릉·자산 양도 감세장鬱陵子山 兩島 監稅將'이라는 직책을 칭하였고, 백기주 태수는 안용복에게 "두 섬이 이미 당신네 나라에 속한 이후인데 혹시 다시 범월하는 자가 있거나 횡침하는 일이 있으면 문서를 작성하여 역관과 함께 보내주면 마땅히 무겁게 처벌하겠다”고 약속했다.[25]

안용복은 같은 해 8월 일행과 함께 강원도 양양으로 귀환했다. 그런데 안용복 일행을 기다린 것은 조정의 혹독한 심문이었다. 강원도 감사 심평은 귀국한 안용복 일행을 ‘범경 죄인’으로 몰아 체포, 서울로 압송했다.

안용복의 활동으로 인해 대마도주는 같은 해 10월 조선의 ‘도해渡海역관’에게 막부의 뜻을 전달하고, 이듬해(1697) 2월에는 동래부사 이세재에게 서계를 보내어 일본인의 울릉도 출어 금지를 공식적으로 확인했다. 이로써 다케시마(죽도)와 마쓰시마(송도)가 곧 조선의 울릉도와 독도임이 재천명되기에 이르렀다.

2005년 5월 17일 시마네현에서 발행되는 산인추오신보[山陰中央新報]는 최근 일본 시마네현 내 오래된 가문 창고에서 발견된 ‘원록구병자년조선주착안일권지각서元祿九丙子年朝鮮舟着岸一卷之覺書’라는 제목의 문건을 소개하고 있다. 이 기록은 1696년 도일한 안용복을 심문한 내용을 담고 있다. 이 기록에는 도항 목적을 묻는 일본 당국의 심문에 대해 안용복이 “호키[伯耆(현재의 시마네현)] 태수에게 소송하기 위해”라고 답해 당시 돗토리항[藩] 영주에게 항의하기 위해 왔음을 밝히고 있다. 여기에서 안용복은 강원도에 속해있는 울릉도가 일본에서 말하는 ‘다케시마’라고 설명하면서 소지하고 있던 조선팔도지도를 꺼내 울릉도가 표시돼 있음을 보여줬다. 또 마쓰시마(독도)도 ‘자산子山’이라고 불리는 섬으로 강원도에 속해 있다면서 지도에 표시되어 있다고 설명했다. 특히 이 기록에서 안용복은 “다케시마(당시 울릉도의 일본 이름)와 조선은 30리, 다케시마와 마쓰시마(현재의 독도)는 50리”라고 하였다. 이 문서의

---

25) 『숙종실록』 숙종 22년(1696) 9월 무인.

끝부분에는 경기도 등 '조선8도[朝鮮之八道]'가 적혀있고 강원도에는 주석으로 "이 도道에는 다케시마와 마쓰시마가 속한다[此道中竹道松島有之]"고 기록되어 있다. 이 기록에 의하면 자산도가 독도이며, 이것을 일본 측에서 '마쓰시마'로 부르며, 그것을 조선영토로 인식하고 있음을 보여주고 있다.26)

안용복의 두 차례에 걸친 도일 활동은 조선초 이래 방치되었던 울릉도와 독도를 일본의 영토 편입 야욕으로부터 지켜내고, 일본의 최고 권력기관으로부터 조선의 영토임을 인정받은 결정적 계기를 마련했다는 점에서 가장 큰 의의가 있다. 그러나 정작 울릉도와 독도의 파수꾼 노릇을 자임한 안용복이 '월경죄인'이라는 죄목으로 귀양형에 처해졌다는 것은 역사적 아이러니이다. 그렇기 때문에 일본은 안용복 이야기는 거짓이 많고, 안용복은 조선 조정으로부터 불법적으로 국경을 넘었다는 이유로 처벌되었다고 주장한다. 그러나 안용복의 죄명은 벼슬을 사칭하고, 외교문제를 일으켰으며, 국경을 넘었다는 것이다. 그러나 그가 넘었던 국경은 울릉도와 독도가 아닌 일본에 허락없이 갔다는 것을 의미하는 것이다.

3. 조선후기 수토정책 하의 독도·울릉도

안용복 사건이 처음 일어나자 대마도번주는 이 사건을 역이용하여 자기가 막부정권을 대신한다고 전제하면서 대마도사 정관正官 다치바나 마사시게(橘眞重)를 시켜 안용복·박어둔 등을 부산에 호송하는 길에

---

26) 『한겨레신문』, 2005. 이 문서는 영남대학교 독도연구소에서 간행한 『독도연구』 창간호, 2006에 김화경에 의해 원문과 번역문, 그리고 그 해설이 잘 정리되어 수록되었다. 본서 <부록 2>에 그 번역문을 인용, 수록하였다.

조선 측에 서찰을 보내 마치 울릉도가 아니면서 그와 비슷한 별개의 일본 영토인 죽도竹島가 있는 것처럼 문구를 만들어 "이제 이후로는 죽도竹島에 조선 선박이 출어하는 것을 결코 용납하지 않을 터이니 귀국도 엄격히 금제해달라"는 엉뚱한 요구를 하였다. 이에 대하여 강경대응론과 목래선睦來善(좌의정), 민암閔黯(우의정)의 온건대응론이 대립하다가 온건론이 채택되어 울릉도가 조선의 영토인 것만 분명히 하고 저들이 자기의 영토라고 서찰에 쓴 죽도가 울릉도를 가리킨 것임을 모른체하기로 결정을 내렸다. 이에 예조가 부산왜관에서 답서를 기다리는 다치바나 마사시게(橘眞重)를 통해 대마도주에게 다음과 같은 회답문을 보냈다.

예조에서 회답하는 서신에 이르기를, "폐방에서 어민을 금지 단속하여 외양外洋에 나가지 못하도록 했으니 비록 우리나라의 울릉도일지라도 또한 아득히 멀리 있는 이유로 마음대로 왕래하지 못하게 했는데, 하물며 그 밖의 섬이겠습니까? 지금 이 어선이 감히 귀경貴境의 죽도에 들어가서 번거롭게 거느려 보내도록 하고, 멀리서 서신으로 알리게 되었으니, 이웃 나라와 교제하는 정의는 실로 기쁘게 느끼는 바입니다. 바다 백성이 고기를 잡아서 생계生計로 삼게 되니 물에 떠내려가는 근심이 없을 수 없지마는, 국경을 넘어 깊이 들어가서 난잡하게 고기 잡는 것은 법으로서도 마땅히 엄하게 징계하여야 할 것이므로, 지금 범인犯人들을 형률에 의거하여 죄를 과科하게 하고, 이후에는 연해 등지에 과조科條를 엄하게 제정하여 이를 신칙하도록 할 것이오" 하였다. 이내 교리校理 홍중하洪重夏를 접위관接慰官으로 임명하여 동래東萊의 왜관倭館에 이르게 했는데, 다치바나 마사시게가 우리나라의 회답하는 서신 중에 '우리나라의 울릉도란 말'을 보고는 매우 싫어하여 통역관에게 이르기를, "서계書契에 다만 죽도竹島라고만 말하면 좋을 것인데, 반드시 울릉도를 들어 말하는 것은 무슨 이유인가?" 하면서, 이내 여러 번 산개刪改하기를 청하고는, 사사로이 그 따라온 왜인을 보내어 대마도에 통하여 의논하기를 거의 반 달이나 되면서 시일을 지체하여 결정하지 않았다. 홍중하가 통역관으로 하여금 이를 책망하니, 따라온 왜인이 사사로 통역관에게 이르기를, "도주島主는 반드시 울릉鬱陵이란 두 글자를 깎아 버리려고 했으니, 난처한 일이 있는 듯하며, 또한 자세히 고치기를 청하는 정관正官의 서신을 받아야 하기 때문에 저절로 이와 같이 되었다" 하고는, 또 번갈아 근거 없는 말을 하면서 다투므로, 우리 조정에서 마침내 들어주지 않았다. 다치바나 마사시게가 꾀가 다하고 사실이 드러나게 되어 그제야 서계를 받고서 돌아갔다(『숙종실록』 숙종 20년 2월 신묘).

다치바나 마사시게는 회답문 속의 '우리나라의 경지境地 울릉도鬱陵
島'란 말의 삭제와 개서改書를 요구하다가 조선정부가 끝까지 들어주지
않자 회답문을 접수해 귀환하였다. 이 소식이 접해지자 온건론에 대한
비판과 규탄이 일어났는데, 그 가운데 승지 김구만金龜萬은 울릉도에 군
대의 진鎭을 설치하여 근심에 대비할 것을 주장하고, 지난번에 일본에
납치당했다 돌아온 어부들을 처벌하겠다고 한 것은 잘못이었다고 비판
하였다. 결국 정권이 교체되고 남구만南九萬을 영의정으로 한 강경파가
집권하게 되었다.

남구만은 지난번 일본에 보낸 회답서는 특히 모호하니 마땅히 접위
관을 파견하여 앞서의 회답서를 되돌려 받고 그것을 만든 책임자를 문
책해야 하며, 울릉도에 들어오는 일본인은 모두 용납하지 않아야 한다
고 하였다. 그리하여 일본 측에 지난번의 회답서는 무효이니 반환할
것을 통고하고 울릉도가 바로 죽도이며, 이것은 조선의 영토이므로 일
본 어부들이 침입해서는 안 될 것임을 명백히 밝혔다.

안용복 사건을 계기로 울릉도 형편을 살펴 진鎭을 설치하여 지키게
할 것인가를 살피기 위해 장한상을 삼척첨사로 삼아 울릉도에 파견하
였음을 다음의 사료 I)를 통해 알 수 있다.

I) 남구만이 아뢰기를, "일찍이 듣건대, 고려 의종 초기에 울릉도를 경영하
려고 했는데, 동서가 단지 2만여 보뿐이고 남북도 또한 같았으며, 땅덩이
가 좁고 또한 암석이 많아 경작할 수 없으므로 드디어 다시 묻지 않았습
니다. 그러나 이 섬이 해외에 있고 오랫동안 사람을 시켜 살피게 하지 않
았으며, 왜인들의 말이 또한 이러하니, 청컨대 삼척첨사三陟僉使를 가려서
보내되 섬 속에 가서 형편을 살펴보도록 하여, 혹은 민중을 모집하여 거
주하게 하고 혹은 진鎭을 설치하여 지키게 한다면, 곁에서 노리는 근심거
리를 방비할 수 있을 것입니다" 하니, 임금이 윤허하였다. 드디어 장한상
張漢相을 삼척첨사로 삼고, 접위관 유집일兪集—이 명을 받고 남쪽으로 내
려갔다. … 장한상이 9월 갑신에 배를 타고 갔다가 10월 경자에 삼척으
로 돌아왔는데, 아뢰기를, "왜인倭人들이 오고간 자취는 정말 있었지만

또한 일찍이 거주하지는 않았습니다. 땅이 좁고 큰 나무가 많았으며 수종水宗(바다 가운데 물이 부딪치는 곳이니, 육지의 고개가 있는 데와 같은 것이다)이 또한 평탄하지 못하여 오고가기가 어려웠습니다. 토품土品을 알려고 메밀씨를 뿌려놓고 돌아왔으니 내년에 다시 가 보면 징험할 수 있을 것입니다" 하였다. 남구만이 입시하여 아뢰기를, "백성이 들어가 살게 할 수도 없고, 한두 해 간격을 두고 수토하게 하는 것이 합당합니다" 하니, 임금이 그대로 따랐다(『숙종실록』 숙종 20년 8월 무신).

이때 울릉도를 속도로 갖고 있는 울진현령을 파견하지 않고 삼척첨사를 파견한 것은 삼척포진三陟浦鎭이 이곳에 있으며, 삼척에 수군첨절제사영水軍僉節制使營이 있기 때문이다. 이곳의 수군첨절제사는 우영장을 겸하고 있다.27)

이 해(1694, 숙종 20) 9월 19일 6척의 배에 150여 명을 거느리고 삼척을 출발한 장한상일행은 9월 20일부터 10월 3일까지 13일 동안 울릉도에 체류하여 조사활동을 펼친 후 10월 6일 삼척으로 돌아왔다. 장한상의 『울릉도사적鬱陵島事蹟』에 의하면 울릉도 심찰 결과를 산천·도리道里를 적어 넣은 지도와 함께 정부에 보고하였다. 그 요지는 왜인이 왕래한 흔적은 있으나 살고 있지는 않다는 것, 해로가 순탄하지 않아 일본이 횡점한다 하더라도 막기 어렵다는 것, 보堡를 설치하려 하여도 땅이 좁고 큰 나무들이 많아 인민을 주접시키기 어렵다는 것, 토질을 알아보려고 모맥麰麥을 심고 왔다는 것 등이다.

당초 남구만은 울릉도에 진鎭의 설치를 염두에 두었지만 장한상이 돌아와 보고한 바를 바탕으로 하여 백성들을 들어가 살게 할 수 없고, 한두 해 간격을 두고 수토하게 하는 것이 마땅하다고 건의함으로써 수토정책이 세워지게 되었다. 삼척첨사로 하여금 울릉도를 수토하게 하자 삼척첨사에 임명되는 것을 회피하는 경우까지 있었음을 다음의 자료는 보여준다.

---

27) 『신증동국여지승람』 권44, 삼척도호부.

　영의정 남구만이 말하기를, "자산군수慈山郡守 이준명李浚明은 전년에 삼척첨 사가 되었을 때 울릉도를 순찰하는 일을 싫어하여 회피하였는데, 지금 서읍西 邑을 제수하였습니다. 그가 회피하는 것이면 체직을 허락하고, 소원하는 것이 면 차송差送하니, 조정에서 신하를 부리는 도리가 어찌 이와 같을 수 있습니까? 청컨대, 파출시키고, 이 다음부터는 다시 벼슬을 제수하지 마시어 싫어서 회피 한 죄과를 징계하소서" 하니, 임금이 그대로 따랐다. 그 뒤에 대간이 또 전조銓 曹에서 경솔하게 앞질러 수용하였다 하여 추고할 것을 청하니, 윤허하였다(『숙 종실록』 숙종 21년 4월 갑진).

　이준명이 울릉도 순찰을 회피한 사건이 있었지만 삼척첨사 장한상 을 울릉도에 파견한 것을 계기로 하여 정기적인 수토정책이 확립되었 음을 다음의 자료들을 통해 확인할 수 있다.

J-① 조정에서는 또 무신 장한상을 울릉도에 보내어 수색케 하였다. 이로부터 월송만호와 삼척영장은 5년마다 한번씩 가는데 교대로 가도록 법으로 정하였다(이맹휴, 『춘관지』 울릉도쟁계).

② 당초 갑술년에 무신 장한상을 파견하여 울릉도의 지세를 살펴보게 하 고, 왜인으로 하여금 그 곳이 우리나라의 땅임을 알도록 하였다. 그리고 이내 2년 간격으로 변장邊將을 보내어 수색하여 토벌하기로 했는데, 이 에 이르러 유상운이 아뢰기를, "금년이 마땅히 가야 하는 해이기는 하 지만, 영동 지방에 흉년이 들어 행장을 차려 보내기 어려운 형편이니, 내년 봄에 가서 살펴보게 하는 것이 좋겠습니다" 하니, 임금이 그대로 따랐다(『숙종실록』 숙종 24년 4월 갑자).

③ 강원도 월송만호越松萬戶 전회일田會―이 울릉도를 수토하고 돌아와 대풍 待風에 숙박하면서 그린 본도本島의 지형을 올리고, 겸하여 그곳 토산인 황죽皇竹·향목香木·토석土石 등 여러 종류의 물품을 진상하였다(『숙종실 록』 숙종 25년 7월 임오).

④ 삼척영장三陟營將 이준명李浚明과 왜역倭譯 최재홍崔再弘이 울릉도에서 돌 아와 그곳의 도형圖形과 자단목紫檀香·청죽青竹·석간주石間朱·어피魚皮 등의 물건을 바쳤다. 울릉도는 2년을 걸러 변장邊將을 보내어 번갈아 가 며 찾아 구하는 것이 이미 정식定式으로 되어 있었는데, 올해에는 삼척三 陟이 그 차례에 해당되기 때문에 이준명이 울진蔚珍 죽변진竹邊津에서 배 를 타고 이틀낮밤 만에 돌아왔는데, 제주濟州보다 갑절이나 멀다고 한다 (『숙종실록』 숙종 28년 5월 기유).

⑤) 강원도 감사 조최수趙最壽가 아뢰기를, "울릉도의 수색 토벌을 금년에 마땅히 해야 하지만 흉년에 폐단이 있으니, 청컨대 이를 정지하도록 하소서" 하였는데, 김취로金取魯 등이 말하기를, "지난 정축년에 왜인들이 이 섬을 달라고 청하자, 조정에서 엄하게 배척하고 장한상張漢相을 보내어 그 섬의 모양을 그려서 왔으며, 3년에 한번씩 가 보기로 정하였으니, 이를 정지할 수가 없습니다" 하니, 임금이 이를 옳게 여겼다(『영조실록』 영조 11년 1월 갑신).

⑥) (홍봉한이) 또 아뢰기를, "울릉도鬱陵島는 지역이 왜인의 지경과 가깝기 때문에, 물산物産을 사사롭게 취하는 것을 금하는 법의法意가 매우 엄중한데, 근래에 듣건대 본도本島의 삼화蔘貨가 근처 고을에서 두루 통행되다가 현발現發되어 속공屬公한 것이 많이 있다고 합니다. 이는 지방관이 어두워서 살피지 못한 것이니 지극히 해연駭然합니다. 청컨대 삼척 부사三陟府使 서노수徐魯修를 잡아다 추문해서 엄중하게 조처하소서" 하니, 그대로 따랐다(『영조실록』 영조 45년 11월 정미).

⑦) 강원 감사 홍명한洪名漢을 체차遞差하도록 명하였다. 당초에 울릉도鬱陵島에 인삼을 캐는 잠상潛商을 삼척영장三陟營將 홍우보洪雨輔가 염탐하여 붙잡았는데, 추잡한 비방이 많이 있었다. 일이 발각되어 홍우보가 죄를 받아 폄출貶黜되었었는데, 이때에 이르러 홍명한이 서신書信을 왕래하여 참섭하였다는 것으로써 장령 원계영元啓英이 상소하여 논핵論劾하기를, "울릉도에 대한 금령禁令이 얼마나 엄중한 것인데, 강원 감사 홍명한은 그 집안의 무신인 삼척영장 홍우보와 몰래 서신을 왕래하여 사람들을 모아 몰래 들어가서 인삼을 채취한 것이 자그마치 수십근에 이르렀습니다. 지방관에게 현발現發되기에 이르러서는 금령을 범한 백성은 도내道內에 형배刑配하고 속공屬公한 인삼은 돌려주어 사사로이 팔았으며, 인하여 또 다른 일을 끌어대어 본관本官을 장파狀罷함으로써 미봉彌縫할 계책을 삼았으니, 이것은 이미 용서하기 어려운 죄입니다. 그 죄범罪犯을 논하면 진실로 영장보다 더한데, 가벼운 견벌譴罰이 단지 영장에게만 그치고, 주벌誅罰이 홍명한에게는 미치지 않았습니다. 국법國法이 행해지지 않는 것은 진실로 작은 일이 아니며, 훗날의 폐단도 또한 염려하지 않을 수 없습니다. 신의 생각에는 강원 감사 홍명한에게 빨리 삭직削職의 율을 시행하는 것이 옳다고 여깁니다" 하였다(『영조실록』 영조 45년 12월 정사).

⑧) 강원도 관찰사 심진현沈晉賢이 장계하였다. 「울릉도의 수토를 2년에 한번씩 변장邊將으로 하여금 돌아가며 거행하기로 이미 정식定式을 삼고 있기 때문에, 수토관 월송만호越松萬戶 한창국韓昌國에게 관문을 띄워 분부하였습니다. 월송 만호의 첩정牒呈에 '4월 21일 다행히도 순풍을 얻어서 식량과 반찬거리를 4척의 배에 나누어 싣고 왜학倭學 이복상李福祥 및

상하 원역員役과 격군格軍 80명을 거느리고 같은 날 미시쯤에 출선하여
바다 한가운데에 이르렀는데, 유시에 갑자기 북풍이 일며 안개가 사방
에 자욱하게 끼고, 우뢰와 함께 장대비가 쏟아졌습니다. 일시에 출발한
4척의 배가 뿔뿔이 흩어져서 어디로 가고 있는지 알 수 없었는데, 만호
가 정신을 차려 군복을 입고 바다에 기원한 다음 많은 식량을 물에 뿌
려 해신海神을 먹인 뒤에 격군들을 시켜 횃불을 들어 호응케 했더니, 두
척의 배는 횃불을 들어서 대답하고 한 척의 배는 불빛이 전혀 보이지
않았습니다. 22일 인시에 거센 파도가 점차 가라앉으면서 바다 멀리서
두 척의 배 돛이 남쪽에 오고 있는 것만을 바라보고 있던 참에 격군들
이 동쪽을 가리키며 "저기 안개 속으로 은은히 구름처럼 보이는 것이
아마 섬 안의 높은 산봉우리일 것이다" 하기에, 만호가 자세히 바라보
니 과연 그것은 섬의 형태였습니다. 직접 북을 치며 격군을 격려하여 곧
장 섬의 서쪽 황토구미진黃土丘尾津에 정박하여 산으로 올라가서 살펴보
니, 계곡에서 중봉中峰까지의 30여 리에는 산세가 중첩되면서 계곡의 물
이 내를 이루고 있었는데, 그 안에는 논 60여 섬지기의 땅이 있고, 골짜
기는 아주 좁고 폭포가 있었습니다. 그 왼편은 황토구미굴黃土丘尾窟이
있고 오른편은 병풍석屛風石이 있으며 또 그 위에는 향목정香木亭이 있는
데, 예전에 한 해 걸러씩 향나무를 베어 갔던 까닭에 향나무가 점차 듬
성듬성해지고 있습니다.

　24일에 통구미진桶丘尾津에 도착하니 계곡의 모양새가 마치 나무통과
같고 그 앞에 바위가 하나 있는데, 바닷속에 있는 그 바위는 섬과의 거
리가 50보쯤 되고 높이가 수십 길이나 되며, 주위는 사면이 모두 절벽이
었습니다. 계곡 어귀에는 암석이 층층이 쌓여 있는데, 근근이 기어 올라
가 보니 산은 높고 골은 깊은데다 수목은 하늘에 맞닿아 있고 잡초는 무
성하여 길을 헤치고 나갈 수가 없었습니다.

　25일에 장작지포長作地浦의 계곡 어귀에 도착해보니 과연 대밭이 있는
데, 대나무가 듬성듬성할 뿐만 아니라 거의가 작달막하였습니다. 그중
에서 조금 큰 것들만 베어낸 뒤에, 이어 동남쪽 저전동楮田洞으로 가보니
골짜기 어귀에서 중봉에 이르기까지 수십리 사이에 세 곳의 널찍한 터
전이 있어 수십 섬지기의 땅이었습니다. 또 그 앞에 세 개의 섬이 있는
데, 북쪽의 것은 방패도防牌島, 가운데의 것은 죽도竹島, 동쪽의 것은 옹
도瓮島이며, 세 섬 사이의 거리는 1백여 보에 불과하고 섬의 둘레는 각각
수십 파把씩 되는데, 험한 바위들이 하도 쭈뼛쭈뼛하여 올라가 보기가
어려웠습니다.

　거기서 자고 26일에 가지도可支島로 가니, 너댓 마리의 가지어可支魚가
놀라서 뛰쳐나오는데, 모양은 무소와 같았고, 포수들이 일제히 포를 쏘
아 두 마리를 잡았습니다. 그리고 구미진丘尾津의 산세가 가장 기이한데,

계곡으로 십여 리를 들어가니 옛날 인가의 터전이 여태까지 완연히 남
아 있고, 좌우의 산곡이 매우 깊숙하여 올라가기는 어려웠습니다. 이어
죽암竹巖・후포암帿布巖・공암孔巖・추산錐山 등의 여러 곳을 둘려보고
나서 통구미桶丘尾로 가서 산과 바다에 고사를 지낸 다음, 바람이 가라앉
기를 기다려 머무르고 있었습니다.

대저 섬의 둘레를 총괄하여 논한다면 남북이 70, 80리 남짓에 동서가
50, 60리 남짓하고 사면이 모두 층암절벽이며, 사방의 산곡에 이따금씩
옛날 사람이 살던 집터가 있고 전지로 개간할 만한 곳은 도합 수백 섬지
기쯤 되었으며, 수목으로는 향나무・잣나무・황벽나무・노송나무・뽕
나무・개암나무, 잡초로는 미나리・아욱・쑥・모시풀・닥나무가 주종
을 이루고, 그 밖에도 이상한 나무들과 풀은 이름을 몰라서 다 기록하기
어려웠습니다. 우충으로는 기러기・매・갈매기・백로가 있고, 모충으로
는 고양이・쥐가 있으며, 해산물로는 미역과 전복 뿐이었습니다.

30일에 배를 타고 출발하여 새달 8일에 본진으로 돌아왔습니다. 섬
안의 산물인 가지어 가죽 2벌, 황죽 3개, 자단향紫檀香 2토막, 석간주石間
朱 5되, 도형圖形 1벌을 감봉監封하여 올립니다' 하였으므로, 함께 비변사
로 올려보냅니다」(「정조실록」 정조 18년 6월 무오).

이상을 통해서 볼 때 숙종조 이후 울릉도의 수토는 매 2년, 혹은 3년
마다 월송만호와 삼척영장이 교대로 한번씩 하였음을 알 수 있다. 울
릉도를 속도로 거느리고 있는 울진현령을 파견하지 않고 삼척첨사와
월송만호를 파견한 것은 아마 울릉도 수토에 수군의 동원이 필요하였
기 때문일 것이다. 수군첨절제사水軍僉節制使가 있는 삼척과 함께 울릉도
에 파견된 월송만호는 평해군의 동쪽 7리에 있는 월송포영越松浦營을 말
함인데, 여기에는 수군만호水軍萬戶 1명이 있다.28) 조선전기에 삼척에
진鎭이 설치되면서 울진은 하긴下緊이 되었다. 세조대 지방군제가 진관
체제로 정비되면서 삼척에는 포진浦鎭,29) 울진지역에는 울진포영蔚珍浦
營과 월송포영越松浦營이 설치되었다.30) 임진왜란 후 왜구의 침입이 없

---

28) 「신증동국여지승람」 권45, 강원도 평해군 관방.
29) 「신증동국여지승람」 권44, 강원도 삼척도호부 관방 삼척포진.
30) 「신증동국여지승람」 권45, 강원도 울진현 관방 울진포영 및 「신증동국여지
　　승람」 권45, 강원도 평해군, 관방 월송포영.

어졌음에도 불구하고, 삼척과 월송에는 포진과 포영이 남아 있었던 반면에, 울진포영은 언제부터인가 그 기능이 약화되면서 폐쇄되었다.[31] 따라서 울진포영의 만호도 없어졌기 때문에 당시의 울릉도 수토는 월송포영에 주둔하고 있던 만호와 삼척첨사가 번갈아 수행할 수밖에 없었다.

숙종대부터 지속된 울릉도 수토를 위해 이들은 어디에서 출발하고 어디로 귀환했을까? 자료 J-④)에 나타나듯이, 삼척첨사는 울진의 죽변진竹邊津에서 출발하였다가 다시 그곳으로 귀환하였던 것 같다. 그리고 J-③)에서 보다시피 월송만호는 대개 월송 바로 옆 마을인 구산포邱山浦에 위치하고 있는 대풍헌待風軒에 머물다가 이곳에서 출발하고 이곳으로 돌아왔다.[32] 이처럼 울릉도 수토를 위한 출발과 귀착은 울진지역에서 이루어지고 있었음을 알 수 있다.

현재 경북 울진군 기성면箕城面 구산리邱山里 중심에 위치한 기와집 동사洞舍의 대청 문 앞에 '대풍헌待風軒'이란 편액이 걸려 있다. 월송만호가 울릉도를 수토할 때 출발지로 되어 있는 구산포의 이 대풍헌에서 며칠 동안 순풍을 기다려 출발하였는데, 순풍을 만나면 항해가 순조로워 2~3일 뒤에 울릉도에 도착하였다고 한다. 그리고 돌아올 때에도 이곳으로 왔다고 한다. 그 과정에서 파생된 많은 역사의 자취가 이 고색 짙은 대풍헌待風軒의 현판에 그대로 각인되어 있다.[33]

---

31) 이병휴, 「울진지역과 울릉도·독도와의 역사적 관련성」, 『울릉도·독도 동해안 주민의 생활구조와 그 변천 발전』, 영남대민족문화연구소편, 영남대출판부, 2003, 284~285쪽 참조.
32) 이 자료의 원문 "江原道越松萬戶田會一 搜討鬱陵島 還泊待風"을 현재 국사편찬위원회의 국역 자료는 "강원도 월송만호 전회일이 울릉도를 수토하고 바람을 기다리느라고 정박해 있으면서"라고 해석하고 있지만 오역이다. "전회일이 울릉도를 수토하고 대풍(헌)에 돌아와 머물면서"라고 해석해야만 한다. 울릉도에서 돌아온 마당에 바람을 기다린다는 것은 맞지 않다.
33) 울진군, 『울진군지』, 2001, 572쪽. 유형문화재(6) 대풍헌.

대풍헌에는 '완문完文'과 '수토절목搜討節目'의 내용이 담긴 고문서가 보관되어 있다.[34] 이 중 전자는 신미년이고, 후자는 전자보다 12년 늦은 계미년으로 간지가 표기되어 있는데, 전자는 1811년이나 1871년으로, 후자는 1823년이나 1883년으로 추정해 볼 수 있다. 보존상태가 양호하기 때문에 그 시기를 훨씬 소급할 수도 있을 것 같으나, 연대를 확정하기는 어렵다.

전자는 삼척첨사와 월송만호가 3년에 한번씩 울릉도를 수토할 때 구산포에서 출발하여 그곳으로 돌아오는 행차와 관련된 것이다. 그들은 순풍을 기다리기 위해 '대풍헌'에서 머물곤 하였다. 이때 유숙하는 기간이 길어지는 경우가 많아서 접대하는 비용이 만만치 않았다. 그래서 관아에서는 그 경비를 9개 연해 촌락에 풀어 거기서 생긴 이식으로 충당하였다. 그 과정에서 촌락의 동세洞勢가 각기 달라서 민원이 자주 일어나므로 관아에서 그 해결방안을 논의하여 결정한 내용을 이 문서에 담고 있다.[35] 이러한 일의 처리는 '존위'를 비롯한 '동임'에 의해 이루어졌다는 사실도 파악된다.[36]

후자는 전자에서 정한 각 동洞의 비용이 많아서 지탱하기 어렵다 하여 각 동 대표들이 모여 의논한 결과를 적은 것이다. 그 내용은 상선商船뿐만 아니라, 어선과 미역藿物을 실은 배가 선적물을 진두津頭에 하륙下陸할 때, 전국의 해안에서 수세受賣하는 수준의 세貰를 받자는 것이다. 민폐를 없애고 울릉도 수토시의 경비도 원활히 마련할 수 있는 이 같은 방안의 실행조건을 절목節目으로 만든 것이다.[37] 이 '대풍헌'의 '완

---

34) 권삼문, 「울진의 고문서」(『향토문화』 11·12, 향토문화연구회, 1997, 209~217쪽)에 이 '完文'과 '搜討節目'의 내용이 자세히 소개되어 있어서 '대풍헌'의 기능을 이해하는 데 도움이 된다.
35) '완문'에 나오는 9개의 연해 촌락은 表山洞·烽燧洞·松峴洞·直古洞·狗巖洞·巨逸洞·浦次洞·也音洞·邱山洞이다.
36) 권삼문, 앞의 논문, 213~215쪽에서 발췌하여 재정리하였다.

문' 및 '수토절목'은 삼척첨사나 월송만호의 울릉도 수토를 위해 만들어진 것들이라는 사실을 통해 두 지역의 관련성을 짐작할 수 있다.

울릉도 태하리에는 유인등대가 있고, 그 아래에 '대풍령待風嶺'이라는 고개가 있다. 이 고개 밑은 깊은 바다이다. 이곳은 옛날부터 배가 많이 드나들었는데, 이 배들을 매어두기 위해 이곳에 구멍을 뚫었다. 당시의 배들은 거의가 범선이기 때문에 바람이 불어야 항해가 가능하였으므로 바람을 기다린다고 해서 '대풍령'이라고 하였다. 이 언덕에는 작은 구멍뿐만 아니라 큰 굴이 있었는데, 이 굴이 옛날에는 육지와 연결되어 있었다고 한다. 이 굴을 이용하여 큰 도둑들이 이곳의 보물을 많이 훔쳐 가기 때문에 이를 보다 못한 어떤 도인道人이 도술로 막아 버렸다고 한다.38) 이 전설을 통해 다음과 같은 사실을 알 수 있다. 먼저, 이 굴이 위치한 태하리는 조선시대에 울릉도를 수토하러 갈 때 주로 상륙하였던 곳으로 짐작되고 있다. 즉, 경북 울진군 기성면 구산리에 위치한 대풍헌에 기다리면서 날씨를 보아서 구산포에서 울릉도로 출발하였고, 울릉도의 대풍감에 도착하여 수토를 한 후 다시 이곳을 출발하여 대풍헌이 있는 구산포로 돌아왔을 것이다. 요컨대, 이곳은 울진군 기성면에 있는 구산포와 연결되어 있던 울릉도의 대표적인 나루였던 셈이다.39)

삼척첨사가 파견된 구체적 사례가 울릉도에서 확인되는데, 그것은 바로 태하리의 각석문과 1936년 도동항 수축공사지에서 발견된 각석을 들 수 있다. 우선 전자에는 영조 11년(1735)에 수토관 삼척영장 구억具億 군관軍官 최린崔燐 왜학倭學 김선의金善義가 순찰한 각석문이고, 후자의 각석문에는 수토관인 절충장군삼척영장겸첨절제사折衝將軍三陟營將兼

---

37) 권삼문, 앞의 논문, 215~217쪽에서 발췌하여 재정리하였다.

38) 이 전설의 내용은 앞의 『울릉군지』, 381쪽에 소개되어 있는 것을 발췌하였다.

39) 이병휴, 「울진지역과 울릉도·독도와의 역사적 관련성」 『울릉도·독도 주민의 생활구조와 그 변천 발전』, 영남대학교 민족문화연구소 편, 영남대출판부, 2003.

僉節制使 박석창朴錫昌의 이름과 이를 수행한 군관 절충 박성삼朴省三·절충 김수원金壽元, 왜학 한량 박명일朴命逸, 군관 한량 김원성金元聲·도사공 최분崔粉 강릉통인 김만金蔓, 영리 김사흥金嗣興, 군색 김효량金孝良, 중방 박일관朴一貫, 급창 김시운金時云, 고직 김심현金芯玄, 식모 김세장金世長, 노자 김예발金禮發, 사령 김을태金乙泰 등의 명단이 보인다. '신묘 5월辛卯五月'이라는 간지만이 전하지만, 그가 1711~1712년 삼척영장으로 재임한 사실로 보아[40] 신묘년은 숙종 37년(1711)으로 확인된다.

<사진 6> 울릉도 도동리 신묘명 각석문
(울릉도 도동 축항공사장 ; 구 어업창고 자리에서 발견, 현재 독도박물관내
항토사료관에 보관 전시중. 높이 75cm 너비 57cm 윗면 너비 34cm)

박석창은 울릉도를 수토한 후 지도를 그려 바쳤다. 이 지도가 현재 서울대학교 규장각에 『울릉도도형』(규12166)이란 이름으로 소장되어 있다. 이 지도의 옆에는 당시 수토와 관련된 기록이 있는데, 그 전문은 다음과 같다.

---

40) 『승정원일기』 숙종 36년 9월 27일(무오).

신묘년 3월 14일에 왜선창에서 대풍소로 배를 옮기고, 한 구절을 써서 표식을 만들어 후일에 상고하도록 했다(나무에 새겨 동쪽 방향의 바위 위에 세워 놓았다).

만리나 되는 푸른 바다에
장군으로 계수나무 배를 타도다
평생을 충성과 신의를 다했으니
험난함을 겪어도 걱정이 없노라.

수토관 절충장군삼척영장겸수군첨절제사 박석창
군관 박성삼 김수원
왜학 박명일[41]

<그림 2> 박석창의 『울릉도도형』(서울대학교 규장각 소장),
『문화 역사지리』 18권1호, 86쪽.

---

41) 박석창, 『울릉도도형』 서울대학교규장각 소장(규12166), "辛卯五月十四日 自倭
船倉移舟待風所 拙書一句以標日後 刻木立於卯方岩上 萬里滄溟外 將軍駕桂舟
平生伏忠信 履險自無憂 搜討官 折衝將軍三陟營將兼水軍僉節制使朴錫昌 軍官
折衝朴省三 金壽元 倭學 朴命逸". 이 글은 지도의 좌측에 기록된 것이다. 지
도의 하단에는 비변사의 도장이 있다. 이 지도에 관해서는 오상학, 「조선시
대 지도에 표현된 울릉도·독도 인식의 변화」(『문화역사지리』 제18권 1호, 한국문화
역사지리학회, 2006, 86~87쪽)에 분석되어 있다.

지도에 의하면 '각석입표석刻石立標石', '각판입표刻板立標'가 구분 표시 되어 있는 것으로 보아 전자가 도동항에서 발견된 것이고, 후자가 태하항 대풍소에 나무로 새긴 것이라고 볼 수 있다. 이 경우 '왜선창'은 아마도 도동항을 가리키는 것이 아닌가 한다. 일본인들은 기록에 의하면 주로 도동항을 통해 울릉도에 들어왔다. 그렇기 때문에 '왜선창'은 도동항을 가리키는 것으로 보아야 하고, 실제 박석창의 지도를 통해서도 이것이 확인된다.[42]

또 서면 태하항 물양장 시설로 제거되었다는 이경정과 정재천의 각석문이 있다.[43] 태하항 입구 우측 암벽에 있었다고 한 이 각석의 내용은 다음과 같다.

營將 鄭在天 知印 鄭和吉 安應辰 陪吏 金永祐
道光辛卯 營將 李慶鼎 配行 薛永浩 李漢郁 田光周

이 각석문을 통해서는 영장 정재천과 이경정의 이름을 확인할 수 있다. 그런데 지금까지는 김원룡[44]에 의해 "도광신묘는 순조 31년(1831)인데, 이 해는 영장 이경정이 왔다간 것이고, 앞에 나오는 영장 정재천 일행은 그보다 먼저 왔다 간 모양이나 연대가 없다"고 하는 언급만 있었지, 그 이상의 논의는 없었던 것 같다.

아쉽게도 『실록』 등에 의해서도 이 시기와 관련하는 기록은 찾을 수 없다. 그러나 『관동읍지』에서 영장 정재천은 1846년 7월부터 1847년 6월까지, 그리고 뒤에 나오는 영장 이경정은 1830년 3월에서 6월까지

---

42) 이규원의 울릉도검찰일기에는 '천부', 즉 '예선창'을 '왜선창'이라고 기록하고 있다.

43) 이에 관해서는 김원룡, 『울릉도』, 국립박물관고적조사보고 제4책, 1963 및 울릉군, 『울릉군지』, 1989 ; 이승진, 「울릉도 역사의 새로운 발견―세 가지 각석문의 검토」 『울릉문화』 5 등에 분석되어 있다.

44) 김원룡, 앞의 책, 65쪽.

삼척영장으로 근무하였다는 기록이 확인되었다.[45)

그러므로 이경정이 1830년에 수토관으로 울릉도를 다녀갔으며 1847년 봄에 정재천이 그의 수토 사실을 이경정의 각문이 있는 암벽의 빈 자리에 새로이 각자한 것으로 생각된다.

이 각석문은 "물양장시설로 제거되었다"[46)고 한다. 결국 '삼척영장 이경정 및 정재천 각석문'은 사진 한 장만을 남기고 '개발의 역사' 속으로 사라져버렸다. 태하리 항구의 좌우 양측의 암벽에는 많은 각석들이 있었다고 한다. 이것들 모두가 개발의 과정에서 사라져 버렸다.

조선시대 울릉도 순심과 수토를 행한 지방관 가운데 지금까지 그 이름이 전하는 자를 열거하면 다음과 같다.

<표 1> 조선시대 울릉도 순심·수토관

순심·수토 관명	관직명	수토 연대	수행인 및 물품	수토내용	전 거
김인우	무릉등처 안무사	태종 16년	반인 이만, 병선 2척, 초공 2명, 인해 2명, 화통·화약과 양식	토산물과 주민 3명 쇄출, 호 15구, 남녀 86명 확인	『태종실록』 태종 16년 9월 경인 및 17년 2월 임술
김인우	안무사	태종 17년	병선 2척, 강원도 내 수군 만호와 천호 중 유능한 자 선발 간택 수행토록 함	울릉거민 쇄출목적	『태종실록』 태종 17년 2월 을축
김인우	우산 무릉등처 안무사	세종 7년	병선 2척	강원도 피역남녀 20인 쇄환, 수군 평해인 장을부 등 46인 탄 배 태풍 만나 36인 익사	『세종실록』 세종 7년 8월 갑술 및 10월 을유·신묘, 12월 계사
남회·조민	무릉도순심경차관	세종 20년		포획 남녀 66명	『세종실록』 세종 20년 4월 갑술 및 7월 무술

---

45) 이승진, 앞의 글, 80쪽. 이경정과 각석의 연대에 1년 차이가 보인다. 어느 것이 정확한지 알 수 없다.

46) 울릉군, 『울릉군지』, 1989.

				임란 잔여병 및 조선 유민 수토 목적으로 가다가 사전에 알고 도 망쳐버려 뱃길을 돌려 돌아오다가 풍랑 만나 대부 분 익사	
김연성	삼척영장	광해군 5년	갑사 180명과 포수 80명	임란 잔여병 및 조선 유민 수토 목적으로 가다가 사전에 알고 도 망쳐버려 뱃길을 돌려 돌아오다가 풍랑 만나 대부 분 익사	『송호실적』
장한상	삼척첨사	숙종 20년		울릉도 형세 파악	『숙종실록』 숙종 20년 8월
전회일	월송만호	숙종 25년		울릉도 수토, 지형 및 토산물 바침	『숙종실록』 숙종 25년 7월
이준명	삼척영장	숙종 28년	왜역 최재홍	울릉도 도형과 자 단목 등 토산물 바침	『숙종실록』 숙종 28년 5월 기유
박석창	절충장군 삼척영장겸 첨절제사	숙종 37년	군관 절충 박성삼·절충 김수원, 왜학 한량 박명일, 군관 한량 김원성·도사 공 최분, 강릉통인 김만, 영리 김사흥, 군색 김효량, 중방 박일관, 급창 김시 운, 고직 김심현, 식 모 김세장, 노자 김 예발, 사령 김을태		도동항 수축공사장 발견 각석
구 억	삼척영장	영조 11년	군관 최린, 왜학 김 선의		태하리 각석
홍우보	삼척영장	영조 45년		사람 모아 몰래 들어가 인삼 채취 하여 폄출됨	『영조실록』 영조 45년 12월 정사
한창국	월송만호	정조 18년	배 4척, 왜학倭學 이 복상李福祥 및 상 하 원역員役과 격 군格軍 80명		『정조실록』 정조 18년 6월 무오
김최환	삼척영장	순조 1년			태하좌안 해안석벽 각석문
이보국	삼척영장	순조 4~5년			태하좌안 해안석벽 각석문
이경정	삼척영장	순조 30년 혹은 순조 31년	배행 설영호, 이한 욱, 전광주		태하항입구 우측 암 벽 각석 『관동읍지』

정재천	삼척영장	헌종 12~13년 사이	지인 정길화, 안응진, 배리 김영우		태하항입구 우측 암벽 각석『관동읍지』

　쇄환, 혹은 수토정책의 대상에는 울릉도 뿐만 아니라 독도도 포함되었다. 그것은 태종, 세종조 울릉도 쇄환에 나선 김인우를 '무릉등처안무사武陵等處按撫使'로 파견한 것이나[47] "김인우를 안무사로 삼아 도로 우산·무릉 등지에 들어가서 그곳 주민을 거느리고 육지로 나오게함이 마땅하다"고 한 기록[48]에서도 확인된다. 1694년 수토관으로 파견된 장한상의 『울릉도사적』에 독도에 관한 다음과 같은 묘사가 나온다.

> K) 동쪽으로 5리 쯤에 한 작은 섬이 있는데, 고대高大하지 않으며 해장죽海長竹이 한쪽 면에 무더기로 자라고 있다. 비 개고 안개 가라앉는 날 산으로 들어가 중봉中峯에 오르면 남북 양봉兩峯이 높다랗게 마주보고 있는데 이를 삼봉三峯이라고 한다. 서쪽을 바라보면 대관령의 구불구불한 모습이 보이고 동쪽을 바라보면 바다 가운데 한 섬이 보이는데 아득히 진방辰方에 위치하며 그 크기는 울도의 3분의 1 미만이고 (거리는) 삼백여 리에 불과하다.[49]

　동쪽 5리쯤의 해장죽이 있는 한 작은 섬은 아마도 현재의 죽도를 가리키는 것일 것이다. 그리고 비 개고 안개 가라앉는 날, 진방에 아득히 보이는 섬은 독도일 것이다.

　진방辰方의 방위는 동남동인데 독도는 울릉도의 동남동에 위치하고 있다. 비록 크기는 과장되어 있지만 장한상이 확인한 이 섬은 바로 독도를 가리키는 것이다. 장한상이 독도를 이렇게 정확하게 관찰할 수 있었던 것은 울릉도에 입도한 시점이 현재 울릉도에서 독도를 관찰하

---

47)『태종실록』태종 16년 9월 경인.
48)『태종실록』태종 17년 2월 을축.
49) 張漢相,『鬱陵島事蹟』.

기에 가장 적절한 가을 청명한 날에 해당하는 시점이기 때문이다.[50] 조선조 울릉도 입도한 관인들의 대다수는 입도하기에 가장 좋은 봄에 해당하는 4, 5월에 입도하였다. 그러나 이때 독도를 보기는 쉽지 않다. 그에 반해 장한상이 입도한 가을날은 입도하기에는 태풍 등 때문에 어려움이 있다. 그렇지만 맑은 날 독도를 관찰하기에는 가장 적절한 시기이기 때문에 독도를 관찰할 수 있었던 것이다. 그는 울릉도에 들어가기 이전부터 독도에 관한 정확한 인지를 하고 있었기 때문에 그것을 확인하여 기록에 남긴 것이다. 독도에 관한 첫 기록인 『세종실록지리지』의 기록, "두 섬(우산·무릉도)이 서로 떨어짐이 멀지 않아 풍일이 청명하면 바라볼 수 있다"는 내용을 울릉도 수토관이 확인하여 문헌에 남긴 최초의 기록이다. 장한상이 울릉도 수토관으로 들어간 숙종 20년은 안용복 사건이 처음 일어난 바로 이듬해이기 때문에 장한상이 독도에 관한 기록을 남길 수 있었을 것이다. 또 숙종 40년(1714)에 강원도 어사 조석명趙錫命이 영동 지방의 해방海防의 허술한 상황을 논하면서 올린 상소문 가운데,

포인浦人의 말을 상세히 들건대, '평해平海·울진蔚珍은 울릉도鬱陵島와 거리가 가장 가까와서 뱃길에 조금도 장애가 없고, 울릉도 동쪽에 섬이 서로 보이는데 왜경倭境에 접해 있다'고 하였습니다.[51]

---

50) 숙종 20년(1694) 9월 19일 6척의 배에 150여 명을 거느리고 삼척을 출발한 장한상 일행은 9월 20일부터 10월 3일까지 13일 동안 울릉도에 체류하여 조사 활동을 펼친 후 10월 6일 삼척으로 돌아왔다. 장한상의 『울릉도 사적』에 의하면 울릉도 심찰 결과를 산천·道里를 적어 넣은 지도와 함께 정부에 보고하였다. 그 요지는 왜인이 왕래한 흔적은 있으나 살고 있지는 않다는 것, 해로가 순탄하지 않아 일본이 횡점한다 하더라도 막기 어렵다는 것, 堡를 설치하려 하여도 땅이 좁고 큰 나무들이 많이 인민을 주접시키기 어렵다는 것, 토질을 알아보려고 麰麥을 심고 왔다는 것 등이다.

51) 『숙종실록』 숙종 40년 7월 신유, '보궐정오' "江原道御史趙錫命 論嶺東海防 疎虞狀 略曰 "詳聞浦人言 平海蔚珍 距鬱陵島最近 船路無少礙 鬱陵之東 島嶼

울릉도의 동쪽에 섬이 서로 보이는데 왜경과 접해 있다고 하여 당시 독도를 분명히 인지하고 이것으로서 일본과의 경계로 삼고 있다고 한 '포인浦人'은 실제 울릉도와 독도를 삶의 터전으로 삼았던 동해안 어부들이고, 그들은 간혹 풍랑으로 일본에 표류하기도 하였을 것이다. 위 기록은 그런 삶의 경험이 배어 있는 언급이다.

숙종조 이후 안용복 사건을 인지하고 있는 수토관들은 독도에 대한 조사를 하였을 것이다. 그러나 대부분 장한상처럼 중앙정부의 독도 시찰 지시를 풍랑 등이 겁이 나서 그냥 울릉도에서 확인하는 정도에 그쳤기 때문에 실록 등에 그에 관한 언급이 없을 뿐이다.

앞에서 살펴본 박석창의 「울릉도도형」 지도에서 주목을 끄는 것은 울릉도 동쪽 해안에 그려진 섬이다. '해장죽전海長竹田'이라는 글귀와 함께 '소위우산도所謂于山島'로 표기되어 있다. 이 기록에 의거해 이 섬을 독도에 비정하여 울릉도의 부속도서 독도에 대한 인식이 더욱 명확해졌다고 보기도 한다.52) 그러나 이 섬이 그려진 위치와 '바닷가에 길게 죽전이 있다'는 주기로 볼 때, 울릉도 본 섬에서 4km 떨어진 죽도로 추정하기도 한다. 울릉도의 부속도서로서 죽전이 길게 형성될 수 있는 섬은 지금의 죽도 이외에는 없기 때문이다. 최근에도 섬 주위로 죽림竹林이 우거져 있었다는 사실로 보더라도 이 섬을 독도에 비정하는 것은 무리라고 판단된다는 것이다. 이 경우 박석창은 울릉도의 수토 과정에서 부각되었던 우산도(일본에서 부르는 송도)를 독도가 아닌 죽도에 비정하는 오류를 범했다고 볼 수 있다. 당시 울릉도의 수토가 울릉도

相望 接于倭境". 그런데 국편의 최근 번역에는 이것을 "浦人의 말을 상세히 들건대, '平海 · 蔚珍은 鬱陵島와 거리가 가장 가까와서 뱃길에 조금도 장애가 없고, 울릉도 동쪽에는 섬이 서로 잇달아 倭境에 접해 있다'고 하였습니다"라고 잘못 번역하고 있다.

52) 서울대학교도서관,『규장각한국본도서해제 사부 4』, 1984 ; 배우성,『조선후기 국토관과 천하관의 변화』일지사, 1998.

의 내부와 주변 해안을 중심으로 행해졌기 때문에 독도까지 탐사하고 명확하게 인지하기는 쉽지 않았다는 것이다. 따라서 울릉도의 인근 섬으로는 가장 크면서 평지가 있는 죽도를 우산도라 생각했던 것이다. 그러나 지도에 그려진 우산도가 독도인가 아닌가를 떠나 중요한 사실은 우산도가 울릉도의 서쪽에 그려지던 조선전기적 전통에서 탈피하여 울릉도의 동쪽에 그려지기 시작했다는 사실이다. 이는 울릉도·우산도의 인식의 획기적인 전환으로 안용복의 도일 사건을 계기로 새롭게 인식되었다는 것이다.[53]

『비변사등록』의 숙종 22년 1월에서 24년 12월까지의 기록이 없어진 것을 일본이 없앴을 것이라는 추정이 있다. 여기에 안용복의 공초나 울릉도귀속문제(소위 '죽도일건')가 실려 있을 것이라는 추정이 제기된 바가 있는데,[54] 그렇다면 그 속에 이 당시 울릉도 수토관들의 '독도' 관련 기록이 있었을지도 모른다.

---

53) 오상학, 앞의 글, 87~88쪽 참조.
54) 송병기, 『울릉도와 독도』, 단국대학교출판부, 1999, 159쪽.

제4장 근대 일본의 독도·울릉도 침탈에 대한 대응

1. 1883년 울릉도 개척령 공포의 시말

이규원이 울릉도를 검찰한 보고를 토대로 울릉도에 대한 설읍이 이루어지기 전까지 울릉도의 정책을 이른바 '공도정책'으로 부른다. 그러나 울릉도에 대한 조선왕조의 정책은 공도정책이 아니라 울릉거민이 존재한다는 것을 전제로 한 쇄환정책, 혹은 수토정책이었다. 이러한 쇄환, 혹은 수토정책은 태종·세종조를 전후한 시기에 무릉등처안무사武陵等處安撫使로 활약한 김인우金仁雨의 건의에서부터 시작되었다. 특히 숙종조 이후 울릉도의 수토는 매 2, 3년마다 월송만호와 삼척영장이 교대로 한번씩 하였지만 실제 현지 바다사정 등을 빌미로 수토가 지연되기도 하고 형식적으로 행해지기도 하였다. 이로 인해 동해안 및 남해안 변민邊民들의 울릉도·독도와 그 근해로의 출어와 벌목을 근원적으로 막을 수 없었다. 그러면 조선정부의 수토정책에 따른 금압과 왜구의 분탕질 속에서도 울릉도로의 입도가 계속되어 울릉거민鬱陵居民이 존재하는 이유가 무엇인가? 다음의 자료를 통해 살펴보기로 한다.

(갑술 2월) 예조에서 대마태수 평의륜平義倫에게 답서하기를 "울릉은 강원도 울진현의 동쪽 바다 가운데에 위치하는데, 풍파가 위험하고 뱃길이 불편하여서 중년에 거기에 있는 백성을 이주시키고 비워두고 때로 공차公差를 보내어 내왕하여 수색케 하였습니다. …" 하였다. 당시 묘의廟議는 변민邊民이 울릉도에 마구 들어가는 것을 엄하게 막아야 한다고 생각하고 상에게 아뢰기를, "동해 바닷가는 토질이 모래와 자갈이 많아 경작할 수 없어 바닷가 백성들은 오직 고기잡이, 벌채로 생활해 나가고 있는데, 울릉도에는 큰 대와 전복이 나므로 연해 고기잡이하는 사람들은 금함을 무릅쓰고 이익을 탐하여 무상으로 출입하고 있습니다. 비록 일체 금단하려 하나 그 형세가 어쩔 수 없습니다. 마땅히 보이는 대로 징치해야 하며 만일 경율經律로 한다면 일후의 폐를 막을 수 없습니다" 하자, 상이 "어민들의 생활방편에 관계되느니만큼 몹시 금지시키기 어려우니, 다만 그 가운데서 우두머리와 따라간 자를 나누어 배 주인이나 뱃사공은 정배定配하고 나머지는 곤장을 때려 돌려 주라"고 명하였다.[1]

농경지가 부족한 동해안민들이 오직 고기잡이와 벌채로 생활해 나가기 때문에 큰 대와 전복이 나오는 울릉도로 금함을 무릅쓰고 이익을 탐하여 무상으로 출입하고 있는 현실이므로 비록 일체 금단하려 하나 그 형세가 어쩔 수 없다고 한다. 위 사료를 통해 조선시대 수토정책하에서도 바닷가 백성들이 피역인이라는 범법자의 굴레를 덮어써 가면서까지 울릉도와 독도 해역을 그들의 삶의 터전으로 일구어가고 있었음을 알 수 있다.

1868년 덕천막부德川幕府가 무너지고 명치明治 유신정권이 수립된 직후, 일본 외무성은 조선 사정을 내탐하기 위해 1869년 12월 좌전백모佐田白茅·삼산무森山茂 등을 조선에 파견하였다. 이때 조사 사항 속에 '죽도(울릉도)와 송도(독도)가 조선부속으로 되어 있는 시말'을 넣어 조사할 것인가를 태정관太政官에게 결정해줄 것을 청하였다. 태정관 역시 '죽도와 송도가 조선부속으로 되어 있는 시말'을 조사해오라고 결정하여 지시하였다.[2] 이 자료는 죽도와 송도가 조선부속임을 일본 외무성과 태

---

1) 李盟休, 『春官志』 鬱陵島 爭界.

2) 日本 外務省調査部編, 『日本外交文書』 제2권 제3책, 문서번호 574, 1869년 11월 11일자, <外務省ヨリ太政官ヘノ伺書> 및 <朝鮮國ヘノ派遣員ニ對スル査事

정관이 잘 인지하고 있었음을 명백하게 보여주는 공문서이다.[3]

또 일본 내무성은 1876년에 전국의 지적을 조사하고 지도를 만들기 위해 각 현에 조사를 지시하였다. 이때 도근현島根縣은 죽도(울릉도)와 송도(독도)를 자기 현의 지도와 지적 조사에 포함시킬 것인가의 여부를 내무성에 질의하였다. 일본 내무성은 5개월 남짓 17세기말 조선과 왕복한 관계문서 등을 조사한 후에, 이 문제는 이미 원록元祿 12년(1699)에 끝난 문제로 죽도와 송도는 조선 영토이므로 '일본은 관계가 없다'고 결론을 내리고 울릉도와 독도를 일본지적도와 시마네현 지도에서 빼기로 하였다.[4] 일본 내무성은 이것을 국가최고기관인 태정관에게 최종 질의하여 결정할 필요가 있다고 판단하고 그 결정을 물었다. 이에 대하여 태정관 역시 "품의한 취지의 죽도 외 1도의 건에 대하여 본방本邦(일본)은 관계가 없다[無]는 것을 심득心得할 것"이라는 지령문을 1870년 3월 20일자로 결정하였다.[5] 죽도와 송도를 도근현島根縣의 지도와 지적 조사에 포함시키지 말라는 지령문은 1877년 4월 9일자로 도근현島根縣에 송달되었다.[6]

조선시대 내내 쇄환과 수토정책에도 불구하고 울릉도에는 항상 사람들이 들어가 살았다.

앞에서 살펴본 바와 같이 정부의 수토와 왜구의 분탕질 속에서도 불구하고 울릉도에 사람들이 끊임없이 들어간 이유는 "동해 바닷가는 토질이 모래와 자갈이 많아 경작할 수 없어 바닷가 백성들은 오직 고기

項指令ニ之二對スル太政官ノ決定>, 265~268쪽 및 『日本外交文書』 제3권 사항 6, 문서번호 87, 1870년 4월 15일자, <外務省出仕佐田白茅等ノ朝鮮國交際始末內探書>, 『朝鮮國交際始末內探書』, 137쪽.

3) 신용하, 『한국의 독도영유권 연구』, 경인문화사, 2006, 350~351쪽 참조.

4) 『公文錄』 內務省之部 1, 1877년 3월 17일조, <日本海內竹島外一島地籍編纂方何>.

5) 『公文錄』 內務省之部 1, 1877년 3월 20일조, <太政官指令文書>.

6) 신용하, 앞의 책, 351~352쪽 참조.

잡이, 벌채로 생활해 나가고 있는데, 울릉도에는 큰 대와 전복이 나므로 연해 고기잡이하는 사람들은 금함을 무릅쓰고 이익을 탐하여 무상으로 출입하였던" 것이다. 이 때문에 울릉도 및 독도 근해에는 조선인들만 고기잡이와 벌채를 위해 입도한 것이 아니라 일본인들도 출어하거나 밀입하여 고기를 잡고 나무를 도벌해갔다. 그것은 조선정부의 수토정책이 옳게 시행되지 않았기 때문이다.

수토정책은 울릉도에 입도한 동해안 어민들의 쇄환에 주목적이 있기 보다는 일본으로 하여금 울릉도가 우리 땅임을 확인시키고자 하는데 주된 목적이 있었던 것이고, 부차적으로 울릉도에 들어간 어민들로부터 조세수취와 역역 동원을 제대로 할 수 없었기 때문에 다시 그들을 육지로 데려오는 정책이었다.[7] 이들은 피역의 무리이기 때문에 본토로부터의 조세수취와 역역동원을 피해 울릉도에 들어갔기 때문에 이들을 수토하기 위한 정책이다. 따라서 이들은 국내법의 적용 대상자였다. 반면 울릉도와 독도로 벌목이나 출어를 하는 일본인들은 '월경죄인越境罪人'으로서 국제법 위반을 한 자이다. 그렇기 때문에 숙종 22년 백기주 태수는 안용복에게 "두 섬이 이미 당신네 나라에 속한 이후인데 혹시 다시 범월하는 자가 있거나 횡침하는 일이 있으면 문서를 작성하여 역관과 함께 보내주면 마땅히 무겁게 처벌하겠다"고 약속했고,[8] 대마도주는 같은 해 10월 조선의 '도해渡海 역관'에게 막부의 뜻을 전달하고, 이듬해(1697) 2월에는 동래부사 이세재에게 서계를 보내어 일본인의 출어 금지를 공식적으로 확인했던 것이다. 이러한 관계는 1882년의 이규원 검찰 이후, 그리고 1899년 우용정의 울릉도 시찰 이후의 일본인의 철환撤還에서도 일관되는 것이다. 안용복을 위시한 우리나라

---

7) 김호동, 「조선 초기 울릉도 · 독도에 대한 '공도정책' 재검토」『민족문화논총』 32, 영남대학교민족문화연구소, 2005 ; 영남대학교 민족문화연구소편, 『독도를 보는 한 눈금 차이』, 선출판사, 2006.
8) 『숙종실록』 숙종 22년(1696) 9월 무인.

어부들의 울릉도와 독도의 출어에 대한 처벌은 일본국이 할 수도 없었고, 또 처벌당한 사례도 없다. 반면 일본인들의 처벌에 대해 우리 정부에서는 일본과의 외교경로를 통해 그들의 철수와 처벌을 원하였고, 일본정부는 이에 따라 사후 대책에 나섰다. 수토정책은 우리정부의 공권력 강제의 확인이고, 울릉도가 국내법 적용의 대상지역이었음을 말해주는 것이다. 그에 반해 독도와 울릉도에 출어와 벌목을 위해 들어온 일본인들은 국경선을 넘어선 국제법상의 처벌대상이었다. 이것을 두고 "일찍이 다케시마(울릉도)는 분쟁의 섬이었다. 겐로쿠 연간에는 토쿠가와 막부와 조선정부 사이에서 '다케시마 일건一件'이 일어난다. 상호의 나라는 이 시기에 분쟁을 피하는 노력을 하였다. 일본은 '죽도도해금지령'을 내려 섬의 도항을 금지했다. 조선은 전통적인 '공도정책'을 지속하여 섬의 도항과 거주를 인정하지 않았다"9)고 하여 같은 차원에서 보고자 하는 주장 등은 잘못된 것이다.

아울러 1876년 이후 일본의 독도 조사 등은 일본의 독도 영유권을 주장하는 근거가 될 수 없다. 1876년의 '병자수호조규'는 불평등조약의 전형이다. 이 조약의 7관款은 "조선국의 연해 도서 암초, 종전에 심검審檢을 하지 않아 더없이 위험하기 때문에, 일본국의 항해자가 자유롭게 해안을 측량하는 것을 허가하고, 그 위치 천심淺深을 자세히 하고 도지圖誌를 편제하여, 선객의 위험을 피하고, 안온하게 선통船通하는 것을 가능하게 할 것"이라고 규정하고 있다. 이 조약에 의해 일본선은 한반도의 연안을 항해하고 동시에 자유롭게 그 해안을 측량하는 일이 가능하게 되었다. 그런 점에서 일본 측의 독도 조사자료는 영토주권의 증빙자료로서의 의미를 가질 수 없는 것이다.

울릉도에 대한 우리 정부의 수토가 옳게 행해지지 못하는 상황 하에서 울릉도에는 일본인의 벌목이 성행하였다. 1881년 5월 22일 통리기

---

9) 大西俊輝 著, 권오엽 · 권정 역, 『獨島』 59, 제이엔씨, 2004, 59쪽.

무아문이 고종에게 올린 보고는 이러한 사정을 전하고 있다. 이것은 울릉도에 대한 수토정책의 일대 변화를 가져오는 중요한 계기가 되었기에 그 전문을 우선 살펴보기로 한다.

통리기무아문統理機務衙門에서 보고하였다. "지금 강원감사江原監司 임한수林翰洙의 장계狀啓를 보니, '울릉도수토관鬱陵島搜討官의 보고를 하나하나 들면서 말하기를, 순찰할 때에 어떤 사람이 나무를 찍어 해안에 쌓고 있었는데 머리를 깎고 검은 옷을 입은 사람 7명이 그 곁에 앉아있기에 글을 써서 물어보니 일본 사람이 나무를 찍어 원산元山과 부산釜山으로 보내려고 한다고 대답하였답니다. 일본 선박의 왕래가 근래 대중없어서 이 섬에 눈독을 들이고 있으니 폐단이 없을 수 없습니다. 청컨대 통리기무아문으로 하여금 품처稟處토록 하기 바랍니다' 라고 하였습니다. 나라에서 채벌을 금하는 산은 원래 중요한 곳이고 조사하여 지키는 것도 역시 정식이 있습니다. 그런데 저 사람들이 남몰래 나무를 찍어서 가만히 실어가는 것은 변금邊禁에 관계되므로 엄격하게 막지 않을 수 없습니다. 장차 이 사실을 문건으로 작성하여 동래부東萊府 왜관倭館에 내려 보내서 일본 외무성外務省에 전달하게 할 것입니다. 생각하건대 이 섬은 망망한 바다 가운데 있는데 그대로 텅 비워두는 것은 대단히 허술한 일입니다. 그 형세가 요충지로 될 만한가 방어를 빈틈없이 하고 있는가를 두루 살펴서 처리하여야 할 것입니다. 부호군副護軍 이규원李奎遠을 울릉도검찰사鬱陵島檢察使로 임명하여 가까운 시일에 빨리 가서 철저히 타산해보고 의견을 갖추어서 보고하여 이로써 문의해서 처리하게 하는 것이 어떻겠습니까".10)

이에 의하면 울릉도에서 일본인들이 나무를 찍어내어 원산과 부산으로 보내려하는 것을 울릉도 수토관이 적발하였다. 강원감사 임한수는 이러한 보고에 접하여 근래 일본 선박의 울릉도 왕래가 많고 이 섬에 눈독을 들이고 있다고 판단하고 통리기무아문으로 하여금 품의하여 처리하도록 요청하였음을 알 수 있다. 일본인들이 벌목한 나무를 부산과 원산으로 보낸다는 것으로 보아 일본인의 울릉도 벌목은 1876년 개항에 따른 개항장의 개설과 짝하여 증가하였다고 볼 수 있을 것이다. 이러한 사태에 직면하여 통리기무아문은 국경침범의 사실로 간주하고

---

10) 『高宗實錄』 高宗 18년 5월 21일.

동래부의 왜관을 통해 일본 외무성에 항의 문서를 보내고, 망망한 바다 가운데 있는 울릉도를 비워두는 것은 대단히 허술한 일이니 부호군 이규원을 울릉도 검찰사로 임명하여 그 형세가 요충지로 될 만한가 방어를 빈틈없이 하고 있는가를 살펴 대책을 강구하자고 제안하였다. 이것을 고종이 승인함으로써 오랜 울릉도 수토정책에 일대변화가 일어나게 되었다.

통리기무아문의 건의에 의해 울릉도 수토관에 이규원이 임명되었다. 이규원은 철종 2년(1851) 무과에 급제한 뒤 철종 9년 선전관을 시작으로 함경도의 단천부사, 진도부사, 풍천부사, 부령부사, 통진부사 등을 지낸 이력을 갖고 있다. 울릉도 검찰사를 역임한 뒤 경상좌도 병마절도사, 어영대장, 총융사를 거쳐서 1884년에 해방총관海防總管, 동남제도개척사東南諸島開拓使로 임명되었다. 그 후 함경남도 병마절도사와 제주목사 등을 역임하였다. 그의 이력에서 보다시피 바닷가와 관련된 직임을 많이 맡았다. 그것은 그가 바다에 대한 지식이 상당하였음을 말해주는 것이다. 아마 울릉도 검찰사로 임명된 것도 그 이유 때문일 것이다.[11]

이규원이 울릉도 검찰을 위해 서울을 출발한 것은 이듬해인 1882년 4월 10일이었다. 울릉도 출발 준비를 하자면 벌목철이 지나 일본인들이 철수한 다음이 될 것이므로 출발예정을 이듬해로 미루었기 때문이다. 출발에 앞선 4월 7일, 이규원이 고종을 알현한 자리의 다음 기록을 살펴보기로 한다.

> (갑술 2월) 검찰사檢察使 이규원李奎遠을 소견하였다. 하직인사를 하였기 때문이다. 하교하기를, "울릉도에는 근래에 와서 다른 나라 사람들이 무상으로 왕래하면서 제멋대로 편리를 도모하는 폐단이 있다고 한다. 그리고 송죽도松竹島와 우산도芋山島는 울릉도의 곁에 있는데 서로 떨어져 있는 거리가 얼마나 되는지 또 무슨 물건이 나는지 자세히 알 수 없다. 이번에 네가 가게 된 것은 특별히

---

11) 『검찰사 이규원』, 국립제주박물관특별전도록, 2004.

골라서 임명한 것이니 각별히 검찰할 것이다. 그리고 앞으로 고을[邑]을 세울 생각이니 반드시 지도와 함께 별지에다가 자세히 적어 보고할 것이다"하니, 이규원이 아뢰기를, "우산도芋山島는 바로 울릉도鬱陵島이며 우산芋山이란 바로 옛날의 나라 수도國都의 이름입니다. 송죽도松竹島는 하나의 작은 섬인데 울릉도와 떨어진 거리는 20~30리쯤 됩니다. 여기서 나는 물건은 단향檀香과 담뱃설대라고 합니다"라고 하였다. 하교하기를, "우산도芋山島라고도 하고 송죽도松竹島라고도 하는데 다『동국여지승람東國輿地勝覽』에 실려 있다. 그리고 또 혹은 송도松島·죽도竹島라고도 하는데 우산도芋山島와 함께 이 세 섬을 통칭 울릉도鬱陵島라고 하였다. 그 형세에 대하여 함께 알아볼 것이다. 울릉도는 본래 삼척영장三陟營將과 월송만호越松萬戶가 돌려가면서 수색·검열하던 곳인데 거의 다 소홀히 대함을 면하지 못하였다. 그저 외부만 살펴보고 돌아왔기 때문에 이런 폐단을 가져왔다. 너는 더 구체적으로 살펴볼 것이다". 이규원이 아뢰기를, "삼가 깊이 들어가서 살펴보겠습니다. 어떤 사람들은 송도松島와 죽도竹島는 울릉도의 동쪽에 있다고 하지만 이것은 송죽도 밖에 따로 송도와 죽도가 있는 것은 아닙니다"라고 하였다. 하교하기를, "혹시 그전에 가서 수색조사한 사람의 말을 들은 것이 있는가"라고 하니 규원奎遠이 아뢰기를, "그전에 가서 수색조사한 사람은 만나지 못하였습니다. 대체적인 내용을 얻어 들었습니다"라고 하였다.12)

　　당시 고종은 울릉도에 대한 지대한 관심을 갖고 설읍의 의지를 천명하고 있다. 고종이 이규원에게 울릉도 검찰에 있어서 특별히 유념할 것을 밝힌 내용을 보면 ① 울릉도에 밀입도한 일본인들에 대한 검찰, ② 울릉도 곁에 있는 송죽도와 우산도의 거리, ③ 울릉도와 우산도, 송도 혹은 죽도라고 불리는 송죽도 세 섬을 울릉도라고 통칭한다는 설도 있는데 그 실제의 형편, ④ 울릉도에 설읍할 뜻을 밝히고 이를 위한 적합한 경식처耕食處, 물산을 지도와 함께 별지에 작성 보고토록 하고 있다.

　　이 당시 이규원은 우산도는 울릉도이며, 송죽도는 울릉도 20~30리쯤 있으며 별도로 송도와 죽도가 있는 것은 아니라는 인식을 갖고 있었다. 고종과 이규원이 송죽도를 두고 서로 다른 견해를 말하는 것은 일본이 울릉도를 '죽도'로 호칭하고 우산도, 즉 독도를 '송도'라고 호칭한 데서 나온 혼동이라고 할 수 있다.13) 이러한 견해 차이에 대해 고

---

12)『高宗實錄』高宗 19년 4월 초7일.

종과 이규원이 좀더 정확한 의견 교환이 이루어졌다면 아마 울릉도에 대한 검찰 때 이에 대한 조사가 구체적으로 이루어졌을 것이다. 우산도를 울릉도로 인식하고 있던 이규원의 검찰일기에는 울릉도에 대한 검찰 기록은 있지만 우산도, 즉 독도에 대한 상세한 조사가 보이지 않은 것은 이때의 이견 노출에 대한 올바른 인식이 없었기 때문에 나타난 현상으로 볼 수 있다.

또 하나 지적해야 할 사항은 이규원이 검찰사로 임명된 지 근 1년 후에 고종을 알현한 자리에서 그전에 울릉도를 검찰한 사람을 만나지 못하고 다만 대체적인 내용을 얻어들은 것에 불과하다는 것이다. 이러한 안이한 태도로 울릉도 검찰에 임하고 있었기 때문에 이규원은 울릉도가 '사람이 살지 않은 땅'으로 인식하였고, 그 연장선상에서 고종이 '옛날에 설읍設邑한 땅'이라고 한 것에 대해 '설읍한 여부를 알지 못하며 일찍이 모민募民한 일이 있지만 백성을 유지 보호할 수 없어서 마침내 철환하였다'고 할 수밖에 없었을 것이다.[14]

모두 102명으로 구성된 검찰사 이규원 일행은 순흥-풍기-봉화-안동-영양-평해를 거쳐 평해, 즉 지금의 울진의 월송정 근처의 구산포邱山浦에 도착하여 성황제와 동해신제를 지내고 울릉도로 출발하였다. 4월 30일 울릉도 소황토구미小黃土邱尾에 도착해서 5월 1일, 산신제 등을 지내고 5월 2일부터 본격적인 조사를 시작하여 만 7일간 도보로 섬 안을 조사했으며, 2일간 배편으로 울릉도의 해안을 한 바퀴 돌면서 조사

---

13) 임영정은 "고종의 울릉도 부속도서에 대한 그간의 지식은 『동국여지승람』에 소개된 내용과 18세기 초반에 있었던 이른바 鬱陵島爭界 당시 일본인의 호칭, 즉 울릉도를 竹島라 하고 독도를 松島라 했던 지식이 혼합된 것이다. 그런 까닭에 이러한 혼란을 검찰사를 통하여 명확히 하고자 했던 것이다"라고 하였다(임영정, 「이규원 검찰사와 독도의 인지」 『검찰사 이규원』, 국립제주박물관특별전도록, 2004).

14) 『承政院日記』 高宗 19년 4월 초7일.

하였다. 이규원의 검찰일기를 통해 다음과 같은 사실을 확인할 수 있다.

고종조 이규원의 『울릉도검찰일기鬱陵島檢察日記』에 의하면 그간 정기적인 수토정책에도 불구하고 울릉도에 체류하고 있는 사람들이 본국인, 즉 조선인 141명, 일본인은 78명이나 된다는 사실이 우선 주목된다.

검찰사 파견의 동기를 제공해준, 벌목을 위해 울릉도에 들어온 일본인 78명에 대한 현지조사의 내용을 보면, 그들은 모두 벌목을 하러 왔고, 이규원을 만나 필담을 나눈 일본인들은 일본정부의 울릉도 출어금지령을 들은 바가 없다고 하였으며, 울릉도를 조선영토인 줄 모르고 일본영토로 알고 있다고 말하는 자도 있었다. 울릉도의 장작지포長斫之浦에서 통구미桶丘尾로 향하는 바닷가 돌길 위에 일본인이 세운 표목標木에 '일본국 송도규곡 명치 2년(1869) 2월 13일 암기충조 건지日本國 松島 槻谷 明治二年二月十三日 岩崎忠照 建之'라고 쓰인 푯말을 발견하였다.

141명의 본국인의 경우 출신도별로 보면 전라도가 115명(흥양興陽 삼도三島 출신 : 김재근金載謹 등 24·이경화李敬化 등 14·김내윤金乃允 등 23명, 흥해興海의 초도草島 출신 : 김내언金乃彦 등 13명·김근서金謹瑞 등 20명, 낙안樂安 출신 : 이경칠李敬七 등 21명), 강원도(평해) 출신 최성서崔聖瑞 등 14명, 경상도 출신이 11명(경주 7, 연일 2, 함양 1, 대구 1), 경기도(파주) 출신이 1명이었다. 이들을 직업별로 보면 조선(채곽採藿 포함)이 129명으로 압도적 다수를 차지하고 있고, 그 외 산삼 등을 포함한 채약採藥, 예죽刈竹에 종사하고 있었다.[15] 울릉도 체류민 141명 가운데에는 전라도 출신이 82%나 되는 115명이나 된다. 이들은 대개 입도조선자入島造船者들로서 일시적 거류자에 불과하다고 지금까지 이야기되고 있다. 그러나 이들은 거의 영속적으로 울릉도를 찾아 왔고, 검찰일기에 나오는 울릉도의 지명들이 대부분 전라도 말들이었다는 점을 고려할 때 이들은 장기적이고 지속적으로 이곳을 찾아왔다고 볼 수 있으므로 일시적 거류자로 분류할 수 없다. 이

---

15) 이규원, 『울릉도검찰일기』.

들은 울릉도 및 독도 근해를 삶의 터전으로 여기고 항례적으로 찾아온 울릉거민鬱陵居民으로 볼 수 있을 것이다.

특히 이규원이 5월 2일에 만나 필담筆談을 나누고 산행주람山行周覽에 동행한 함양인咸陽人 전생원全生員 서일瑞日, 즉 전석규全錫奎는 입도한 지가 10년이나 되는 인물이었다. 그는 섬의 형편에 익숙할 뿐만 아니라 백성들이 살만한 곳과, 여러 가지 토산물에 대해서도 모르는 것이 없었다. 또 중봉中峰에 있는 산신당의 경우 성황과 화상이 정결하게 모셔져 있었는데 대구의 박기수朴基秀가 주인으로 있었다. 그리고 대황토구미大黃土邱尾(台霞) 포구에서 결막유접結幕留接한 평해 선상船商인 파선선주破船船主 최성서崔聖瑞가 인솔한 13명 역시 이곳에 삶의 둥지를 틀면서 살던 사람들이지만 파선破船으로 인해 머물고 있다고 둘러대었을 가능성도 생각해봄직 하다. 그리고 5월 3일 나리동羅里洞에 이르렀을 때 중봉中峰에 있었던 산신당山神堂 주인인 대구 사람 박기수朴基秀나 산중턱에 결막結幕을 4, 5처에 하고 채약採藥하던 40여 명, 그날 유숙하였던 파주坡州 출신 약상藥商 정이호鄭二祜 등은 일시적으로 이곳에 머물던 사람들은 결코 아닌 것 같다. 이것은 곧 그간의 수토정책이 얼마나 형식적이었는가를 잘 말해준다. 고종이 "울릉도는 본래 삼척영장 월송만호가 돌려가며 수토하는 것인데, 그 거행에 모두 소홀함을 면치 못하고 단지 외면을 검찰해왔다"고 한 것은 수토정책이 수토관들의 형식적 검찰에 실패하였음을 지적한 것이다. 이규원의 검찰일기에서 주목되는 것은 전라도와 강원도에서 온 사람들은 봄에 울릉도에 도항하여 모두 13~24명이 1단團을 이루어 결막을 하여 살면서 벌목을 해서 조선을 하는 한편, 틈틈이 채곽採藿·채어採漁를 하여 조선이 끝나면 배에 싣고 귀향한다고 한 사실이다. 동해안, 심지어 남해안 바닷가 사람들의 울릉도 진출은 수토정책 하에서 이렇게 이루어졌을 것이다. 따라서 울릉도는 수토정책 하에서도 동해안, 심지어 남해안 어민들의 삶의 터전으로서 영속성을 갖고 있었다. 1787년(정조 11) 프랑스 라페루즈 탐험대의 『세계탐험기』에서도 우리는 그 사실을 확인할 수 있다.

(1787년 5월 28일) … 우리는 이 작은 만들에서 중국 배와 똑같은 모양으로 건조되고 있는 배들을 보았다. 포의 사정거리 정도에 있는 우리 함정이 배를 건조하는 일꾼들을 놀라게 한 듯 했다. 그들은 작업장에서 50보 정도 떨어진 숲 속으로 달아났다. 그런데 우리가 본 것은 몇 채의 움막집뿐이고 촌락과 경작물은 없었다. 다줄레 섬(울릉도; 필자 주)에서 불과 110km 밖에 안 되는 육지에 사는 조선인 목수들이 식량을 가지고 와서 여름동안 배를 건조한 뒤 육지에 가져다 파는 것으로 보였다. 이 생각은 거의 틀림없는 사실일 것이다. 우리가 섬의 서쪽 첨단부로 돌아 왔을 때, 이 첨단부에 가려서 우리 선박이 오는 것을 보지 못했던 다른 한 작업장의 일꾼들 역시 선박 건조 작업을 하고 있는 중이었다. 나무 등걸 곁에 있던 그들은 우리를 보자 놀란 듯 했다. 그들 중 우리를 조금도 겁내지 않는 것처럼 보이는 두세 명을 제외하고는, 모두 숲으로 도망하는 것을 보았다. 우리는 선량한 사람들이며 그들의 적이 아니라는 사실을 설득할 필요가 있어, 나는 배를 댈만한 장소를 찾았다. 그러나 강한 조류가 우리를 육지에서 밀어냈다.16)

라페루즈 탐험대의 『세계탐험기』에는 울릉도에서 배를 건조하는 사람들을 조선인 목수라고 보았으나 이들은 이규원의 『울릉도검찰일기』에 의하면 전라도 및 동해안과 남해안의 어민들로서 울릉도에서의 선박 건조와 채곽(미역 채취) 활동 및 울릉도 · 독도 해역에서 어로활동에 종사하는 자들이었다. 19세기의 학자 이규경(李圭景 : 1788~1863)이 쓴 백과사전 형식의 책인 『오주연문장전산고五洲衍文長箋散稿』의 울릉도에 관한 다음의 기록을 통해 그것을 확인할 수 있다.

대나무 크기는 서까래 같고 미역은 매우 미미美味하며 전복과 합蛤은 매우 크고 송림과 삼림이 울창하다. 왜박倭泊이 몰래 와서 소나무를 베고 전복을 따간다. 우리 가난한 전라도 해민海民이 역시 들어와 소나무를 잘라 배를 만들고 미역과 전복을 따고 대나무 칡과 덩굴을 베어 가득히 싣고 나온다.

---

16) 이진명, 『독도, 지리상의 재발견』, 삼인, 40~41쪽.

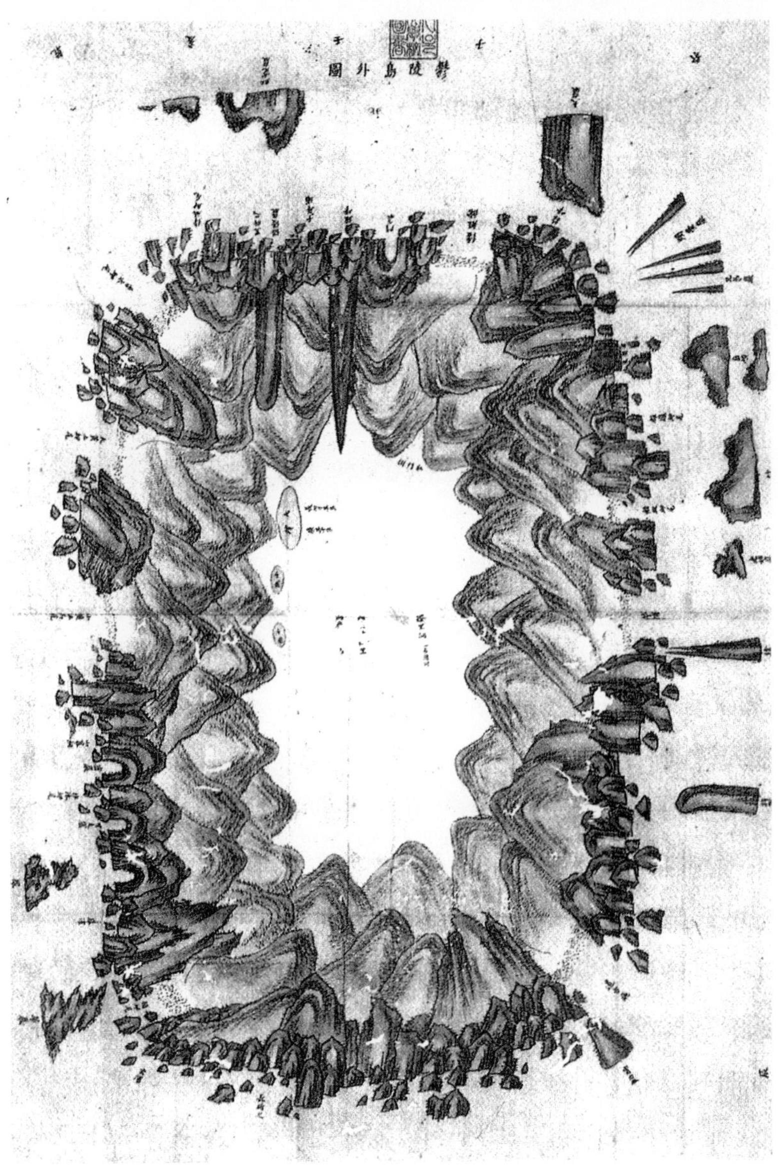

<그림 3> 『울릉도 외도』 이규원이 울릉도를
검찰하고 돌아가 중앙정부에 바친 지도
(134×97.5, 규장각 소장)

전라도 등지에서 울릉도로 온 어민들은 이곳을 삶의 터전으로 여기고 지속적으로 이곳으로 도항해 왔다는 사실이 부각되어야겠지만 이규원의 검찰일기에는 이에 대한 인식이 부족하였다. 바로 이들의 활동으로 인해 수토정책은 조선 후기에 형해화되고 있었다는 점을 주목하지 않으면 안 된다. 이들의 일부가 수토정책을 행하는 강원도 지역의 바닷가 어민들이라는 점에서 수토가 행해질 때 그 정보가 이들에 의해 울릉도거민들에게 곧바로 연락되기 때문에 울릉거민은 그 수토시기만을 산 속 등에 숨어 피한다면 이곳에의 정주가 얼마든지 가능한 것이었다. 그렇기 때문에 이규원이 울릉도를 검찰하였을 때 만난 인물 가운데의 한사람인 전석규의 경우 입도한 지가 10년이나 될 수 있었던 것이다.

이규원의 검찰일기에 의하면 설읍設邑하는 경우의 경식처耕食處로서는 수천 호를 살릴 수 있는 나리동羅里洞을 제시하고, 이밖에도 100～200호를 수용할 수 있는 곳이 6～7처가 있다고 하였다. 또한 포구浦口는 14처가 있으며 물산은 비교적 풍부하고 대표적 토산으로 43종을 열거하였다.

울릉도를 검찰하고 돌아온 이규원은 1882년 6월 5일 국왕에게 복명하는 자리에서 설읍·설진할 경우 나리동이 가장 적합한 곳이고, 1·2백호의 마을을 만들 수 있는 곳은 울릉도 전체에 6·7처가 있으며, 울릉도에 침입한 일본인이 '일본국 송도규곡 명치 2년 2월 13일 암기충조 건지日本國 松島槻谷 明治二年二月十三日 岩崎忠照 建之'라고 쓴 푯말을 세운 것에 대해 일본공사 화방의질花房義質과 일본 외무성에 항의문서를 보내야한다고 제의하였다. 고종은 일본측에 항의서계를 보냄은 물론이고 울릉도 개척을 속히 서둘러야 한다고 강조하였다. 이에 대해 이규원은 "개척에 이르러서는 속히 하고자 하면 얻을 수 없습니다. 먼저 백성들에게 (이주를) 허락하여 모이는 것을 관찰한 연후에 가히 조처할 수 있을 것입니다"라고 하였다.[17] 국왕과 검찰사, 그리고 일본과의 국제적 문제가 어울러져 설읍의 계획이 처음으로 확립되는 순간이었다.

그러나 당초 고종이 울릉도 곁에 있는 송죽도와 우산도의 거리, 울릉도와 우산도, 송도 혹은 죽도라고 불리는 송죽도 세 섬을 울릉도라고 통칭한다는 설도 있다고 하면서 그 실제의 형편 등을 조사 보고하도록 하였지만 이규원은 울릉도의 해안 둘레만 한 바퀴 돌았을 뿐 울릉도의 49해리(약 230리) 밖에 있는 우산도, 즉 독도를 검찰하지 못하였을 뿐만 아니라, 그에 관해서 현지에서 만난 사람들과 이야기를 나눈 흔적도 검찰일기에는 보이지 않는다. 그리고 울릉도 검찰을 마치고 돌아와 고종을 복명하였을 때 고종의 경우도 이에 관한 질문과 거기에 따른 문책이 행해지지 않고 있다. 고종과 이규원의 이러한 과오를 덮어두고 이들에 의해 울릉도에 설읍이 이루어지고, 이듬해 개척민이 입도하여 공도정책을 버리고 울릉도가 개척될 수 있었다고 의미를 부여하는 것은 문제가 있다.

더욱이 고종 19년(1882) 4월 7일 고종과 이규원이 모두 '울릉도', '우산도', '송죽도(송도, 죽도)'를 언급하고 있다고 해서 두 사람 모두 조선영토로 간주하고 있음을 주목할 필요가 있다고 하거나[18] 그 연장선상에서 고종 20년(1883) 3월 16일 울릉도 재개척에 박차를 가하기 위해 김옥균金玉均을 '동남제도개척사東南諸島開拓使'라 한 사실에 주목하면서 '울릉도 개척사'로 하지 않은 것은 국왕과 조선조정은 이규원이 검찰사로 울릉도에 다녀온 후 울릉도와 그 부속도서가 ① 울릉도, ② 죽도(죽서도 ; 울릉도 바로 옆의 작은 바위섬) ③ 우산도의 3도로 구성되었음을 확인하게 되었다고 하면서 이 때문에 김옥균의 직책이 '울릉도 개척사'가 아니라 '동남제도 개척사'가 된 것이다[19]라고 해석하는 것은 지나친 견강

---

17) 李奎遠, 『鬱陵島檢察 啓本草』.

18) 愼鏞廈 編著, 『獨島領有權 資料의 探究』 제2권, 독도연구보전협회, 1999, 23쪽.

부회라고 하지 않을 수 없다. 이규원의 검찰일기에는 우산도에 관한 언급이 없고, 그가 돌아와 고종을 복명한 자리에서도 고종과 이규원은 우산도에 관해 이야기를 나누지 않았다. 이규원의 『울릉도 검찰일기 계초본鬱陵島 檢察日記 啓草本』에 의하면 "송도松島, 죽도竹島, 우산도于山島 등에 살 사람들은 모두 근처의 작은 섬에서 보내야겠습니다. 그러나 아직 의거할 도적圖籍이 없고, 또 지도할 향도鄕導가 없습니다. 맑은 날에 높이 올라가서 멀리 바라보면 한 개의 돌도 한 줌의 흙도 보이지 않으므로 우산于山을 울릉鬱陵이라고 하는 것이나 탐라耽羅를 제주濟州라고 하는 것은 마찬가지입니다"라고 고종에게 보고한 것으로 되어 있다.[20] 송도, 죽도와 함께 우산도가 나오지만 울릉도와 이 세 섬이 어떻게 구별되는가에 대한 언급은 없다. 단지 우산을 울릉이라고 하는 것이나 탐라를 제주라고 하는 것은 마찬가지라고 하여 울릉도를 우산도라고도 한다는 인식을 하고 있는 것 같기도 하다. 일본 학자들은 당시 이규원의 이러한 인식을 들면서 조선 조정은 독도를 조선 영토로 인식하지 않았다고 주장하고, 이에 대한 한국의 본격적인 비판은 이루어지지 않고 있다고 한다.[21] 그러나 앞에서 살펴본 바와 같이 삼척첨사 장한상이 가을날 울릉도에서 독도를 본 것을 상술하고 있는 것에서 지적한 바와 같이 가을 청명한 날 울릉도에 독도를 보는 것이 가능한 실정이다. 대개 봄의 경우 독도를 바라다본다는 것은 거의 어렵다. 그렇기 때문에 4월 이규원이 성인봉에서 독도를 보지 못한 것은 당연하다. 따라서 이것을 영토문제와 결부시켜 말하는 것은 어불성설이다. 그러나 이규원은 고종의 당부에도 불구하고 자신의 선입견 때문에 독도를 찾

---

19) 앞의 책, 116쪽 ; 신용하, 『독도의 민족영토사연구』, 지식산업사, 1996, 183쪽.
20) 『울릉군지』(울릉조, 2007)에 이규원 검찰사의 증손녀인 이혜은이 보관한 검찰일기 계초본이 수록되어 있다. 지금까지 알려진 啓本草보다 앞서 작성된 것 같은데, 거기에서 인용한 자료이다.
21) 호사카 유지, 『일본 고지도에도 독도 없다』, 자음과 모음, 2005, 34~35쪽.

아 나서려는 노력을 보이지 않은 채 책임을 회피하기 위해 성인봉에 올라가 보니 아무런 섬도 보이지 않았다고 복명하였다.

다음으로 이규원이 설읍·설진할 경우 나리동이 가장 적합한 곳이고, 1·2백호의 마을을 만들 수 있는 곳은 울릉도 전체에 6·7처가 있으며, 개척하고자 할 경우 속히 하고자 하면 얻을 수 없고, 먼저 백성들에게 (이주를) 허락하여 모이는 것을 관찰한 연후에 가히 조처할 수 있을 것이라고 하였지만 그가 울릉도를 검찰할 당시 울릉도에 살고 있었던 사람들의 실상을 고려한 조처를 제시하지 않고 있다. 이것은 개척의 추진과정에서 많은 문제점을 야기시킬 수 있다는 점을 고려하지 않은 것이다. 1882년 8월 20일, 영의정 홍순목洪淳穆이 울릉도 개척방안으로서 제시한 것을 살펴보면

> 순목왈 "… 우선 백성을 모집하여 개간하고 5년 후부터 세를 정해주면 스스로 점차 취락을 이루기에 이를 것입니다. 또한 호남과 영남의 조운선이 여기에 와서 재목을 취하고 배를 짓도록 허락하여 명령하면 많은 사람들이 역시 당연히 빈번하게 모일 것입니다. 이것이 지금에 이르러 가히 도모할 수 있는 일일 것입니다. 그러나 만약 관리인이 없으면 잡폐를 방지하기 어려우니 근실하고 일 잘하는 사람을 검찰사에게 문의하여 도장島長으로 임명해서 파견하여 보내고, 규칙과 규모를 만들어 세워서 후일 설진設鎭의 뜻을 미리 가르쳐주어 도신道臣에게 분부하는 것이 일에 합당할 듯 하므로 감히 이를 앙달합니다" 왕께서 가로되, "그렇게 하라" 하였다.22)

검찰사 이규원의 건의에 바탕을 두어 모민募民 개간開墾을 권장하여 5년간 면세하고, 영·호남의 조운선을 울릉도에서 조선토록 하면 사람이 모여 개척할 수 있을 것이라고 하였다. 그러나 만약 관리인이 없으면 잡폐를 방지하기 어려우니 검찰사에게 문의하여 도장을 임명해 파견토록 하고 있다. 특히 설읍設邑 다음에는 후일 설진設鎭의 뜻을

---

22) 『承政院日記』 고종 19년 8월 20일.

미리 가르쳐주어 도신道臣, 즉 강원감사에게 분부토록 할 것을 건의하
였고 고종이 이를 윤허함으로써 울릉도 재개척이 단행되기에 이르렀
다. 이에 의거해 1883년 3월 16일 조선조정은 평소에 울릉도 개척과
임업 및 어업개발을 주장해온 개화파의 영수인 김옥균金玉均을 동남제
도개척사겸관포경사東南諸島開拓使兼管浦鯨事에 임명하여 울릉도 개척에
나섰다.[23]

2. 울릉도 개척의 실제와 이주민 실태

현재 한국과 일본 사이에 독도영유권 문제를 두고 첨예한 대립이 벌
어지고 있다. 우리는 독도문제를 거론할 때 '독도는 울릉도의 부속도
서로서 한국의 영토임이 분명하다'고 주장한다. 1883년 울릉도 개척령
공포 이전의 수토정책의 전개과정과 개척령 공포 이후의 개척민 증가
과정 등을 논하면서 울릉도는 역사적으로 우리 영토이고, 독도 또한
그 부속도서로서 존재하였음을 강조하였다. 이러한 시각의 연장선상에
서 1883년 개척령 공포 이후의 울릉도 개척이 성공적으로 진행되었음
을 입증하고자 하였다. 그러나 개항으로부터 1910년 일본의 식민지로
전락하기까지의 우리 역사는 분명 실패의 시기였다. 따라서 왜 이 시
기 우리의 역사가 실패의 역사로 귀결될 수밖에 없었던가를 정확히 밝
혀낼 필요가 있다. 울릉도 개척의 역사도 이러한 시각 하에서 재정리
해야 할 것이다. 1876년 개항 이후 한반도는 일본을 비롯한 제국주의
열강들의 각축장이었다. 그 속에서 울릉도·독도를 포함한 동해안 지
역은 일본의 한반도 침략의 시험장인 동시에 교두보였다. 개척령 이후

---

23) 『고종실록』 고종 20년 3월 16일 ; 愼鏞廈, 「金玉均의 開化思想」 『東方學志』
　　46·47·48합집, 1985(『韓國近代社會思想史研究』, 일지사, 1987 재수록).

조선왕조의 울릉도 이주정책이 과연 그것을 감안하여 이루어졌던가 하는 문제를 한번 짚어보고자 한다.

1882년 8월 20일, 영의정 홍순목洪淳穆은 검찰사 이규원의 건의에 바탕을 두어 모민募民 개간開墾을 권장하여 5년간 면세하고, 영·호남의 조운선을 울릉도에서 조선토록 하면 사람이 모여 개척이 이루어질 수 있을 것이라고 하였다. 그리고 만약 관리인이 없으면 잡폐를 방지하기 어려우니 검찰사에게 문의하여 도장을 임명해 파견토록 하였다.[24] 이에 의거해 8월 말 도장島長에 전석규全錫奎가 임명되었고,[25] 울릉도는 지방관제상 울진현에서 평해현平海縣으로 이속되었다.[26] 전석규는 이규원이 필담을 나누고 산행주람山行周覽에 동행한 인물로서, 함양인으로 입도한 지가 10년이나 되는 인물이었다.

1883년 3월 16일 조선조정은 평소에 울릉도 개척과 임업 및 어업개발을 주장해온 개화파의 영수인 김옥균金玉均을 동남제도개척사겸관포경등사東南諸道開拓使兼管浦鯨等事에 임명하고,[27] 백춘배白春培를 종사관從事官으로 임명하여 울릉도 개척사업을 적극적으로 추진하였다.[28] 울릉도 개척을 위해 동남제도개척사겸관포경등사－강원도관찰사－평해군수－도장의 라인에 의해 울릉도 개척이 추진되었다.

울릉도의 개척이 결정된 후 4월, 강원관찰사가 개척에 필요한 물자의 준비를 중앙정부에 보고한 기록에 의하면 개척민들을 위해 선박 4척, 사공 40명, 곡식종자로서 벼 20석, 콩 5석, 조 2석, 팥 1석을 준비하였다. 그리고 철물鐵物 40근, 가마솥 2좌, 사기그릇 6죽, 수저 30개, 돗

---

24) 『승정원일기』 고종 19년 8월 20일.
25) 『江原監營關牒』 제6책, 임오 9월 초9일 到付.
26) 『江原監營關牒』 제6책, 임오 10월 도부.
27) 『승정원일기』 고종 20년 3월 16일, 『고종실록』 고종 20년 3월 16일자의 기록에는 김옥균을 '東南開拓使兼浦鯨等事使'에 임명하였다고 하였다.
28) 『황성신문』 1899년 9월 23일자, 「별호 : 울릉도사황」.

자리 3죽, 무명베 5필, 삼베 5필, 삼신발 5죽, 짚신 5죽, 항아리 5좌 등
도 준비하였고, 목수 2명, 대장장이 2명을 동승시키고, 가축도 소를
암·수 각 1마리를 실어 종자소로 사용케 하였다. 아울러 이주민을 보
호하기 위한 무기로서 총 3자루, 창칼 각 4자루, 탄환 300발, 화약 3근,
화승 50발, 동로구銅爐口 2좌를 탑재하였다.[29] 이러한 물자 준비를 통해
볼 때 개척민들의 생업은 농업이민이었음을 알 수 있다. 선박 4척과 사
공 40명은 개척민을 수송하기 위한 것이지 개척민들의 어업활동을 위
해 마련된 것은 아니다.[30] 더욱이 홍순목의 건의대로 영·호남의 조운
선을 울릉도에서 조선한 흔적은 보이지 않는다. 그런 점에서 울릉도
개척의 방향은 어업이나 조선을 위한 개척민보다는 농업이민 위주로
이루어질 수밖에 없었다.

　　개척령에 의해 울릉도에 들어와 정착과 개간을 시작한 민호와 인구
상황에 관한 구체적 자료『광서구년칠월 일 강원도울릉도 신입민호인
구 성명연세급전토기간 수효성책光緒九年七月 日 江原道鬱陵島 新入民戶人口 姓
名年歲及田土起墾 數爻成冊』이 현재 전해지고 있다. 이를 정리하면 다음의
<표 2>와 같다.[31]

<표 2> 개척민 이주상황

번호	개척장소	개　척　민　내　역						개간상황
		세 대 주	나 이	본 관	원거주지	솔 거 인		
						처 김씨(金氏 ; 59세 / 본관 안동)		

---

29)『光緒九年四月 日 鬱陵島開拓時船格糧米雜物容入假量成冊』(서울대학교 규장각도
　　서, No.17041).

30) 김호동, 「개항기 울릉도 개척정책과 이주실태」『대구사학』77, 대구사학회,
　　2004.

31)『光緒九年七月 日江原道鬱陵島 新入民戶人口 姓名年歲及田土起墾 數爻成冊』
　　(서울대학교 규장각도서, No.17117).

번호	지역	성명	나이	본관	주소	가족	규모
1	대황토포 △ 大黃土浦 ▽	장덕래 (張德來)	72	인동	경상도 안의	아들 기현(琦現 ; 33세) 둘째아들 기영(琦英 ; 25세) 셋째아들 기량(琦良 ; 6세)	2석지지
2		김연태 (金淵泰)	65	강릉	강원도 강릉	아들 탁향(鐸鄕 ; 37) 며느리 이씨(李氏 ; 35) 손자 진섭(辰燮 ; 14) 둘째손자 재복(在福 ; 2)	1석지지
3		이회영 (李回永)	36	평창	〃	처 박씨(朴氏 ; 36 / 본관 밀양) 아들 인갑(仁甲 ; 14) 둘째아들 의갑(義甲 ; 11)	〃
4		황수만 (黃守萬)	24	증산	〃	처 이씨(李氏 ; 17 / 본관 평창)	〃
5	곡포 △ 谷浦 ▽	배경민 (裵敬敏)	33	김해	경기		〃
6		윤과열 (尹果烈)	40	파평	경상도 선산		〃
7		변길량 (卞吉良)	36		경상도 연일		반석지지
8		송경주 (宋景柱)	67	여산	경상도 경주		5두지지
9		김성언 (金成彦)	56	경주	〃		10두지지
10	추봉 △ 錐峯 ▽	전재환 (田在桓)	33	담양	강원도 울진	처 주씨(朱氏 ; 34 / 본관 웅천) 아들 시룡(時龍 ; 5) 차자 월룡(越龍 ; 3) 족숙 유(旒 ; 58) 족제 유환(有桓 ; 31) 솔인(率人) 배상삼(裵尙三 ; 32 / 居 大邱)	3석지지
11		주진현 (朱晋鉉)	32	능성	경상도 안동		1석지지
12		정직원 (鄭直源)	70	연일	강원도 울진	자 운표(雲杓 ; 30) 며느리 및 딸 합 5명	2석지지
13		조종환 (趙鍾桓)	39	한양	충청도 충주		5두지지
14		과부 이씨 (李氏) 모녀			충청도 충주		
						처 김씨(金氏 ; 55 / 본관 강릉) 아들 재익(在翼 ; 34) 며느리 김씨(金氏 ; 36 / 본관 황주)	1석지지

| 15 | 현
포
동
∧
玄
浦
洞
∨ | 홍경섭
(洪景燮) | 57 | 남양 | 강원도
강릉 | 손자 수증(守曾 ; 5)
손녀(11)
둘째손녀(1)
둘째아들 재경(在敬 ; 20) | |
| 16 | | 최재흡
(崔在洽) | 82 | 강릉 | 강원도
강릉 | 아들 형곤(亨坤 ; 50)
며느리 김씨(金氏 ; 40)
손자 하룡(河龍; 14)
둘째손자 우룡(又龍 ; 7)
손녀(22)
둘째아들 계수(桂秀 ; 44) | 〃 |

　　이 조사 보고 시점이 1883년 7월인 것으로 보아 이들 16호 54명은 울릉도 개척 이주민 모집에 응해서 울릉도로 들어가 정착한 개척민들일 것이다. 이들은 대황토포(태하)·곡포(남양)·추봉(송곳산)·현포동 등지를 개간하여 정착하였다. 고종과 이규원이 개척의 최적지로 제시한 나리분지에 정착한 민호는 보이지 않는다. 그것은 이곳이 넓은 공지를 확보하고 있지만 물이 지하로 스며들어서 물 문제 등으로 인해 농경에 적당하지 않기 때문이다.

　　이때의 이주 민호는 16호 인구 54명에 불과하다. 이것으로 울릉도를 효과적으로 개척할 수 없다. 이규원이 나리동 외에 100~200호를 이주시킬 곳은 7~8개처 있다고 한 사실과 견주어 보더라도 첫 이주민이 16호 54명에 불과한 것은 이주정책이 실패하였다고 보아야 할 것이다. 이규원이 울릉도를 검찰할 때 본국인, 즉 조선인 141명, 일본인 78명이 울릉도에 거류하고 있었다는 것을 감안할 때 겨우 54명의 이주민을 갖고 일본인을 구축하고 울릉도 개척을 완수할 수 없을 것이다. 대개 사민의 경우 '부실자富實者'를 대상으로 하고 있다. 그런데 위 16호 54명은 결코 '부실자'라고 볼 수 없다. 16호 가운데 1명에 불과한 호가 7호나 되며, 2인이 경우도 2호나 된다. 흔히 위 자료에 의거해 입거가 시작된 지 약 3개월이 지난 7월에 이르러서는 310두락의 농토를 개간하게 되었다고 하면서 그것은 정부의 지원에 힘입은 것이기도 하지만,

입거인들의 노력에 의하여 개척이 빠른 속도로 이루어져 가고 있음을 말해주는 것이라고 평가하고 있지만32) 실상은 결코 그런 형편은 아니었다고 볼 수 있다.

출신지역별 분포를 보면 강원도가 7호, 경상도가 6호, 충청도가 2호, 경기도가 1호의 순위로 되어 있다. 당초 고종에게 이규원이 "뱃군과 약재 상인들에게 시험 삼아 물어보니 들어가 살고 싶어 하는 사람들이 많았습니다"라고 하였지만 막상 이규원이 검찰하러 왔을 때 울릉도에서 가장 많이 만난 전라도 지역의 뱃군들은 이번 이주민 기록에 보이지 않는다. 이것은 아마 이 기록이 '신입민호인구新入民戶人口'로서 1883년 개척령에 의해 정부의 주도 하에 모집된 이주민이기 때문일 것이다. 개척령 이전에 울릉도에 있었던 거류민 141명 가운데 얼마 정도인지는 알 수 없지만 울릉도에 살게 된 사람들이 있었을 것이다. 이들은 개척령에 의해 범법자의 굴레에서 벗어나 합법적 울릉도민으로 자리 잡았겠지만 이번 통계에 잡히지 않았을 것이다. 개척이 결정된 후 울릉도의 개척의 일을 주관하는 도장에 그간 울릉도에 살았던 전석규가 임명되었지만 그의 이름은 위 자료에 나오지 않는다. 정부에서 전석규를 도장에 임명한 것은 그가 10년 동안이나 울릉도에 살면서 현지사정에 밝은 점 때문이기도 하지만 이규원이 울릉도를 검찰할 때 만났던 사람들을 울릉도민으로 정착시키고자 하는 의도에서 나온 것이기도 하다. 따라서 울릉도 개척의 시작을 이야기할 때 흔히 개척령 이후 신입인구 16호 54명에 초점을 두고 논하는 것은 잘못된 시각이라고 할 수 있다.

개척령에 의해 4월과 7월 두 차례에 걸쳐 울릉도에 개척민이 들어왔다는 설이 있다. 우용정禹用鼎의 『울도기鬱島記』를 살펴보면

---

32) 송병기, 『울릉도와 독도』, 단국대출판부, 1999, 80쪽.

근자 임오년에 신 이규원에게 군사를 거느리고 실행하라 명하고 개척사를 삼음에, 이전에 몰래 건너온 일본인 1,500명을 모두 철수하여 돌아가게 하니, 후에 관동 사람 7, 8집이 먼저 들어오고 그리고 영남 사람 10여 집이 따라 들어와서 바위에 의지하여 집을 짓고 불을 놓아 밭을 일구었다. 이로부터 팔도의 사람이 조금씩 옮겨와서 점차 촌락을 이루었는데 그러나 쥐의 피해가 혹심하여 밭곡식이 남아나지 않았다.

우용정은 이규원을 개척사로 임명하였다고 하지만 개척사는 실제 김옥균이고, 이규원은 1884년에 개척사에 임명되었다. 철수한 일본인의 숫자 1,500명도 과장된 것이다. 그리고 관동 지방에서 7, 8집이 먼저 들어오고 난 후에 영남 사람 10여 집이 따라 들어왔다고 하였다. 그러나 위 7월의 신입호구 명단에는 그러한 구분이 없고, 관동과 영남 사람뿐만 아니라 경기도와 충청도에서 온 사람들도 있으므로 자료로서의 신빙성이 문제가 된다. 위 기록을 믿는다면 광서 9년 7월 문서에 나오는 신입민호 명단은 개척령 이후 들어온 개척민의 일부만을 나타낸 것, 어쩌면 공적 절차를 밟고 들어온 개척민, 혹은 개척민의 일부만을 원주목사가 파악한 것이라고 할 수 있다. 울릉도독도의용수비대장을 지낸 홍순칠의 수기를 분석하면 위 신입인구 16호 54명이 울릉도에 들어오기 이전에 이미 4월에 개척민이 들어왔음을 알 수 있다.

1883년 (음력) 4월 초8일 강원도 강릉에서 향후 10년을 예정으로 울릉도로 낙향한 할아버지(홍재현洪在現)께서 4일간 뱃길로 해서 지금의 울릉군 북면 현포동에 당도하셨는데, 그때 울릉도의 주민이라고는 고작 두 가구가 살고 있었다. 강릉을 떠나실 때 가지고 온 씨앗들은 바닷물에 젖어 못 쓰게 되고 또 먼저 울릉도에 온 두 가구에게도 곡식의 씨앗들은 전혀 없었다. 그리하여 매일 산에서 칡을 캐고 바다에서 소라, 생복, 문어 등과 미역, 김, 해초를 따다 생명을 유지하면서 울릉도와 강원도 간을 횡단할 수 있는 배를 만들기 시작하셨다. 그러나 배를 만드는 데 필요한 연장들이 없기에 그 과정은 힘들고 또 진척이 늦었다".33)

---

33) 홍순칠, 『독도의용수비대 홍순칠 대장 수기 이 땅이 뉘 땅인데!』, 13쪽.

개척민의 3대째 수기 기록을 얼마만큼 신빙할 것인가 하는 문제가 있지만 이 기록을 『광서구년사월 일 울릉도개척시선격량미잡물용입가량성책光緒九年四月 日 鬱陵島開拓時船格糧米雜物容入假量成册』과 관련시켜볼 때 홍재현가는 정부의 개척령에 의해 처음으로 입도한 집안의 하나로 볼 수 있다. 그러나 홍재현의 이름이 7월의 신입민호에 보이지 않는다. 또 홍재현가가 울릉도에 도착할 때 이미 울릉도에는 두 가구가 살고 있었다고 한다. 이 두 가구가 개척령에 의해 들어온 가구인지 전석규처럼 개척령 이전부터 살고 있었던 가구인지 알 수는 없다.

아마 4월의 『광서구년사월 일 울릉도개척시선격량미잡물용입가량성책』은 첫 개척민을 싣고 들어가기 전에 그 준비상황을 중앙정부에 보고한 것이고, 7월의 『광서구년칠월 일 강원도울릉도신입민호인구성명연세급전토기간수효성책』은 4월 이후 첫 개척민이 입도하여 정착지와 개간지를 할당받아 소유지로 등록한 상황을 관원이 돌아와 보고한 내용이라고 할 수 있다. 아니면 공적으로 이주시킨 민호라고 볼 수 있다. 이들 외에 개척령 공포 이후 사적으로 입도한 사람들도 있었을 것이나 이들의 명단은 여기에 실리지 않았을 것이다. 그렇다면 위 홍재현가가 4월에 입도하였다면 개척령을 듣고 개별적으로 입도한 경우에 해당한다고 볼 수 있다. 우용정이 언급한 것처럼 4월과 7월 짧은 기간 내에 두 차례에 걸쳐 개척민을 파견하여 그 7월의 명단에 개간지까지 수록하였다고 보기에는 무리가 있다.

필자는 2006년 가을과 2007년 봄에 본천부에서 5대째 살고 있는 이춘태를 만난 적이 있다. 그의 고조부 이진화(1821~1917, 본관 청안)의 경우 환갑 때 7살인 아들 용언을 데리고 울릉도로 들어왔다고 한다.[34] 그렇다면 이진화는 1881년에 울릉도에 입도한 것이 된다. 이진화가 입도한

---

[34] 다만 아쉽게도 울릉도 천부의 제적등본에는 이진화에 관한 기록은 없고, 그의 아들 이용언의 경우 제적등본에 이름이 나오나 생몰년대가 보이지 않는다.

후 이진화－이용언－이기도－이종혁－이춘태의 5대가 살면서 지금으로부터 90년전쯤에 현재의 '천부리 485번지'에 집을 지어 지금까지 대를 이어 살았다고 한다. 다만 처음에는 투막집을 짓고 살았지만 세대가 지나면서 함석지붕을 얹고, 편의를 위해 내부공간을 바꾸었지만 원래의 형태는 그대로 간직한 채 그곳에서 그대로 살아왔다고 한다. 6대째인 이춘태의 자식들은 현재 육지에 살고 있지만 그들까지 포함하면 6대째 그 집에 산 셈이 된다. 그러나 이들도 16호 54명에 포함되지 않는다. 울릉도 개척을 말할 때 지금처럼 16호 54명에 국한하여 말한다면 거기에서 울릉도 개척이 제대로 되었다는 설명은 도저히 불가능하다. 그런 주장은 더 이상 하지 말아야 한다.

어쨌든 홍재현과 이진화의 입도날짜에 대한 증언을 그대로 믿는다면 7월의 신입민호 16호 54명은 국가에서 공적으로 파악한 수치에 불과하고 여기에 포함되지 않은 호구가 상당수 있었다고 보아야 할 것이다. 그것은 인류학자인 도리이 류우조(鳥居龍藏)가 1917년에 울릉도를 현지조사한 후 쓴 울릉도 '현 주민의 이주상태'를 논한 다음의 글에서도 확인된다.

울릉도의 조선인들이 도대체 언제부터 살기 시작하였는가 하는 것이 첫째 문제이다. 그런데 이 섬에 살고 있는 조선사람들은, 오늘날의 노인들에게 들어보아도 가장 빠른 자가 40~50년 정도이며, 그것도 41~2년 이상은 별로 없는 듯하다. 지금의 울릉도 조선인들은 이전 울릉도 사람들과는 사람이 교체되어 있다는 것을 분명히 알고 있어야만 한다. 애초에 나는 이에 대해 인체측정을 할 작정이었지만, 그들은 전라도, 경상도, 강원도에서 이곳으로 이주하였다는 사실을 알게 되었기 때문에, 이들 각 도에서 측정하였던 일과 똑같은 작업이 되기 때문에, 그 일을 하지 않았다. 구전으로 전하는 바에 의하면, 지금부터 42년 전에 처음으로 조선 정부가 이곳에 관리를 파견하였다. 이것은 당시 이 섬이 어떠한 상태에 처해 있는지를 살피러 온 것이었다. 이것이 가장 최초의 일이었다. 이 41년 전은 어떠하였는가 하면, 관리인 강원도 평해 부사와 강원도 삼척 만호가 3년마다 교대로 한번씩 이곳을 순시하러 왔다. 이때는 하여간 무인도였다. 그리고 이 섬은 조선의 정책으로서 어느 누구라도 거주하는 것이 엄격히 금지되어 있었다. 왜냐하면 종종 육지에서 도둑 등이 이곳으로 도망 와서, 각 도의 연안을 위협하는 근거지로 삼았기 때문에, 조선정부는 이곳에 사람을 일절 두지 않는 정책을 취하고 있었다. 그래서 강원도 평해부사, 삼척만호가 시종 이곳으로 와서, 사람이 있는지 없는지를 조사하게 된 것이었다. 그런데, 지금부터 대략 42년 전 이규원이라는 사람을 이곳으로 파견하였다. 이때 파견되었던 이규원의 보고에 의하면, 이 섬은 매우 풍족해서 살기 좋은 섬이며, 이 섬을 식민해야 한다고 해서, 울릉개척사라는 자가 생겼으며, 이윽고 이곳의 개척은 시작되었다. 혹은 사람을 이주시키기 시작한 것이었다. 그런데, 지금부터 42년 전 이 개척사가 생길 당시에는 무인도이었을까 하면 그렇지 않았기 때문에, 이미 이곳에는 10호정도의 인가가 존재하고 있었다. 그리고 인가는 도동이나—도동은 오늘날 도청이 있는 곳으로 이 섬의 관청이 있는 중심지이다—사동, 황등포, 광암, 창동, 천부동, 견달리(역자주 : 와달리의 오기) 등에 10호 가량의 집이 있었다. 집이 10호쯤 있어도, 주민으로 남자만 거주하는 것과 남녀가 함께 거주하는 것은 그 가치가 상당히 다르겠는데, 이곳에는 남녀가 모두 거주하고 있었다. 이때 이미 일본집도 오늘날 도청이 있는 도동에 한 집 있었는데, 일본사람 한 명이 살았다. 이 사람은 지금 부산에 갔다고 하는데, 그는 이 섬에서 가장 오래된 일본인이다. 지금으로부터 32년 전 황등포에 관청이 생겼다. 이 때 도수라는 이름으로 불린 단순한 관청이 생겼다. 그리고 이 때의 호수는 거의 400호였다. 이어서 22년 전에는 울릉군이 이곳에 생겼다. 이때는 조선인의 집이 600호, 일본인의 집이 40호쯤—일본인도 오게 되었다. 이때 이 섬은 전체적으로 삼림으로 덮여 있었으며, 머리에 갓을 쓰고 길을 갈 수 없을 정도로 수목이 많았다 한다. 그러나 벌목 및 화전 때문에 지금과 같은 상태로 되어 버렸다. 혼간지의 나무도 죄다 이 울릉도의 느티나무를 가지고 갔기 때문에 그만한 크기의 당을 만들게 되었다. 하여간 그러한 상태로부터 오늘날 이 섬에 있는 사람들은 역사를 알고 있다. 그렇다면, 지금부터 42년쯤 이전에 어떻게 이 섬으로 들어오게 되었는가 하면, 전라도 사람이 미역을 채취하러 처음으로 이 섬에 몰래 왔다. 여름철에 걸쳐 미역을 따고, 가을이 되면 돌아갔다. 이것이 점차 토착성을 띠어왔기 때문에, 오래된 집은 전라도 사람이 많다. 조선에서도 전라남도의 남쪽—제주도와의 사이의 다도해에는 섬이 매우 많기 때문에, 따라서 뱃사람이 매우 많으며, 그 섬사람들은 배에서 생활하고 있다. 그래서 이 지역의 사람들이 처음으로 왔던 것이다. 그래서 울릉도에서는 조선의 배를 나선이라 부른다. 결국 전라도배라는 뜻이며, 다른 배라도 그러한 이름으로 불리게 되었다. 하여간 이 섬으로 건너온 사람은 미역채취가 가장 최초의 일이었다.[35]

---

35) 도리이 류우조(鳥居龍藏), 「人種考古學上より觀たる鬱陵島」『日本周圍民族の原始宗敎)―神話宗敎の人種學的硏究―』(東京, 岡書院, 1923).

　1917년에 울릉도를 조사한 도리이 류우조는 42년전에 이규원이 울릉도에 들어왔다고 기술하였다. 1917년의 42년 전은 1875년에 해당한다. 그러나 이규원 검찰사가 울릉도에 들어온 것은 1882년이다. 따라서 도리이 류우조의 글은 연대상 오차가 있지만 이규원이 울릉도에 들어오기 이전에 남녀가 모두 거주하는 토착성을 띈 인가가 도동이나 사동, 황등포, 광암, 창동, 천부동, 견달리(역자주 : 와달리의 오기) 등에 10호 가량 있었음을 전하고 있다. 그리고 그들 가운데 전라도 사람이 많고 주로 미역채취를 위해 울릉도에 들어왔다고 하였다. 도리이 류우조의 글을 통해 보더라도 1883년 '신입호구 16호 54명'에 집착하여 울릉도 개척사를 설명하려는 시각은 시정되어야만 할 것이다.

　1883년의 '신입민호'에 실린 16호 54명의 뒷날 행적을 전하는 자료는 지금까지 발견되지 않는다. 다만 1938년의 울릉도 거주자 명단이 일부 전하고 있는데,[36] 거기에 울릉도 도동에 살고 있는 사람 가운데 나오는 전재환田在桓은 앞의 <표 2> 10에 실린 추봉에 사는 전재환이 분명하다.

　울릉도를 개척하기로 한 조선 정부는 개척민의 이주와 도장의 임명을 통해 울릉도 개척을 추진함과 동시에 외교경로를 통해 일본인의 삼림 벌채를 강력 항의하였다. 1881년부터 울릉도에서의 범작犯斫이 한일 간의 외교문제로 비화되면서 조선정부는 여러 차례 공함을 보내어 일본인들의 철수를 요청하였지만 일본정부의 철수 약속에도 불구하고 이행이 이루어지지 않았었다. 검찰사 이규원이 조사할 때의 일본인은 겨우 78명에 불과하였다. 그러나 이 무렵 어류나 밀채하던 일본인은 약 4.3배에 해당하는 330여 명으로 늘어나 있었다.[37] 상대적으로 개척령 이

---

36) 문보근, 『동해의 수련화 — 우산국울릉군지』, 1981.
37) 『일본외교문서』 16사항 문서번호 132·133 ; 『善隣始末』 부록 竹島始末 ; 송병기, 앞의 책, 82쪽 재인용.

후 일본인의 숫자가 이렇게 급격히 증가한 데 반해 조선정부의 개척에
응해 울릉도에 신입한 인구는 겨우 16호 54명에 불과하였다. 이것은 개
척의 방향이 잘못되었기 때문이다. 이때의 울릉도 개척은 농업이민이었
다. 개척 방향이 만일 울릉도의 특성을 감안해 어민들의 이주, 그리고
삼림벌채를 위한 이민으로 이루어졌다면 울릉도의 개척은 실효를 거두
었을 것이고, 울릉도에 대한 일본인들의 삼림벌채, 그리고 출어행위를
단속하여 울릉도를 지켜낼 수 있었을 것이다. 울릉도의 일본인에 대한
철수 명령이 내무성에 내린 것은 1883년 8월 초순이었다. 이에 의거해
1883년 9월에 이르러 일본인이 완전 철수함으로써 조일 양국 정부 사
이의 외교현안이었던 울릉도 범작문제는 일단 해결이 되었다. 일본으
로 쇄환된 일본인은 재판을 받았지만 모두 무죄로 방면되었다.[38]

  울릉도 개척을 주관하기 위한 도장이 임명되었지만 도장은 강원도
관찰사의 발령이었고 이정里正이나 보갑保甲과 같은 것이어서 관수官守
의 권한을 갖고 있지 못하였다.[39] 도장에 임명된 전석규에게는 도장이
란 감투는 씌어졌지만 직책을 수행할 수 있는 수하인은 물론 경비조차
배정되지 않았다. 그 때문에 그는 개척을 독려하고 울릉도에 들어온
일본인을 구축하기 보다는 도장이란 직책을 이용하여 부정을 저질렀
다. 1884년(고종 21) 1월, 도장 전석규는 정부의 허락도 없이 미곡米穀을
받고 일본 천수환天壽丸 선장에게 삼림 벌채를 허가해주는 증표를 써줌
으로써 파면되고 처벌을 받게 되었다.[40] 당초 정부는 그 후임을 즉시

---

38) 『舊韓國外交文書』 日案 1, 문서번호 204·277·316·479.
39) 『舊韓國外交文書』 日案 1, 문서번호 204 ; 송병기, 앞의 책, 85쪽 참조.
40) 『고종실록』 고종 21년 1월 11일. 동남제도개척사 김옥균이 울릉도 도장 전석
   규의 과오를 들어 국왕에게 파면을 건의하여 윤허를 받은 고종실록의 기록에
   대해 "동남제도개척사 김옥균이 울릉도에 들어가서 불법으로 울릉도 목재를
   몰래 찍어내어 실어가는 일본인들을 붙잡아 조사해보니 도장의 허가증명서를
   가지고 와서 쌀과 교환해가고 있었다"는 해석(신용하 편저, 『독도영유권 자료의 탐구』
   제2권, 독도연구보존협회, 1999, 131쪽)이 있지만 김옥균이 울릉도에 들어간 것은 아

선발하여 보내고자 하였으나 적절한 후임자를 찾지 못하였다. 그리하
여 삼척영장으로 하여금 직접 울릉도에 들어가서 실지 형편을 관찰하
면서 백성들의 이주와 개척 사무를 관리하여 처리하도록 하되 관리들
의 배치 문제는 강원감사에게 위임하고, 관직명은 '울릉도첨사겸삼척
영장'으로 하도록 하여 병조의 발령을 받아 울릉도 행정을 담당 관리
하게 하였다.[41] 이로 인해 현지인 도장제는 폐지되고 말았다. 그로부터
3개월 후 평해군수로 하여금 울릉도첨사를 겸하게 하고 발령은 이조에
서 발급하도록 변경하였다.[42]

그 후 1888년(고종 25) 2월에 울릉도는 바닷길의 요충이므로 평해군
안에 있는 월송진越松鎭에 만호萬戶의 관직을 신설하여 울릉도 도장을
겸임케 하였다.[43] 비록 겸직이지만 삼척영장이나 평해군수가 겸직하는
종래의 울릉도첨사와는 달리 울릉도 개척과 행정을 담당하기 위해 신
설된 직책으로서, 종4품의 정부관원으로 임명하였다. 그 첫 도장에 서
경수徐敬秀를 임명하였다.[44]

울릉도 도장을 월송만호가 겸하게 됨에 따라 도장은 대개 3월에 들
어와 7·8월에 나가는 것이 상례였다. 그것은 전라선全羅船이 3월에 들
어와 하기夏期 영업을 마치고 7·8월에 나가기 때문이다. 도장이 나갈
때는 현지민 가운데에서 감지인監之人을 추천하여 도수島守라 하고, 다
음 해 3월까지 대임代任토록 하였다.[45] 이러한 조처는 울릉도 개척에

니다. 김옥균은 이때 마침 일본에 체류 중이었는데 일본인들이 계속 울릉도의
수목을 몰래 베어 실어 나르고 있다는 정보에 따라 1883년 12월 초에 수원
卓挺埴을 시켜 조사하게 하였다. 탁정식은 馬關에서 天壽丸을 찾아냈고 村上
등으로부터 이러한 사실을 확인하게 되었던 것이다(『선린시말』 부록 죽도시말 ; 송
병기, 앞의 책, 83쪽).
41) 『고종실록』 고종 21년 3월 15일.
42) 『고종실록』 고종 21년 6월 30일.
43) 『고종실록』 고종 25년 2월 6일.
44) 송병기, 앞의 책, 85~86쪽 참조.

대한 중앙정부의 적극적 의지의 표현이라고도 볼 수 있다. 겸임도장은 매년 울릉도를 수토하면서 도형과 토산물을 바침은 물론 신구호수·남녀 인구·개간면적을 보고하였다.[46] 그 뿐만 아니라 조선정부는 중앙 혹은 지방의 관원을 울릉도로 파견하여 개척사업을 점검하기도 하였다. 1892년에 선전관 윤시병尹始炳을 울릉도검찰관으로 임명 파견하였고, 이듬해에는 평해군수 조종성趙鍾成을 수토관에 임명 파견하였으며, 1894년에는 조종성을 검사관에 임명 파견하였다. 정부에서는 또 새나 쥐의 피해가 심한 울릉도민에게 양곡을 지원하기도 하였고, 개척 이후 5년간 제한되었던 부세나 요역의 면제를 5년이 지난 후에도 지속하면서, 단지 호남인으로부터 곽세와 조선세를 거두었을 뿐이었다. 이런 부세나 요역의 면제조처도 울릉도를 개척하는 데 크게 기여하였을 것으로 평가되고 있다.[47]

그러나 현지의 울릉도민의 기록에 의하면 도장이 울릉도에 들어오면 민간납세가 매호每戶에 감곽甘藿 일속一束과 해태海苔 5장씩 부과하였고, 도장과 진휼을 위해 울릉도에 들어온 관리들이 가렴苛斂하여 개척민들의 삶의 뿌리를 갉아먹기가 태반이었다고 진술하고 있다. 특히 조종성은 '조까꾸리'라고 불릴 정도로 작폐가 심하였다.[48] 1884년경부터 울릉도에는 평해군으로부터 이교吏校들이 배치되었다. 이 이교들은 도민으로부터 주재비조로 콩이나 보리를 거두었는데, 뒤에 가서는 그것이 커다란 민폐가 되었다. 이에 정부에서는 1894년 초에 평해군과 울릉도에 관문을 보내어 불법 이교배吏校輩와 잠상배潛商輩를 체포 압송할 것과 이교배 배치의 폐지를 지령하기도 하였다.[49]

---

45) 孫純燮, 『島誌 —鬱陵島史—』(초고본) : 필사 李鍾烈.
46) 『江原道關草』 무자 7월 10일, 기축 7월 17일, 경인 7월 19일, 신묘 8월 16일, 임진 7월 14일.
47) 송병기, 앞의 책, 86~87쪽.
48) 손순섭, 『도지 —울릉도사—』(초고본) : 필사 이종열.

보다 더 근본적인 문제는 도장제로 일본인의 울릉도 침어를 막아낼 수 없다는 데 있다. 1883년 일본인들이 울릉도에서 철수하였지만 천수환사건(1884.1), 만리환사건(1885) 등에서 보다시피 일본인들의 울릉도 목재 밀반출은 여전히 계속되었다. 1876년의 개항으로부터 청일전쟁기를 전후하여 조일통상장정(무역규칙 및 해관세목)의 체결과 조일통어장정(규칙)의 체결(1889)에 이르는 기간에 일본 어민은 지의적이고 모험적이며, 비합법적 침략적 조선해 밀어密漁 단계에서 조선해 통어通漁의 제도상의 합법화를 통하여 조선해 통어를 본격화하기 시작하였다.[50] 울릉도의 경우도 그 예외는 아니었다.

1883년 조일통상장정이 체결되었는데 장정 41조에는 일본인의 전라·경상·강원·함경 4도 해빈海濱에서의 어업을 허가하고 있다. 따라서 강원도에 소속된 울릉도 해빈에서의 어업도 허가한 셈이다. 조일통상장정의 조인과 동시에 조선해에 출어하는 일본어민의 범법행위에 대한 처벌규정으로 '처변일본인민재약정조선국해안어채범죄조규處辨日本人民在約定朝鮮國海岸漁採犯罪條規'(1883.7.25)가 의정되었다. 이는 일본 측의 요구에 의하여 7개조로 성안되어 조인된 조규이다. 내용은 명목상으로는 범법행위의 처벌규정으로 되어 있으나 실질적으로는 일본 어민의 범법행위를 비호하거나 은폐하여 조선의 법규에 의해 처벌되는 것을 최대한 막으려는 데에 목적을 둔 치외법권적 보호규정이었다. 즉, 제2조를 보면, 조선국의 법금을 범한 일본 어부를 조선국 관리가 체포하였을 때에는 그들을 일본의 영사관으로 하여금 의법 처단하게 하며, 이들의 호송 시에 기모침학欺侮侵虐해서는 안 된다고 규정하고 있다. 이외의 조항에도 일본인 범법자를 비호하기 위한 세심한 주의를 기울이고 있으며, 조선정부가 이들을 처벌할 수 있도록 한 규정은 하나도 없

---

49) 『江原道關草』 갑오 정월 7일.
50) 여박동, 『일제의 조선어업지배와 이주어촌 형성』, 보고사, 2002.

다. 1883년 조일통상장정의 체결로 인해 일본 어민의 조선해안 출어의 합법화가 이루어짐으로써 일본인들에 의한 울릉도 연안 출어와 벌목이 다시 나타나기 시작하였다. 천수환사건(1884.1), 만리환사건(1885)은 그러한 과정에서 일어난 것이다. 특히 1888년부터 전복을 채취하는 일본어민들의 울릉도 연안 출몰이 나타나기 시작하였고,[51] 특히 1889년 여름에는 전복을 채취하는 대규모의 일본어선단이 들어와 크게 소요를 일으킨 사건이 발생하였다. 어부 186명·어선 24척으로 구성된 이 어선단은 도방동(도동)에 사기그릇 등의 상품을 쌓아놓고 이를 곡물과 교환하기도 하였고, 장흥동 등지에서는 도민들이 가꾸어 놓은 조 약 16석 분을 절취해갔으며, 관고와 민가를 때려 부수는 등의 행패도 부렸다. 이 사건은 마침 울릉도를 수토 중이던 월송만호겸울릉도장 서경수에게 적발되어 정부에 보고되었고, 정부는 일본 어민의 처벌과 배상을 요구하였다.[52] 이에 대해 일본공사관은 「일본인어채범죄조규日本人漁採犯罪條規」 제2조 '어채 중 조선과의 법금을 어긴 일본인은 부근 일본 영사관에 인도하며, 일본영사관이 이를 처벌할 것'을 규정[53]하고 있음을 근거로 하여 당해 지방관이 죄범罪犯을 체포하여 부근 일본영사관에게 인도하지 않았음을 지적하고, 다만 부산·원산영사에게 조사 처리하도록 지시하였음을 통보하였을 뿐이다.[54] 이 사건에서 보다시피 수하에 무장병력을 전혀 갖고 있지 못한 서경수가 할 수 있는 일이란 기껏 행정계통을 밟아 정부에 보고할 뿐이고, 정부는 이를 일본공사관에 항의할

---

51) 『江原道關草』(규장각소장) 무자 7월 10일, 11월 9일, 12월 24일, 기축 5월 6일 ; 『統署日記』 2(『구한국외교관계문서』, 고려대학교 아세아문제연구소, 1973), 8쪽.
52) 『江原道關草』 기축 5월 28일, 7월 17일·25일, 8월 6일·11일 ; 『統署日記』 2(『구한국외교관계문서』, 고려대학교 아세아문제연구소, 1973) 133·163·174·197·232 ; 『日案』 2 문서번호 1510.
53) 『고종실록』 고종 20년 6월 22일.
54) 『日案』 2 문서번호 1510.

뿐이었다. 이 사건은 일본인들의 울릉도 침어의 기폭제로 도리어 작용하게 되었을 뿐이다. 더욱이 이 사건이 일어난 지 얼마 안 되는 10월에 조일통상장정 제41조에 근거한 조일통어장정朝日通漁章程이 체결됨으로써 일본인들의 울릉도 침어는 본격적으로 이루어지게 되었다. 이 장정 제2조는 일본영사가 발행하는 어업준단漁業准單을 소지한 일본 선박들은 전라·경상·강원·함경 4도 해빈 3해리 이내에서도 어업을 할 수 있도록 규정하고 있었기 때문에 1889년 말 이후 일본 선박들의 울릉도 연안 출입이 잦아졌고, 그것에 기대어 1891년부터 일본인들의 울릉도 잠입 체류가 시작하여 1896년 이후에는 계속 200명 내외가 잠입하여 주로 벌목에 종사하였다.[55]

이 시기 울릉도의 조선인을 살펴보면 1893년(고종 29)에는 울릉도의 호수가 200여호가 되었다.[56] 1896년 9월, 울릉도 도감 배계주裵季周의 보고에 의하면 도내 동리수는 11동(저포동, 도동, 사동, 장흥동, 남양동, 현포동, 태하리, 신촌동, 광암동, 천부동, 나리동), 호구수는 277호 1,134명(남 662·여 472), 개간농지는 4,774.9두락이었다.[57] 1990년 우용정의 보고에 의하면 개간지는 7,700여 두락이며, 호수는 400여호에 인구는 남녀 합하여 1,700여 명이라고 하였다.[58] 이에 근거하여 1883년부터 울릉도 개척이 시작되었고, 1888년 이후 더욱 개척에 힘쓴 결과 갑오경장을 전후하여서는 제법 많은 민호들이 입거하게 되었다고 평하는 것은 당시의 실상과 거리가 먼 평가이다.[59] 조선인들의 울릉도 이주는 개척정책이 성공하였기 때문이 아니라 이 시기 본토에서의 갑오농민전쟁 등을 피하여

---

55) 『주한일본공사관기록』(국사편찬위원회 소장), 各領事機密來信, 명치 33년, 부산영
　　사관 기밀 제17호(명치 33년 6월 12일).
56) 손순섭, 앞의 글.
57) 『독립신문』 건양 2년 4월 8일 잡보외방통신.
58) 우용정, 『울도기』, 1990.
59) 송병기 앞의 책, 88쪽.

울릉도에 들어온 사람들이 많았기 때문이다. 울릉도 개척세대의 후손들의 증언들에 의하면 1894년 갑오농민전쟁, 즉 동학난 당시 본토의 정세가 문란할 때 『정감록』을 보니 "울릉도에 가면 난리 세 번을 피할 수 있다"고 해서 울릉도로 들어왔다는 사람들이 많다. 그리고 그 때만 해도 '나선羅船'이라는 전라도 배가 있었는데, 그 배를 타고 울릉도로 오고 가고 했다고 한다. 그리고 입도 후에 태하뿐만 아니라 나리동, 추산, 현포에 많이 살았었는데, 그 이유는 농사를 지을 수 있었기 때문이었다고 한다.[60] 이렇게 볼 때 울릉도의 민호가 늘어난 것은 국가의 개척정책의 결과에 의한 것이기 보다는 본토의 갑오농민전쟁의 여파에 의한 것이라고 볼 수 있다. 그러나 개척 당시의 신입호구가 본토에 가족을 남겨두고 일부가 들어온 경우가 많은 것과는 달리 1894년 갑오농민전쟁을 전후해 울릉도에 들어온 이주민들의 경우 전 가족을 이끌고 울릉도에 들어옴으로써 울릉도 개척에 박차를 가할 수 있게 되었다는 점은 그나마 다행이라고 할 수 있다. 물론 이때를 전후해 들어온 사람들이 다들 동학농민전쟁을 피해서 들어온 것은 아니다. 일 예를 들면 부림홍씨에 속하는 홍병수洪柄修(1851~1910)의 경우 경북 영천 고촌 덕골에 살고 있었는데 1893년 봄에 처(龍宮全氏)와 아들 진우晉佑와 딸 덕실德室을 데리고 동해를 건너 울릉도에 입도하였다. 그는 지금의 북면 천부 4리(석포) 선창에 상륙하여 천부 142번지(지금의 홍연하 집)에 집을 짓고 살았다고 한다.[61]

개척민들은 처음부터 해변을 피하고 깊은 산골로 들어가 뭍에서와 같은 농촌생활을 이어가려고 했다. 그들은 화전을 일구고 움막을 짓고 겨울이 오기 전까지 열심히 일했으나 찾아온 것은 굶주림과 추위였다.

---

60) 김태원, 「울릉도민의 이주와 정착과정」 『울릉도·독도 동해안 어민의 생존 전략과 적응』, 민족문화연구소, 영남대출판부, 2003, 358~382쪽.
61) 洪弼欽, 『부림홍씨족보』(초본) 울릉화수회, 2000.

육지로 되돌아갈 수도 없어 굶어죽는 사람들이 잇따랐다고 전한다. 실제 『황성신문皇城新聞』 1902년 4월 29일자의 기사를 보면 1901년 8월 해관파원사海關派員士 기사 가운데 "일본인구 약 550인이 모두 조선벌목자造船伐木者이고 (중략) 한민韓民은 대략 3,000구에 이르나 모두 전호농맹佃戶農氓이라"고 한 것은 당시 울릉도민이 대부분 농업을 생업으로 하고 전호, 즉 소작농으로 존재하면서 어려운 생활을 하였음을 알 수 있다. 이때에 개척민들의 목숨을 이어준 것이 명이라는 산나물과 깍새였다. 이같은 굶주림에 시달려도 개척민은 물고기를 잡지 않았다고 한다. 일본인들이 코 앞에서 전복과 오징어를 거두어 가도 거들떠보지 않았고, 아이들이 일본인을 흉내 내어 고기를 잡으면 종아리에 피가 맺히도록 때려 비린 뱃사람 흉내를 내지 못하게 했다. 그러다가 울릉도 사람들이 고기잡이에 손을 대기 시작한 것은 일본 제국주의시대에 들어와서 이루어졌다고 한다.[62] 개척민이 농업이민이었기 때문에 어업에 종사하는 것을 꺼렸다는 증언을 통해 독도를 비롯한 울릉도 해역의 어업은 울릉도 어민의 주도하에 이루어지지 않고 일본어민들이 국제법을 위반하면서 불법적으로 주도하게 되었음을 알 수 있다. 이러한 잘못된 개척정책으로 인해 결국 1905년 일본이 독도를 '무주지無主地'라고 하여 자국의 영토에 편입시킬 수 있었다고 보아야 할 것이다.

3. 1900년 대한제국 '칙령 제41호' 공포의 역사적 의미

1888년 이후 울릉도 도장을 월송만호가 겸하게 됨에 따라 도장은 대

---

62) 뿌리깊은나무, 『한국의 발견 경상북도』, 1983년 첫째판 발간 · 1992년 여덟째판 둘째쇄, 379~380쪽.

개 3월에 들어와 7·8월에 나가는 것이 상례였다. 그것은 전라선이 3월에 들어와 하기夏期 영업을 마치고 7·8월에 나가기 때문이다. 도장이 나갈 때는 현지인으로 감지인監之人을 추천하여 도수島守라 하고, 다음해 3월까지 대임代任토록 하였다. 중앙정부의 행정력이 이로 인해 옳게 집행되지 않음으로써 도벌 등이 성행하였다. 이에 1890년 윤2월 28일에 고종이 강원감사 이원일李源逸에게 울릉도가 한쪽에 편재해서 국인이 모르게 벌목을 하는 폐단을 저지른다고 하면서 특별히 검찰하도록 하였다. 그 해 4월에 도장의 순시가 있었는데, 첨사는 평해군수 울릉도 첨사 조종성趙鍾成이고, 도장은 월송만호겸도장 서경수徐敬秀였음이 태하리 관사골에 있는 각석에 의해 확인된다. 이때 첨사 조종성의 추천으로 배상삼裵尙三이 도수가 되었다. 조종성이 이듬해 수토관에 임명 파견되고, 1894년에 검사관에 임명 파견된 것으로 보아 배상삼은 조종성의 신임 하에 도수를 계속 역임하였다고 볼 수 있다. 배상삼은 대구사람으로 본명이 영준永俊이었으나 울릉도에 이민을 와서 상삼으로 개명하였다. 그는 당초 동학에 연루되어 울진의 전재환田在桓의 집에 피신하여 식객으로 있었다. 울릉도 개척령이 내려지자 정감록을 신봉한 전재환 일가가 울릉도를 피난지로 여겨 울릉도로 이민하자 함께 울릉도에 들어왔었다. 홀아비로 입도한 배상삼은 성품이 활달하고 힘이 천하장사였으며 무부였다. 그는 사동沙洞 동편에 살고 있던 안동김씨 큰댁의 과수로 있던 자부子婦 권씨權氏를 보쌈하여 저동苧洞에서 독립생활을 하면서 대장간을 차려놓고 농기구를 만들어주고 그 대가로 밭일을 시켰다. 도수가 된 배상삼은 일본인들의 목재도벌 등을 단속하는 등 일본인에게는 호랑이 같았지만 울릉도민에게는 자못 선정을 베풀었다고 한다.

특히 1894년은 크게 가물어 울릉도에는 큰 흉년이 들었고, 또 쥐떼 및 조류들에 의한 농작물 피해가 심하였다. 1893년도 이주자나 1894년도 신이주자, 세농자細農者, 비농가 등의 수백인이 기아상태가 심각하여 구걸인구가 급증하였다. 이때 배도수가 부유한 농가 몇몇 사람들을 모아 기아자들의 구휼문제를 논의하였으나 한발의 장기화를 우려하여 모두 이를 거절하였다. 배도수는 이에 자기 집 창고를 열어 명년 맥숙기麥熟期까지 필요한 것을 제외한 나머지를 무조건 희사하겠다는 뜻을 밝혔다. 그리고 잉여곡물이 있을 만한 집 곡고穀庫를 차례차례로 수색하여 수십석의 곡물을 모아 기아자 가족 수에 따라 균등하게 분배하여 수백인의 기아자를 구제하였다. 이러한 그의 행동으로 인해 수혜자들은 그를 생명의 은인으로 우대하였으나 피해자는 원수같이 여겼다. 그해에는 또 장기長崎 어선 두 척이 울릉도에 침입하여 약탈하여 도민이 방위에 총력을 다하였다. 이를 겪은 도민이 9월 관권 강화에 대한 건의를 하였다.[63] 1894년을 전후하여 종래 실시하여 오던 수토제도를 폐지하는 대신 전임도장제를 실시하는 것으로 정책을 바꾸게 된 것은 이에 따른 중앙정부의 대응이 아닌가 한다. 1894년 갑오개혁이 단행된 직후 개화파정부는 12월 월송만호의 울릉도 수토제도를 폐지하고 경상좌수영에서 동해안 각 고을에다 월송만호의 울릉도 수토를 위한 배군과 집물을 바치도록 배정하는 것을 폐지하였다.[64] 이에 따라 이듬해인 1895년 정월 월송만호겸울릉도첨사의 겸직제도를 폐지하고 전임 도장島長을 두어 조정 또는 강원도에서 해마다 두 차례씩 배를 보내어 도민의 질고를 물을 것을 결정하였다.[65] 그러나 첫 전임도장에 누가 임명되었는가는 기록이 없다. 그 후 8월에 접어들어 내부대신 박정양朴定陽의 주장에 의해 도장의 명칭을 도감島監으로 고치고, 판임관判任官의 직급으로 해서 배계주裵季周를 초대 도감島監으로 임명하였다.[66] 초대 도감인

---

63) 文輔根, 『東海의 睡蓮花－于山國 鬱陵郡誌』, 1981.
64) 『고종실록』 고종 31년 12월 27일.
65) 『구한국관보』 개국 504년(1895) 정월 29일.
66) 『고종실록』 고종 31년 8월 16일. 개척 초에 입거한 배계주가 도감에 임명될 당시 본토에 있었는지 울릉도에 계속 살고 있었는지는 자료상 확인이 되지

배계주는 인천 영종도 출신으로 개척 초에 입거한 사람으로서 울릉도인이다.[67]

수토제도 폐지와 전임도감제 실시는 조선정부의 울릉도 경영의 획기적 전환을 뜻하지만 도감은 지방관제에 편입된 것이 아니었다. 도감은 울릉도인으로 임명되었으며 비록 판임관 대우라고 하지만 정부에서 지급하는 월봉도 없었고, 그 수하에는 단 한 사람의 수하도 없었다.[68] 그런 점에서 판임관 대우라는 것 외에 개척 초기의 도장 전석규의 위치와 별반 다를 바 없는 것이었다. 울릉도 도감 배계주는 1896년 9월에 발령을 받고 부산항에 도착했으나 배편이 없어 기다리다가 1897년 5월에 울릉도에 도착 부임하였다.

그러한 공백기에 배상삼 도수의 위력에 일본인들은 기를 펴지 못하고 목재 도벌도 못하여 전전긍긍하였고, 배도수에게 억눌려 있었던 몇몇 부유층이면서 야심이 있던 개척민들이 그를 제거하려는 뜻을 갖기 시작하였다. 1895년 겨울 개척민 가운데 배도수를 시기하던 3인이 모여 배도수를 제거하는 모의를 하였고, 그 과정에서 동조자 5인을 합하여 8사람이 모의에 참여하였다. 그들은 위조편지 한 장을 작성하여 노상에 버렸는데 그 안에는 "배도수가 왜인과 내통하여 개척민의 남자는

않는다. 다만 울릉도 도감 배계주는 1896년 9월에 발령을 받고 부산항에 도착했으나 배편이 없어 기다리다가 1897년 5월에 울릉도에 도착 부임하였다고 한 것으로 보아 울릉도에 살고 있지 않았다고 볼 수 있다. 그러나 이 경우도 임명장 수령을 위해 본토로 나간 것이라고도 볼 수 있으므로 이 문제는 다른 자료가 나와야 확인될 수 있을 것이다. 어쨌든 그가 초대 도감에 임명될 수 있었던 것은 울릉도에 살았던 경험이 인정되었기 때문일 것이다.

또 한 가지 현재 독도박물관 제1전시실에 전시된 교지에는 裵性鏐을 광서 16년(1890) 9월 도감으로 임명한 사실이 나온다. 이 교지에 따른다면 도장 → 도감 → 도장 → 도감으로 바뀌어가면서 전임 도감제의 확립으로 이어졌다고 보아야 할 것이다.

67) 『주한일본공사관기록』 본성기밀왕신(명치 33년), 기밀 제133호.
68) 『독립신문』 광무 원년 10월 12일, 외방통신.

다 죽이고 여자는 전부 왜인들의 처첩으로 팔려 한다"는 내용이 있었다. 그 내용이 알려지자 개척민들이 그를 미워하였다. 1896년 2월 28일에 태하리 관사에서 성황당 제일祭日을 기하여 거사하기로 언약하고 전 개척민에게 성황당제에 참석하라는 통지문을 발송하였다. 그날 태하관사에 모여 성황제를 마친 뒤 배도수를 결국 살해하고 말았다. 그 후 배도수의 처와 2남 1녀를 모두 죽여야 한다고 8인이 선동하자 개척민 가운데 이일조, 손병찬 등이 극구 반대하여 처자식을 죽이지 않고 육지로 추방하였다.[69]

이에 대하여 당시 신문은 다음과 같이 전하고 있다. 도민 중에 배정준이란 자가 수두首頭라고 자칭하고 섬 백성들로부터 임의로 수렴하며, 상업하는 배에 잡세를 탐봉하였다. 또 이사해오는 백성들로부터 금전을 거두며, 본토로 돌아가는 백성들을 늑탈하였다. 심지어 새로 섬에 들어오는 사람들로부터 돈을 거두다 부족하면 종으로 삼기까지 하였다. 또 벌목을 금하는 규목槻木과 향목香木을 불법으로 베어 외국인에게 몰래 팔아먹는 비리와 행태를 자행하였다. 이에 도민들이 집회를 열어 배정준의 죄를 징습하려고 하자 배정준이 도리어 칼을 들고 백성을 해치려고 하였고, 백성들이 돌로 배정준을 쳐죽인 사건이 발생하였다. 신문의 기사는 이와 같이 배상삼 사건을 달리 표현하고 있다.[70]

배상삼 사건이 일어날 수 있었던 것은 그간 개척 이후 도장들이 울릉도에 상주하는 것이 아니라 앞에서 본 바와 같이 대개 3월에 들어와 7·8월에 나가는 것이 상례였기 때문이다. 도장이 없을 때 도수島守가 대임하는 관행이 있었기 때문에 이러한 일이 발생할 수 있었을 것이다.

단신으로 아무런 수하도 없는 도장 내지 도감이 도민을 효과적으로 통치하고 일본인들의 침어를 막아낼 수 없었다. 배계주가 울릉도민으

---

69) 울릉도, 『울릉군지』, 1988.
70) 『독립신문』 1897년 4월 8일 「외방통신」.

로서 도감이 되었기 때문에 이후 도수 등의 작폐는 막았을지 모르지만 아무런 수하와 무장력도 갖지 못한 채 1,134명에 달하는 울릉도민을 단속하고 200~300여 명이나 되는 일본인의 침어를 막아낼 수는 없었다. 1897년 10월 대한제국이 성립하자 1898년 5월 26일에 황제의 칙령 제12호로 지방관제를 개정하며 울릉도에 도감을 설치하는 칙령을 발했지만[71] 그 이전의 도감과 별반 다름없이 일본인들의 침어를 막아내지 못하였다.

청일전쟁기를 전후한 시기부터 1904년의 러일전쟁 직전까지의 기간에 일본은 원양어업법의 장려제정(1897), 조선해통어조합연합회의 결성(1900) 등을 통하여 일본정부가 어민의 조선해 통어를 적극적으로 보호 · 장려하였다. 이 시기의 일본의 원양어업자 중 대자본은 남양방면의 어장으로 진출하고, 조선어장으로 출어하는 어민은 영세어민이었다. 이들 영세어민들의 조선해 통어가 청일전쟁 후 급격히 증가하여 1898년도에 1,223척, 1899년도에 1,157척, 1900년도에 1,654척, 1901년도에 1,411척, 1902년도에 1,394척, 1903년도에 1,589척으로 전기에 비해 약 2배의 증가를 보이고 있다. 그리고 실제 조사에 의한 조선해 통어선수는 3,415척에 달하였다고 한다. 이러한 영세 통어 어민의 급격한 증가로 조선어민과의 사이에 분쟁이 많이 발생하였으며, 통어민 보호와 분쟁방지를 위해 조선해 어업조사를 일본정부나 각 부현에서 실시하였다.[72] 1895년 이후 일본인들이 불법으로 울릉도에 들어와 벌목과 어로활동에 종사할 수 있었던 것도 이와 관련된 것이었다. 1899년 9월 15일자의 기록에 의하면 "울릉도는 개척된 지 몇 해 되지 않아서 인구가 희소한데 일본인 무뢰자들이 떼를 지어 이거해서 거민居民을 능욕 침학하며 삼림을 베어가고 … 곡식과 물화를 밀무역한다. 조금이라도

---

71) 『고종실록』 고종 35년 5월 26일.
72) 여박동, 『일제의 조선어업지배와 이주어촌 형성』, 보고사, 2002.

말리는 바가 있으면 칼을 빼어들고 휘둘러대면서 멋대로 폭동하여 꺼리는 바가 조금도 없으므로 거민들이 모두 놀라고 두려워하여 안도하지 못하는 실정"[73]이었다. 이러한 상황에서 무장력이 갖추어지지 않은 도감의 파견은 울릉도의 개척에 전혀 실효성이 없는 대응이었을 뿐이다.

일본인들의 울릉도 침어와 삼림채벌에 대한 항의는 전혀 다른 곳, 러시아로부터 제기되었다. 1896년 2월의 아관파천을 계기로 조선정부가 러시아에 몇 가지 이권을 넘겨주었는데 그 가운데 하나가 압록강·두만강 유역 및 울릉도 삼림벌채권을 블라디보스토크 상인 브린너(Brynner.Y.I)에게 특허한 바가 있었기 때문이다. 울릉도에 대한 일본인의 범작犯斫과 투운偸運에 대해 러시아는 그 이권에 대한 침해로 간주하고 1899년 8월에 일본에 항의하고, 한국정부에도 8월 3일·15일, 10월 11일 등 세 차례에 걸쳐 일본인의 벌목을 강력히 항의해왔다. 러시아가 이와 같이 강경한 입장을 취한 것은 남하정책상 울릉도가 갖는 전략적 가치를 높게 평가하게 된 때문일 것이다. 이 무렵 러시아 군함이 울릉도에 자주 왕래한 것도 이와 관련하여 이해되어야 할 것이다.[74]

러시아의 항의를 받은 일본 측은 즉시 한국정부에 벌채권을 양여한 사실이 있는지를 문의하였고, 그것을 확인하자 한국정부에 대해 러시아의 기득권은 존중하되 울릉도에 대한 일본의 권리를 유보할 것임을 성명하였다(1899.8). 울릉도는 이제 일본과 러시아의 각축장이 되었다.[75] 일본은 러시아의 벌목금지 요청을 받아들이기로 결정하고(1899.8) 원산영사관 외무서기생을 울릉도로 파견하여(1899.9) 현지 일본인들에게 11월 말까지 철수할 것을 지시하였다. 이때 한국정부가 일본 측에 울릉도 재류 일본인들의 철수를 요구하자 일본 측은 ① 한국영토 내에서

---

73) 『내부거래안』 3, 조회 제13호, 광무 3년 9월 15일.
74) 송병기, 앞의 책, 128쪽.
75) 송병기, 앞의 책, 127~128쪽.

일본인의 조약 위반한 범죄에 대한 처리의 일은 한·일 조약에 명백히 기재된 바이므로, 울릉도에서 일본인의 행위가 조약을 위반했다면 가장 가까운 일본영사에게 교부해서 조처를 구함은 한국정부의 권능이요, ② 일본공사가 한국정부에게 호의상 편의의 조치를 행하려고 일찍이 원산에 정박한 경비정에 영사관원을 탑승시켜 정황을 조사하여 일본인을 설득해서 데려오려고 울릉도에 파견했더니 기후가 흉악하여 풍랑 때문에 하륙하지 못하고 돌아왔으며, ③ 개항장이 아닌 항구에 외국인이 토지와 가옥을 사고 상업을 함은 조약에서 금지하는 바이니 그러한 위반자가 있으면 부근의 그 나라 영사에게 체포 이관해서 징벌함이 바로 지방관의 직권이니 한국 정부에서 한국 지방관에게 훈칙하여 일본관원의 조사를 기다리지 말고 먼저 일본인을 단속해서 일제히 돌려보낼 뜻으로 기한을 정해주어 문자로 고시하는 것이 타당하다는 회답공문을 보내 왔다.[76]

어쨌든 한국정부는 일본공사로부터 울릉도 재류 일본인의 철수를 약속받자 차제에 내륙에 있는 일본인들도 철수시킬 것을 요구하였다(1899.10.4). 한국정부의 이러한 요구는 일본 측의 태도를 경화시켰다. 일본 공사 하야시 겐스케(林權助)는 울릉도의 일본인을 철수시키는 것은 벌목을 금지하기 위해서일 뿐, 주거권의 유무와는 아무런 관계가 없는 것이라 하고, 한국 내지에는 다른 외국인도 많이 있으므로 일본인만이 퇴거할 이유가 없음을 들어 한국 측 요구를 거절하였다. 일본은 이처럼 울릉도 일본인의 쇄환이 주거권과 관계가 없음을 지적함으로써 오히려 울릉도에서의 일본인의 주거권을 주장하고 나섰다.[77]

한국정부는 일본인의 철수를 요구하는 한편 이 해 9월에 내부시찰관을 울릉도조사위원으로 임명 파견하여 그 정형을 살피도록 할 것을 결

---

76) 『내부거래안』 4, 조회 제20호, 광무 3년 9월 22일.
77) 『외아문일기』 광무 3년 10월 26일 ; 『일안』.

정하고[78] 12월 15일 우용정禹用鼎을 시찰위원에 임명하였다.[79] 그 사이에 1900년 초에 도감 배계주로부터 일본인의 작폐에 대한 보고가 있었다. 그 요지는 ① 현지 일본인들은 퇴거할 뜻이 없을 뿐 아니라 전 도감 오성일이 발급한 문서를 빙자하여 1899년 8·9월 사이에 1천여 판板을 작벌斫伐하였고, 도감이 서울로 올라가 고소하려 하자 일본인들이 나루를 지키어 통섭通涉할 수 없었다. ② 도감이 일본에 건너가 재판한 것은 수년 전의 일인데 일본인들이 당시의 비용을 강요하여 도민들이 변상하였다. ③ 규목의 작벌을 금하자 일본인들은 사검査檢과 벌목 계약을 맺었다 하고 계약금의 반환을 요청하여 도민들이 3,000여 량을 갚아주었다는 보고였다.[80] 이것은 당시 도감이나 울릉도민이 개척을 주도하고 울릉도를 경영해가는 것이 아니라 울릉도에 들어온 일본인에게 휘둘리고 있음을 단적으로 보여주는 것이다.

한국정부는 일본공사관에 조회하여 이것을 항의하고 일본인들의 조속한 철수와 전화錢貨의 상환을 요청하였다.[81] 일본공사는 회답조회에서 양 측에서 공동 조사할 것을 요구하면서 울릉도 일본인들이 도감에게 상당한 대가를 지불, 그 허가를 받아 벌목에 종사하였다는 진정이 있었다 하고, 일본인들은 도감과의 묵계 하에 부지불식간에 왕래 거류하는 것이 관례가 되었다고 주장하였다.

양국의 공동조사에 관한 논의가 전개되는 동안 일본공사는 부산영사에게 공동조사에 대비하는 각서 4개항을 훈령하였다. 그 가운데에는 비밀리에 러시아인과 벌목권 양수를 교섭하기 시작하였으며, 이 교섭은 상당히 진전되고 있음을 밝히고 있다.[82] 이 훈령에 이어 '울릉도재

---

78) 우용정, 『울도기』.
79) 『관보』 광무 3년 12월 19일.
80) 『내부거래안』 8(광무 4년), 조회 제6호 ; 『교섭국일기』 광무 4년 3월 15일.
81) 『교섭국일기』 광무 4년 3월 16일 ; 『일안』 4, 문서번호 5566.
82) 『주한일본공사관기록』 각영사기밀래신(명치 33년) 기밀 제5호.

류일본인조사요령鬱陵島在留日本人調査要領'을 시달하면서 일본정부는 일본인들이 울릉도에 잔류하도록 승인받는 것이 필요하므로 조사에 임하여서는 도감이 일본인들의 재류를 승인하였거나, 벌목을 승인 혹은 묵인한 상황에 대하여 주안을 두라고 강조하였다.[83] 일본 측이 공동조사를 제의한 의도가 일본인들의 재류에 있었으므로 공동조사는 결국 양 측의 입장 차이를 좁힐 수 없었다. 공동 조사가 끝난 후 정부는 현지 일본인들의 철수를 여러 차례에 걸쳐 요청하였다. 일본 측은 조약 규정 외의 일임을 인정하면서도 일본인들의 주거권을 주장하고, 그것이 관습화된 책임이 우리정부에 있음을 내세워 철수를 거부하였다.[84]

시찰위원 우용정은 도감이 수하에 단 한사람의 서기나 사환이 없이 일본인들은 물론, 도민들의 비행 불법을 지휘 행령할 길이 없음을 깨닫고 상경하자 울릉도의 관제개편을 건의하였다. 우용정은 울릉도 관제를 개편하되, 이에 따라 늘어나는 관원·서기·사환의 월봉은 도내 400여 호로부터 걷는 콩·보리 80석으로 충당할 수 있으며, 도의 경비는 전라남도 민으로부터 징수하는 곽세藿稅를 100분의 5에서 10으로 올리면 그 액수가 연간 1,000여 원이 됨으로 적지 않은 도움이 될 것이라고 하였다.[85]

우용정의 보고에 따라 내부內部에서 1900년 10월 22일자로 의정부에 설군청의서設郡請議書를 제출하였다. 대한제국 내부는 종래 감무監務를 두기로 했던 관제개정안을 수정하여 '군郡'을 설치하기로 하고, 10월 22일「울릉도鬱陵島를 울도鬱島로 개칭하고 도감島監을 군수郡守로 개정하는 것에 관한 청의서」를 내각회의에 제출하였다.

---

83) 『주한일본공사관기록』 각영사기밀래신(명치 33년) 기밀 제6호.
84) 송병기, 앞의 책, 99~109·112~116쪽.
85) 우용정, 『울도기』.

鬱陵島를 鬱島로 改稱ᄒ고 島監을 郡守로 改正에 關ᄒ 請議書

右는 該島가 東溟에 特立ᄒ야 大陸이 遠隔ᄒ온바 開國五百四年에 島監을 設置ᄒ야 島民을 保護ᄒ고 事務를 管掌케 ᄒ시 該島監 裵季周의 報牒과 視察官 禹用鼎과 東萊稅務司의 視察錄을 叅互節査ᄒ온즉 該地方이 蹤可八十里오 橫爲五十里라. 四圍腜壁에 中有巨山ᄒ야 自數十年來로 民蓄이 蕃殖ᄒ야 戶數가 爲四百餘家오 墾田이 爲萬餘斗落이라. 居民의 一年農作 擔包數爻가 藷爲二萬餘包오 大麥이 爲二萬餘包오 黃豆爲一萬餘包오 小麥이 爲五千包라ᄒ오니 大率 戶數와 田數와 穀數를 陸處ᄒ 山郡에 較計ᄒ오면 數或不及이오나 不甚相左 뿐더러 挽近 外國人이 왕래교역ᄒ야 交際上도 亦有ᄒ온지라. 島監이라 稱號ᄒ오미 行政上에 果有妨碍기로 鬱陵島를 鬱島라 改稱ᄒ고 島監을 郡守로 改正ᄒ오미 安當ᄒᆞᆸ기 此段 勅令案을 會議에 提呈事.

光武四年 十月 二十二日
議政府贊政 內部大臣 李乾夏
議政府議政 尹容善閣下 査照
勅令第四十一號(案)

내부대신 이건하의 설군設郡 청의서는 1900년 10월 24일의 의정부 회의에서 만장일치로 통과되었다. 이에 대한제국정부는 10월 25일자 '칙령勅令 제41호'를 다음과 같이 『관보官報』에 게재하여 전국에 반포하였다.

勅令第四十一號

鬱陵島를 鬱島로 改稱ᄒ고 島監을 郡守로 改正ᄒ 件

第一條. 鬱陵島를 鬱島로 개칭ᄒ야 江原道에 부속ᄒ고 島監을 郡守로 개정ᄒ야 官制中에 編入ᄒ고 郡等은 五等으로 ᄒᆯ 事.
第二條. 郡廳 位置는 台霞洞으로 定ᄒ고 區域은 鬱陵全島와 竹島 石島를 管轄ᄒᆯ 事.
第三條. 開國五百四年 八月十六日 官報中 官廳事項欄內 鬱陵島以下 十九字를 删去ᄒ고 開國五百五年 勅令 第三十六號 第五條 江原道 二十六郡의 六字는 七字로 改正ᄒ고 安峽郡下에 鬱島郡 三字를

添入홀 事.
第四條. 경비ᄂ 五等郡으로 磨鍊호되 現今間인즉 吏額이 未備ᄒ고 庶事
草創ᄒ기로 海島收稅中으로 姑先 磨鍊홀 事.
第五條. 未備ᄒ 諸條ᄂ 本島開拓을 隨ᄒ야 次第 磨鍊홀 事.

光武 四年 十月二十五日
御押 御墨 奉
勅 議政府 臨時署理贊政內部大臣 李乾夏

칙령 제 41호에 의해 울릉도는 울도군鬱島郡으로 승격되었다. 이제 울릉도는 울진군수(때로는 평해군)의 행정관할에서 벗어나 강원도 독립군현 27개중의 하나로 자리 잡게 되었다. 11월에 울릉도의 초대 군수郡守에 도감島監으로 있던 배계주裵季周가 주임관奏任官 6등으로 임명되었고,86) 뒤이어 사무관으로 최성린崔聖麟이 임명 파송되었다.

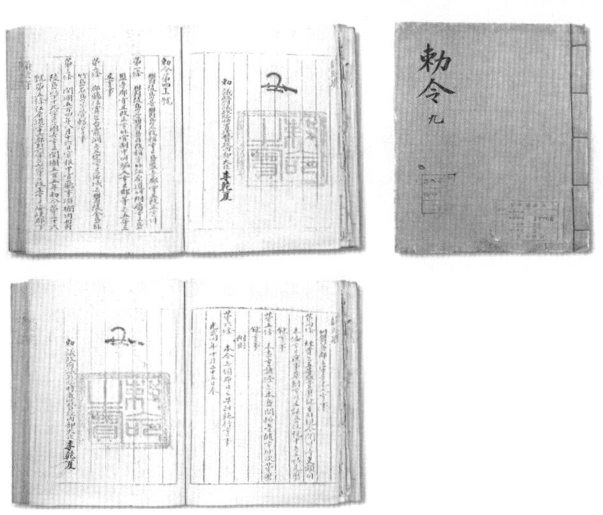

<그림 4> 대한민국 칙령 제41호

86) 『舊韓國官報』 第1744號, 光武 4년 11월 29일 「任鬱島郡守叙奏任官 六等 九品 裵季周」.

칙령 제41호 제2조에는 "군청의 위치는 태하리[台霞洞]로 정하고 구역은 울릉전도鬱陵全島와 죽도竹島, 석도石島를 관할할 사"라고 하여 울릉도의 관할구역에 죽도와 석도가 명시되었다. 여기서의 죽도는 이규원의 검찰일기에 나오는 울릉도 바로 옆의 죽서도竹嶼島이고 현재도 죽도로 불린다. 그리고 석도는 독도를 가리키는 것이다. 이에 대해 일본은 '석도'가 독도라는 증거가 없다고 비판하면서 관음도를 석도라고 하기까지 한다. 그러나 19세기말 관음도는 도정島頂이라는 이름을 갖고 있었다. 울릉도 주민과 이곳에 출어한 어민들은 전라도 사람들이 많았는데, 전라도 방언에는 '돌'을 '독'이라 하고 '돌섬'을 '독섬'이라고 한다. 대한제국 정부는 '독섬'을 의역하여 '석도'라고 한 것이다.87) 전라도에서 울릉도로 들어온 어민들은 우산도가 두 개의 큰 돌바위로 구성된 암서岩嶼임을 주목하여 그들의 관습대로 '독섬(돌섬)'이라고 부른 것이고, 유식자들은 이를 한자로 표기할 때 뜻을 취하면 '석도石島', 음을 취하면 '독도獨島'라고 표기하였던 것이다.

울릉도 어부들의 이러한 명명방식은 '리앙꾸르도'라고 독도에 이름을 붙인 프랑스 탐험선 리앙꾸르(Liancourt)호의 명명방식과 일치한다. 이 탐험선은 우산도=독도를 자기 배의 이름을 따되 Liancourt 'Islands'라고 하지 않고 Liancourt 'Rocks'(岩嶼)라 하여 '바윗돌섬'이라고 명명하였는데, 이것을 울릉도 어민의 방식으로 보면 역시 리앙꾸르석도='돌섬·독도·석도'인 것이다.

현재 민간인들이 '독섬'을 부르는 것을 한자로 '석도石島'라고 표기하는 사례는 많다.88) 전라남도 완도군 노화면 고막리에 있는 한 섬(미나리 서쪽에 있는 섬)은 민간인들이 돌이 많아 '독섬'이라고 불러오고 있는데

---

87) 이한기,『한국의 영토』, 1969, 250〜251쪽 ; 송병기,「고종조의 울릉도 경영」
　　『울릉도·독도 학술조사연구』, 한국사학회, 1978.
88) 신용하,「한국의 독도영유권에 대한 일본 고문헌의 증명」『일본의 한국침략
　　과 주권침탈』, 경인문화사, 2005, 287〜292쪽.

표기는 '석도石島'라고 하고 있으며,89) 충도리에 있는 한 섬(육도 남쪽에 있는 섬, 돌로 이루어짐)은 주민들이 지금도 '독섬'이라고 호칭하는데, 행정 관청에서 표기할 때는 '석도石島'로 하고 있다.90) 또 해남군 화원면 산호리에 있는 섬의 경우 주민들은 '독섬'이라고 호칭하고 있지만 공식적으로는 '석호도石湖島'라고 표기하고 있다.91)

또 민간인들이 '돌'이라는 뜻으로 '독섬'이라고 호칭하고 있는 것을 음을 취하여 '독도獨島'라고 표기한 경우도 있다. 전남 고흥군 남양면 옥천리에 있는 한 섬(모녀도 동남쪽에 있는 바위섬)은 돌로 된 섬이라고 하여 주민들이 '독섬'이라고 부르는데, 옛날부터 한자로는 '독도獨島'로 표기되고 있다.92) 또 신안군 비금면 수치리(원수치리) 앞바다에는 두 개의 섬이 있는데, 북쪽에 있는 돌섬을 위쪽에 있는 돌섬이란 뜻으로 '웃독섬', 남쪽에 있는 돌섬을 아래쪽에 있는 돌섬이라고 하여 '아릿독섬'이라고 불렀다. 그런데 한자로는 '상독도上獨島', '하독도下獨島'로 표기해오고 있다.93)

'독도獨島'라는 명칭은 일제가 1905년 '독도'를 침탈한 사실을 알게된 제2대 울도군수 심흥택이 1906년 3월 중앙정부에 보고서를 낼 때 "본군소속 독도가 본부 외양 백여리허에 이옵드니…"라는 서두의 보고서에서 처음 사용된 것으로 알려져 있으나 이전부터 울릉도 주민들은 독도라고 표기하고 있었다. 그 증거로는 일본 해군이 군함 신고호新高號를 울릉도에 파견해서 처음으로 독도에 대한 탐문조사를 했을 때인 1904년 9월 25일 보고에 "리앙코르도암岩을 한인은 독도獨島라고 쓰고 본방(일본) 어부들은 리앙꼬도島라고 칭한다"94)고 한 것에서 알 수 있다.95)

---

89) 『한국지명총람』 15, 315~316쪽.
90) 『한국지명총람』 15, 321쪽.
91) 『한국지명총람』 16, 248쪽.
92) 『한국지명총람』 13, 116쪽.
93) 『한국지명총람』 14, 467~468쪽.

전라도로부터 울릉도에 들어온 어민들은 우산도가 두 개의 큰 돌바위로 구성된 암서岩嶼임을 주목하여 그들의 관습대로 '독섬(돌섬)'이라고 불렀다. 이들은 합법적 어로활동을 하는 자들이었기 때문에 이들의 처벌을 어느 누구도 요구할 수 없었고, 처벌의 대상도 아니었다. 반면에 1904년 일본인 어업가 나까이 요사부로(中井養三郎)가 독도에서의 강치잡이 독점권을 대한제국에 청원하려고 한 것은 일본인의 독도해역으로의 출어가 어디까지나 국제법을 어긴 불법어로활동이었기 때문에 처벌의 대상이었음을 단적으로 보여준다.

이 시기 일본은 쇄국정책을 버리고 어민들의 활동을 적극 지원한 반면 우리정부와 울릉도에 파견된 도감 등은 울릉도민과 독도해역에 어로활동을 하는 어민들을 보호 육성하기 보다는 그들로부터 세금을 올려 울릉도를 유지하고자 하였다. 울릉도의 세금은 곽세藿稅를 주로 하여 100분의 5율率로 징수하는데, 대체로 전남 출신 어민들로부터 500~600원圓을 징수하였다. 본래 곽세는 100분의 10을 징수했던 것인데 근년에 도감이 전라민의 청원에 따라 100분의 5로 감해준 것이다. 그러나 울릉도민의 의론은 모두 100분의 5율은 너무 가볍고 100분의 10도 오히려 가벼운 것이라고 하였다. 이에 우용정은 100분의 10율로 다시 정하면 1년의 세액이 1,000여 원이 되므로 울릉도 경비마련에 적지 않은 도움이 될 것이라고 하였다. 또 전라도 어민들은 곽세 외에 조선세造船稅를 매 1파把에 5냥씩 부담하였다. 매년 전라민全羅民의 조선은 10척 내외였다. 그런데 우용정은 봉산금양封山禁養의 땅[地]을 다른 데[他] 맡기는 것이 불가하므로 이제부터 다시 여기서 조선할 뜻을 갖지 못하도록 정식定式을 만들었으면 한다고 하였다.96) 1900년 6월 3일 우

---

94) 『군함신고행동일지』, 일본방위청전사부소장, 1904년 9월 25일조.
95) 신용하, 앞의 글, 291~292쪽 참조.
96) 禹用鼎, 『鬱島記』, 1900.

용정이 울릉도민에게 내린 두 번째 고시문 가운데에 "본국인과 외국인을 막론하고, 벌목하여 조선造船하는 것을 일체 엄금할 것"97)이 포함된 것으로 보아 전라도 어민들은 이로 인해 큰 타격을 입었을 것이다. 그들은 봄에 낡은 배를 타고 울릉도에 들어와 조선造船을 하는 한편 울릉도·독도 해역에서 어로활동을 하여 가을에 울릉도를 떠나가는 것이 관행이었다. 그런데 벌목하여 조선造船하는 것을 금한 이 조치로 인해 이곳으로의 출어가 줄어들었을 것이다. 일본은 그와 반대로 어민들의 어로활동을 보호 육성하면서 조일호혜평등의 원칙 등을 내세워 불법적 일본인의 출어를 합법적으로 만들어가는 조처를 단계적으로 늘여갔다. 결국 이 과정을 거쳐 1905년에 일본이 독도를 '무주지'라고 하여 자국의 영토에 편입시키기에 이르렀던 것이다. 그 역시 일개 현의 고시로, 그리고 넌지시 구두로 울릉도에 와서 통보하였을 뿐이다.

일본 해군사령부는 독도(리앙꼬도)에 러시아 함대의 동태를 감시하기 위한 일본 해군의 망루 설치를 계획하였다. 그 일본 군함 신고호新高號가 예비탐색조사를 하라는 명령을 받고 1904년 9월 25일 조사활동을 벌였다. 이때 작성된 일기는 주목할 만하다.

> 송도松島에서 'リヤソコールト 암岩'을 실제로 본 사람으로부터 들은 정보에 'リヤソコールト 암岩'은 한인韓人이 그를 독도獨島라고 쓰며 본방 어부들은 약하여 'リヤソコ도島'라고 한다. … 풍파가 강하여 같은 섬에 배를 메어두기 어려울 때는 대저 송도松島에서 순풍을 기다려 피난한다고 한다. 송도松島로부터 도항渡航하여 해마海馬 사냥에 종사하는 자는 6~70석 적재량의 화선和船을 사용한다. 섬 위에 납옥納屋을 만들어 매번 약 10일간 체재하는데 다량의 수입이 있다고 한다. 그런데 그 인원도 때로 4~50명을 초과할 경우도 있으나 담수淡水의 부족은 말해지지 않는다. 또 올해에 들어와서는 여러 차례 도항했는데, 6월 17일에는 러시아의 군함 3척이 이 섬 부근에서 발견되어 일시 표박한 후 북서쪽으로 진항進航하는 것을 봤다고 한다.98)

---

97) 禹用鼎, 「視察委員 '又 告示'」『독도영유권 자료의 탐구』3 ; 신용하 편저, 독도연구보전협회, 2000, 80~83쪽.

이 일기는 주로 우리나라 사람들이 1900년에 이미 '독도'라고 부른 것을 입증하는 자료로 활용하고 있지만 필자가 주목하고자 하는 것은 독도에서의 해마 잡이나 어로활동이 주로 울릉도로부터 이루어지고 있음이다. 우리나라 어민이던 일본 어민이던 독도에서의 어로활동은 울릉도를 중심으로 전개되었고, 이들은 '독도'를 울릉도민의 삶의 터전으로 여겼던 것이다. 신고호新高號도 이들로부터 독도에 관한 상세한 상황을 전해 들었던 것이다. 따라서 1900년 10월 25일의 대한제국 칙령 제41호의 '석도石島'는 독도이고, 우리 어민들의 독도해역에 대한 어로활동은 합법적임인 데 반해 일본 어민들의 활동은 국제법을 위반한 불법적 어로활동에 속하는 것이다.

이상에서 보다시피 칙령 제41호 제2조에 실린 '석도石島'는 '독도獨島'임이 분명하다. 따라서 대한제국 칙령 제41호는 일본의 시마네현이 1905년에 독도를 불법으로 일본에 편입시키기 5년 전에 이미 독도를 조선영토로 행정구획에 편입하고 있음을 대내외에 천명한 문서라고 볼 수 있다.

칙령 제41호의 반포로 울릉도는 울도군鬱島郡으로 승격되어 울릉도는 울진군수(때로는 평해군)의 행정관할에서 벗어나 강원도 독립군현 27개중의 하나로 자리 잡게 되었지만 시찰위원 우용정 등이 체류하는 동안 잠시 중단되었던 일본인들의 규목 도벌이 재개되는 사태에 이르렀다. 이에 한국정부가 일본 측에 항의하였지만 아무런 성과를 거두지 못하였다. 그리하여 1901년 8월에 부산세관의 사미수土彌須 등을 현지에 파견하여 일본인들의 실태를 조사하였다. 현지조사를 마친 사미수가 제출한 보고서의 요지는 ① 도내에 상주하는 일본인 수는 약 550명이며, 이밖에도 매년 채어採魚·벌목伐木을 위해 내도來島하는 수가 300∼

---

98) 「戰艦新高行動日誌」 『독도영유권 자료의 탐구』 3 ; 신용하 편저, 독도연구보전협회, 2000, 186∼193쪽.

400명에 이른다. ② 도내 일본인의 2대 파벌인 '하다모도당'과 '와기다당'이 울릉도를 남북으로 분계分界, 삼림을 스스로 영유하여 '인장認狀' 없이 벌목하고 있는데다가 도민들의 벌목을 금하고 위반자로부터 벌금을 징수하고 있다. ③ 도내 일본 선박 수는 판재板材를 싣고 출범 중인 5척을 포함하여 21척이며, 부산일본영사관의 준단准單을 가진 어선 7척과 잠수부정 13척이 있다는 것 등이었다.[99] 뒤이은 도민들로부터 일본인의 '분계分界' 등의 작폐에 대한 두 차례의 진정이 있었고,[100] 또 울릉군으로부터도 삼림이 이미 황폐해졌고 토지마저 일본인의 수중에 넘어가고 말 것이라는 보고가 있었다.[101]

1901년 9월 18일자의 『황성신문』에 의하면 윤은중尹殷中이란 도민이 규목 한 그루를 베었더니 일본인들이 작당하여 와서 그를 구타하면서 '어찌 우리 나무를 베어가느냐'고 할 정도였다. 이에 대해 울릉도 도민들이 '요즘 정부가 울릉도를 일본에 허급했느냐'라고 개탄했다는 보도[102]는 울릉도의 지방행정체계상의 격상에도 불구하고 일본인들의 울릉도에 대한 집단행패로 인해 주객이 전도한 사태까지 발생하고 있었음을 알 수 있다. 그런 마당에 울릉도의 관할구역인 석도, 즉 독도해역의 일본인들의 어로활동을 단속할 엄두를 낼 수 없었다.

당시 울릉도민의 교통과 통신을 담당할 우리 선박이 없었다. 궁여지책으로 도민이 개운환이라는 이름의 범선 한 척을 구입코자 하였는데 그 대금을 변통할 방법을 찾지 못할 때 1900년 울릉도 시찰위원인 우용정이 울진사람 최병린과 함께 구입하여 운행하도록 한 적이 있다.[103] 그런데 개운환이 규목을 싣다가 황토포에서 풍랑으로 파선되자

---

99) 『황성신문』 광무 6년 4월 29일.
100) 『교섭국일기』 광무 5년 9월 10일 ; 『황성신문』 광무 5년 9월 12일·18일.
101) 『교섭국일기』 광무 5년 9월 14일.
102) 『황성신문』 1901년 9월 18일자 「잡보」.
103) 우용정, 『울도기』 ; 『황성신문』 광무 5년 3월 11일자 「잡보」.

군수 배계주 등이 그 비용을 울릉도민에게 부담시키려고 하였고, 울릉도에서는 도민의 부담으로 새 선박을 구입하려는 도민과 이를 반대하는 도민 사이에 분열이 나타나 갈등이 일어나기도 하였다.[104] 울릉도에서 선박 운영을 두고 군수와 울릉도민, 울릉도민 상호간에 분열 갈등이 일어남은 물론 전, 현임의 울도군수가 서로 대립하기도 하였고,[105] 또 울릉도민들이 각 도에서 모여들어 온 사람들이기 때문에 서로 당을 만들어 대립함으로써 일본의 울릉도 침탈에 효과적으로 대응하지 못하였다.[106]

그러한 와중에 1902년 3월에 일본정부는 일본인의 재류를 기정사실화하는 방침에서 한 걸음 더 나아가 울릉도에 경찰관주재소를 신설, 경찰을 상주시키기 시작하여[107] 도민을 임의로 연행하기도 하였다. 또 도민들 가운데는 억울한 일을 일본 경찰에 호소하는 일조차 있었다. 그럼에도 불구하고 한국정부가 일본의 경찰관주재소 설치를 인지한 것은 9월 말 강원도 관찰사의 보고를 통해서였다.[108] 한국정부는 즉각적으로 주재소의 폐지와 재류 일본인들의 철수를 요구하였지만 일본공사 임권조林權助는 신군수 강영우姜泳愚의 부임에 즈음하여 일본경찰 주재 문제를 협의한 바 있고, 울릉도의 오늘의 개척이 있게 된 것은 일본인 도항자渡航者의 공로 때문이라고 하면서 한국 측의 요구를 거부하였다.

이상의 사실에서 보다시피 1900년 울릉도에 군수가 파견되었지만 이미 군수의 역량으로 일본인을 쫓아낼 수 없었을 뿐만 아니라 신군수인 강영우는 부임을 앞두고 현지 일본인의 작폐 때문에 크게 공포감에 사

---

104)『황성신문』1901년 3월 11일자「잡보」.
105) 초대 울도군수 裵季周와 2대 울도군수 姜泳愚가 서로 다툼을 벌였고, 결국 강영우가 면직되고 배계주로 바뀌는 사태가 일어났다. 이에 대해서는『황성신문』1902년 3월 4일자, 5월 20일자, 7월 3일자「잡보」에 나와 있다.
106)『황성신문』1902년 7월 14일자「잡보」.
107)『울릉도우편소연혁부』, 울릉군 우체국소장.
108)『교섭국일기』광무 6년 9월 30일.

로잡혀 있을 정도였다. 일본 측은 바로 이 점을 이용하여 강영우와 몇 차례 접촉 협의하여 일본경찰을 주재시켰다.[109] 그런 점에서 울릉도가 울도군으로 승격되었고 군수가 파견되었다는 점을 내세워 울릉도의 지방행정체계상의 격상에 의미를 부여하는 것은 별 의미가 없는 일이다.

울도군수 심흥택沈興澤이 1903년 말 현재의 울릉도 실태를 내부대신에게 보고한 바에 의하면 울릉도 일본인의 호수는 63호인데 날마다 벌목하는 것이 한정이 없어서 일본순검을 청하여 담판하기를 외국인이 내지에 들어와서 재목을 베어가는 것은 처음부터 불법일뿐더러, 이제 군을 설치하여 울도군수가 이를 관할하게 되었으니 지난 일은 논하지 말고 지금 이후는 벌목을 금지한다고 말하였다고 한다. 그러자 일본 순검이 말하기를 "이 섬에서 벌목한 것이 이미 10년이 지났고, 한국정부와 일본 공사가 교섭하여 명령한 바가 없으니 이를 금단할 수 없으니 귀 정부가 일본공사에게 조회하여 협상하라"고 하였다고 한다.[110] 이를 통해 울릉도의 일본인 침투에 대해 대한제국 정부가 얼마만큼 무능하였는가를 알 수 있다.

4. 러일전쟁 전후 일본의 독도·울릉도 침탈

1905년 2월 22일, 일본이 시마네현 고시로 독도를 자국의 영토로 편입시켰다고 주장하게 된 단서는 1904년 2월 러·일전쟁 개전에 따른 해군의 군사적 목적에서 비롯되었다. 1876년 병자수호조규를 통해 조선을 개항시킨 일본은 1894년의 청일전쟁에서 승리하여 조선에서 청나라를 배제시켰지만 삼국간섭으로 인해 러시아가 새로운 방해세력으

---

109) 『주한일본공사관기록』 본성기밀왕신(명치 34) 기밀 제133호.
110) 『황성신문』 1903년 8월 10일자 「잡보」.

로 대두되었다. 1896년 2월의 아관파천을 계기로 조선정부는 러시아에 여러 가지 이권을 넘겨주었다. 그 가운데 하나가 압록강·두만강 유역 및 울릉도 삼림벌채권을 블라디보스토크 상인 브린너(Brynner.Y.I)에게 특허한 것이다. 러시아는 초기에 울릉도의 가치를 목재에만 두고 있었지만 1900년 3월 그들의 마산포 점거 기도 이후 울릉도가 마산포에 이르는 중간거점으로서의 전략적 가치가 있다는 사실을 분명히 인식하게 되었다.111) 이 무렵 러시아 군함이 울릉도에 자주 왕래한 것도 이와 관련하여 이해되어야 할 것이다.112)

일본은 대한제국을 지배하는 데 방해가 되는 러시아 세력을 제거하기 위해 1904년 2월 러·일 전쟁을 도발하였다. 이때 일본 해군은 서해에서는 기선을 잡았으나 동해에서는 러시아의 블라디보스토크 함대에 의해 어려움에 직면하였다. 러일전쟁이 개전된 이후 1904년 5월 15일 전후 일본의 여순함대는 6척의 보유함대 가운데 2척을 포함하여 해군전력의 3분의 1을 며칠 사이에 한꺼번에 잃어버렸다. 그 전력 상실의 보충방법은 시간적으로 기지확보와 망루건설 이외에는 다른 길이 없었다. 여기에 러시아의 동해종단을 차단할 수 있는 전략기지로서 울릉도와 독도사용이 절실해졌다.113) 러시아 제2태평양 함대사령관 로제스트벤스키(Rozhdestvensky) 중장이 의식을 잃은 채 포로로 잡힌 곳이 울릉도 부근이고,114) 그를 대신해서 함대의 지휘권을 장악한 네보가토프(Nebogatov) 소장이 모든 주력의 남은 함대를 이끌고 일본에 투항한 곳이

---

111) 崔文衡, 「露日戰爭과 日本의 獨島占取」『歷史學報』188, 2006, 253쪽 주 11) 참조.
112) 송병기, 앞의 책, 128쪽.
113) 러일전쟁과 일본의 독도 침탈에 관해서는 崔文衡, 「露日戰爭과 日本의 獨島占取」(『歷史學報』188, 2006)를 요약 정리한 것이다. 따라서 일일이 그 전거를 생략한다. 보다 상세한 내용을 알고 싶으면 최문형의 논문을 참고하기 바란다.
114) 軍令部 纂, 『明治37·38年海戰史』下, 內閣印刷局, 349~351, 362쪽.

바로 독도 동남방 18마일 지점이었다.[115] 이것은 울릉도-독도해역이 러일전쟁의 수행과정에서 얼마만큼 전략적으로 중요한 지역이었는가를 단적으로 드러내주는 것이다.

당시 일본은 육군의 북진에 앞서 압록강 두만강 삼림채벌권을 접수하려는 공작을 펴고 있었는데 돌연 해군력을 결정적으로 상실당하게 되자 그 접수계획에 서둘러 울릉도를 끼워 넣었다. 일본은 한국정부에 대하여 '칙선서勅宣書'의 발표를 강요하였는데, 여기에는 브린너의 울릉도삼림벌채권을 무효화시킨다는 내용이 포함되었다. 칙선서가 반포된 직후부터 일본은 울릉도를 전략기지로 이용하기 시작하였다.[116]

일본 해군은 러시아 함대의 남하를 감시하기 위해 1904년 6월 21일 울진군 죽변항에 망루를 설치한 후 남해안의 홍도와 절영도, 그리고 울릉도에 2개의 망루를 설치하고 죽변과 울릉도 사이에 해저전선을 부설하여 연결하였다. 울릉도의 망루는 1904년 6월 3일 기공되어 그 해 7월 22일 준공되고, 8월 10일부터 업무를 개시하였다.[117] 울릉도는 이제 일본 해군의 감시초소와 통신기관설비지로 징발된 것이다.[118] 일본에 대한 러시아의 위협에 대한 대응으로서 일본이 울릉도사용권을 탈취하였지만 Issen 제독 휘하 러시아 블라디보스토크함대의 신예함(Rossya,

---

115) Denis and Peggy Warner, The Tide at Sunrise : A History of the Russo-Japanese War, trans, by 妹尾作太郎·三谷庸雄, 日露戰爭史(時事通信社, 昭和 54년 3월, pp.588~589) ; Mitchell, A History of Russian and Soviet Sea Power(New York, Macmillan, 1974, pp.263~264) ; War Department, Epitome of the Russo-Japanese War(Washington, Government Printing office, 1907, p.16).

116) 최문형, 「러시아의 울릉도 활용기도와 일본의 대응」『독도연구』, 한국근대사자료협의회, 1985, 375~380쪽 ; 「발틱함대의 내도와 일본의 독도병합」 『독도연구』, 397쪽.

117) 『일본외교문서日本外交文書』 제37권 제1책 사항15, 문서번호 723, 622~632쪽 ; 『極秘明治三十七八年海戰史』 제4부 제4권, 11쪽. 도동과 석포에 망루 유적이 남아 있다.

118) 신용하, 『한국과 일본의 독도영유권논쟁』, 한양대학교출판부, 2003, 168쪽.

Gromboy, Ryurik)이 대한해협으로 출동하여(6.12) 한반도와 일본 사이의 교통로를 차단하려고 들었기 때문에 일본은 다급하게 되었다. 만일 교통로가 차단된다면 만주로 파견된 일본군은 완전 고립을 면할 수 없는 상황에 봉착할 수밖에 없었다. 따라서 일본은 대륙으로 파견된 자국군대의 안전을 위해서도 대한해협의 제해권 확보가 무엇보다도 절박하였다. 물론 일본은 러시아 여순함대와 블라디보스토크함대의 합류기도가 실패한 6월 23일 이후 황해의 제해권을 장악했지만 동해상에서의 불안이 전혀 개선되지 못한 상태였다. 실제로 16일에는 무기를 가득 싣고 여순으로 향하던 히다치마루(常陸丸, 6,175t)가 '그롬보이'에게 격침당함으로서 여순함락이 2개월이나 늦어졌을 뿐만 아니라 여기에 탑승했던 고노에(近衛) 후비연대後備聯隊 1,095명이 희생되는 비상사태까지 벌어졌다. 더욱이 이주미마루(和泉丸, 3,229t)가 '그롬보이'에게, 사도마루(佐渡丸, 6,226t)가 '로시아'에게 격침당하는 사태까지 일어남으로써 심각한 위기에 직면하였다. 이때 대본영大本營에 보낸 도고(東鄕)제독의 7월 11일자 여순공략촉진전청旅順攻略促進電請은 그러한 상황을 대변하고 있다.

> 전국戰局(동해상)은 실로 우려치 않을 수 없다. 더욱이 발틱함대의 동항東航에 대비할 필요가 절박한 처지이다. 우리 전략의 최대급무는 하루 빨리 여순을 공략하는 길 밖에 없다. … 따라서 이의 촉진을 위해 모든 수단을 강구할 것을 요청한다.[119]

그럼에도 불구하고 동해상의 불안은 7월 하순으로 접어들며 더욱 고조되었다. 다까시마마루(高島丸)를 비롯한 많은 선박이 격침당했을 뿐만 아니라 7월 20일에서 30일 사이에는 러시아 함선이 쯔가루(津經)해협을 두 번이나 넘나들며 동경만 근처까지 위협하였다. 부득불 일본은 여순을 함락하지 못한 처지였음에도 불구하고 주력중순양함主力重巡

---

119) 伊藤正德, 『大海軍を想う』 文藝春秋社, 1956, 196쪽.

洋艦 6척 중에서 4척을 뽑아 대한해협에 배치할 수밖에 없었다.[120] 다행히 8월 8일 일본 육해군 여순연합공략이 시작되어 8월 10일 황해해전에서의 승리가 확연해지고, 8월 14일의 울산해전으로 잇센제독 휘하의 블라디보스토크함대의 기세도 크게 꺾이었다. 그러나 이것이 오히려 짜르로 하여금 복수를 결심하게 함으로써 대해군회의大海軍會議(8.30)를 열어 발틱함대의 동파東派를 확정짓는 결정적 계기가 되었다. 그리고 9월 13일에는 마침내 그 일진이 크론슈타트를 출항했다는 소문마저 나돌았고, 블라디보스토크함대가 수리를 완료하고 동해로 들어왔다는 24일의 풍문으로 인해 동해의 불안은 더욱 가중되었다. 이러한 일련의 사태에 직면하여 군령부의 명령에 의해 군함 니이다까호(新高號)가 독도망루 설치조사를 위해 9월 24일 독도로 출발하였고, 일본정부 당국은 5일 뒤인 9월 29일 나까이 요사부로(中井養三郎)로 하여금 '리앙꼬도島 영토편입병대하원領土編入幷貸下願'을 제출케 했던 것이다. 독도망루 설치가 군부의 조치였다면 '편입원'을 제출케 하는 공작은 정부의 몫이었다.[121]

당초 나까이는 독도에서의 어업독점출원을 한국 정부에 교섭해줄 것을 요구하였을 뿐이다. 그러나 일본 해군성이 독도 망루 설치 계획을 추진하는 도중에 나까이의 신청을 접하게 되자 독도를 아예 일본 영토로 편입, 망루를 설치하려는 공작으로 바뀌어 해군성과 외무성을 중심으로 추진하였던 것이다.

나까이는 1890년부터 외국 영해에 나가 잠수기 어업에 종사한 기업적인 어업가였다. 그는 실업에 뜻을 두고 1890년부터 외국영해에서 잠수기 어업에 종사하였다. 1891~1892년에는 러시아령 블라디보스토크 부근에서 잠수기를 사용한 해서海鼠 어업에 종사했고, 1893년에는 조선

---

120) 伊藤正德, 위의 책, 195쪽.
121) 최문형, 앞의 글, 255~257쪽.

의 경상도·전라도 연안에서 역시 잠수기를 사용한 해표海豹·포鮑잡이에 종사했다. 그는 1903년부터 독도에서 강치잡이를 해서 이익을 챙기자 다른 어부들의 경쟁 남획을 방지하고 독도어업권을 독점하고자 하는 의도를 갖게 되었다. 그는 일본정부의 알선을 통해 대한제국 정부로부터 독도어업권을 청원하기 위해 1904년 동경에 가서 일본정부 관료들과 접촉하기 시작하였다.[122] 나가이가 1910년에 직접 작성하여 도근현島根縣에 제출한 이력서의 부속문서 '사업경영개요事業經營槪要'는 그 진행과정을 잘 알려주므로 그 자료를 살펴보기로 한다.

죽도경영竹島經營

죽도에 해려海驢가 많이 군집하는 것은 종래 울릉도 방면 어부의 주지하는 바이지만, 하루 아침에 그 포획을 개시하면 홀연히 산일散逸해버리거나 포획해도 용도用途 판로販路의 있음을 요하므로 이익이 전혀 불명不明에 속하였다. 이 때문에 종래 이의 포획을 기도하는 일이 없어서 헛되이 방유放遺해 있었다. 그러나 이렇게 방유하지 않고 여하히 유망有望의 이원利源도 용이하게 개발됨을 기해야 할 것이므로 이에 손해를 도외시하고 단연 그 포획을 시도하게 되었다. 그리하여 그 일개 유망의 이원이라는 것을 사실의 위에 확실하게 할 수 있었다, 그러나 이와 동시에 또한 홀연히 제방諸方으로부터 다수의 잡이꾼들이 내집來集하여 경쟁 남획에 이르지 않는 바가 없고 용도 판로는 아직 충분히 강구되지 않은 중에 그 재료는 장차 절멸해가려고 함에 이르렀다. 이에 어떻게 하면 그 폐해를 방지하고 이원을 영구히 지속함으로서 본도本島의 경영을 온전히 할까 노심참담하지 않을 수 없었다.

본도가 울릉도에 부속하여 한국의 소령所領이라고 하는 생각을 갖고 장차 통감부에 가서 할 바가 있지 않을까 하여 상경해서 여러 가지 획책 중에 당시의 수산국장 목박진牧朴眞씨의 주의로 말미암아 반드시는 한국령에 속한 것이 아닐까 하는 의문이 생겨서 그 조사를 위해 여러 가지로 분주한 끝에 당시의 수로국장 간부장군肝付將軍의 단정에 의뢰하여 본도가 전적으로 무소속인 것을 확신하게 되었다. 그리하

---

122) 中井養三郎이 1903년에 독도에 가서 海驢잡이를 한 사실을 갖고 그가 독도에 이주해서 점유하였다고도 한다. 그가 1891~1892년 블라디보스토크 부근에서 잠수기를 사용한 물개잡이 한 사실이나 1893년 경상도·전라도 연안에서 물개잡이 한 사실을 갖고 블리디보스토크 부근 영해나 경상도·전라도해역을 일본의 점유로 볼 수는 없을 것이다(신용하, 『한국의 독도영유권 연구』, 경인문화사, 2006, 181쪽).

여 경영상 필요한 이유를 구진具陳해서 본도를 본방本邦 영토에 편입하고 또 대부貸付해 줄 것을 내무·외무·농상무의 삼대신三大臣에게 원출願出하여 원서를 내무성에 제출했더니 내무 당국자는 이 시국에 제제際하여(일로전쟁중) 한국영지韓國領地의 의疑가 있는 황막荒莫한 일개 불모不毛의 암초를 수收하여 환시環視의 제외국諸外國에게 아국이 한국병탄의 야심 있음의 의疑를 크게 하는 것은 이익이 극히 작은 데 반하야 사체事體는 결코 용이하지 않다고 하여 여하히 진변陳辨해도 원출願出 장차 각하되려고 하였다. 그리하여 좌절해서는 안 되기 때문에 곧바로 외무성으로 달려서 당시의 정무국장 산좌원이랑山座円二朗씨에게 가서 크게 논진論陳한 바 있었다. 산좌원이랑씨는 시국이야말로 그 영토편입을 급요急要로 하고 있다. 망루를 구축해서 무선 또는 해저전신을 설치하면 적함 감시상 극히 좋지 않겠는가. 특히 외교상 내무와 같은 고려를 요하지 않는다. 모름지기 속히 원서를 본성本省에 회부케 해야 한다고 의기가 헌앙軒昻되어 있었다. 이와 같이 해서 본도는 드디어 본방 영토에 편입된 것이었다.

　명치 38년 2월 22일明治 三十八年 二月二十二日 그 고시告示가 있자 본도경영권本島經營權에 취취就하였다 …123)

여기에서 주목되는 것은 나까이가 '죽도에 해려海驢가 많이 군집하는 것은 종래 울릉도 방면 어부의 주지하는 바'라고 한 것이나 '본도가 울릉도에 부속하여 한국의 소령所領이라고 하는 생각을 갖고'라고 한 점이다. 그는 독도를 울릉도의 부속도서로서, 한국영토로 인지하고 한국정부로부터 대하원을 얻고자 하였음을 알 수 있다. 다만 나까이가 이 문서를 1910년에 작성하였기 때문에 6년 전인 1904년에 독도를 한국영토라고 생각하여 '통감부'에 대하원을 제출하려고 하였다고 한 것은 착오이다. 통감부는 1906년에 설치되었기 때문이다. 나까이가 한국정부에 대하원을 제출하고자 한 것은 그가 1906년 3월 25일 독도를 일본영토로 편입하여 자기에게 대하해줄 것을 청원한 경위를 오원복시奧原福市에게 진술한 것에서도 확인된다.

---

123) 中井養三郎, 「履歷書」 附屬文書 「事業經營槪要」(1910년 작성 隱岐島廳 제출) 島根縣廣報文書課 編, 『竹島關係資料』 第1卷, 1953. 이 문서는 신용하, 『한국의 독도영유권 연구』, 경인문화사, 2006, 182~183쪽에 번역 게재된 것을 인용한 것이다.

　　중정양삼랑中井養三郎씨는 리앙꼬도를 조선의 영토라고 믿고, 동국정부同國政府에 대하청원貸下請願의 결심을 하여 삼십칠년의 어기漁期가 종료되자 곧바로 상경하여 은기隱岐 출신인 농상무성 수산국장에게 면회하여 진술한 바가 있었다. 동씨同氏 또한 이것을 찬성하여 해군 수로부에 붙여서 리앙꼬도의 소속을 확인케 하였다. 중정양삼랑中井養三郎씨는 즉시 간부肝付 수로부장을 면회하여 동도同島의 소속은 확호確乎한 물증이 없고 특히 일한양본국日韓兩本國으로부터의 거리를 측정하면 일본 쪽이 십리十里 가깝고 일본인으로서 동도同島 경영에 종사하는 자가 있는 이상은 일본령日本領에 편입하는 방법이 좋을 것이라는 설을 들었다. 중정양삼랑中井養三郎씨는 마침내 뜻을 결정해 리앙꾸르도 편입 및 대하원貸下願을 내무·외무·농상무 삼대신에게 제출하였다. … 그 이래 중정양삼랑씨는 내무성 지방국에 출두하여 정상井上 서기관에게 사정을 진술했으며, 또한 동향同鄉의 상전桑田 법학박사(현금 귀족원위원)의 소개에 의하여 외무성에 출두해서 산좌山座 정무국장에 면회하여 이것을 상의했다. 상전桑田 박사 또한 크게 힘쓴 바 있어서 드디어 일응一應 도근현청根縣廳에 의견을 징徵하기로 되었다. 이에 도근현청島根縣廳에서 은기도청隱岐島廳의 의견을 징徵하여 상신한 결과 마침내 각의에서 확실히 영토편입을 결정하여 리앙꼬도를 죽도竹島라고 명명하기에 이르렀다고 한다.[124]

　　그런데 위 자료에서 독도가 거리상 한국보다 일본 쪽에 십리 가깝다고 하였지만 실상 앞의 '사업경영개요事業經營槪要'에 의하면 독도를 한국의 울릉도의 부속도서로 간주하고 있음을 보면 그 거리 계산은 모순된 주장에 불과하다. 또 이때 '일본인으로서 동도同島 경영에 종사하는 자가 있는 이상은 일본령日本領에 편입하는 방법이 좋을 것이라는 설'을 내세우지만 앞 자료에서 보다시피 '죽도에 해려海驢가 많이 군집하는 것은 종래 울릉도 방면 어부의 주지하는 바'라고 한 것, 그리고 '홀연히 제방諸方으로부터 다수의 잡이꾼들이 내집來集하여 경쟁 남획에 이르지 않는 바가 없다'고 한 것에서 보다시피 독도의 강치잡이는 울릉도를 거점으로 하여 이루어지고 있었음을 알 수 있다. 이를 도외시

---

124) 奧原福市,『竹島及鬱陵島』, 1907, 27~32쪽. 1906년간『歷史地理』第8卷 第6號에 게재된 奧原(碧雲福市)의 논문「竹島沿革考」에도 같은 글이 수록되어 있다. 이 자료 또한 신용하, 앞의 책, 183~184쪽의 번역문을 전재하였다.

하고 나까이가 1903년에 독도에 이주해서 점유한 사실로 간주하여 독도를 일본의 영토로 편입하였다는 주장은 설득력이 없는 것이다.

당초 일본 어업가 나까이는 독도가 한국영토임을 명백히 인지하고 한국정부에 그 대하원을 제출하려고 동경에 올라가서 일본정부의 관리들과 접촉하였던 것이다. 이때 일본 해군성 수로국장 간부가 "독도는 주인 없는 땅이다. 어업 독점권을 얻으려면 한국정부에 대하원貸下願을 신청할 것이 아니라 일본정부에 독도 영토 편입 및 대하원을 제출하라"고 독려하였다. 나까이는 이에 독도를 일본 영토에 편입하고, 자기에게 대부해달라는 '리앙꼬도島 영토편입병대하원領土編入幷貸下願'을 1904년 9월 29일 일본 정부의 내무성·외무성·농상무성의 세 대신에게 제출하였다. 당시 일본 내무성은 러·일 전쟁이 시작된 이 시국에 한국영토라는 의심이 있는 불모의 암초를 갖는다는 것이 일본의 동태에 주목하고 있는 여러 외국들에게 일본이 한국병탄의 야심이 있지 않은가 하는 의심을 크게 하여 이익은 매우 적은 반면 (한국의 항의로) 일의 성사는 결코 용이하지 않으리라고 반대하였다. 그러나 외무성이 이를 적극 지지하여 일본 정부는 나까이가 제출한 청원서를 승인하는 형식을 취하여(1905년 1월 28일) 내각회의에서 독도를 일본영토로 편입한다는 각의결정을 내렸다. 그 결정의 원문은 다음과 같다.

별지 내무대신 청의 무인도소속에 관한 건을 심사해보니, 북위 37도 9분 30초, 동경 131도 55분, 은기도隱岐島를 거鵬하기 서북으로 85리에 있는 이 무인도는 타국이 이를 점유했다고 인정할 형적이 없다. … 명치明治 36년 이래 중정양삼랑이란 자가 해도該島에 이주하고 어업에 종사한 것은 관계서류에 의하여 밝혀지며, 국제법상 점령의 사실이 있는 것이라고 인정하여 이를 본방소속本邦所屬으로 하고 도근현소속 은기도사島根縣所屬 隱岐島司의 소관으로 함이 무리없는 건이라 사고하여 청의請議대로 각의결정閣議決定이 성립되었음을 인정한다.125)

---

125)『公文類聚』第29編 卷1.

이때 내각회의에서 독도는 "무인도로서 타국이 이를 점유했다고 인정할 형적이 없다"고 하여 '무주지無主地를 선점'하는 것으로 설명하였다. 아울러 나까이란 일본인이 1903년(明治 36)이래 독도에 이주하여 어업에 종사한 것은 사실이기 때문에 이는 국제법상 무주지를 먼저 점유한 사실이 있는 것이라고 인정된다는 것이다. 그러나 앞의 나까이의 '사업경영개요' 분석에서 보다시피 '죽도에 해려海驢가 많이 군집하는 것은 종래 울릉도 방면 어부의 주지하는 바'라고 한 것, 그리고 '홀연히 제방諸方으로부터 다수의 잡이꾼들이 내집來集하여 경쟁 남획에 이르지 않는 바가 없다'고 한 것에서 보다시피 독도의 강치잡이는 울릉도를 거점으로 하여 이루어졌음을 알 수 있다. 따라서 독도는 울릉도의 생활무대였음을 나까이 등이 확실히 인지하고 있었다.

나까이, 그리고 일본정부의 내무당국자뿐만 아니라 외무성 관리 등도 명치정부 성립 이후 독도가 한국 영토임을 정확히 알고 있었다. 명치明治 정부는 덕천막부德川幕府를 타도하고 새로운 정부를 수립한 직후인 1869년(고종 6, 明治 2) 12월 조선과의 국교 확대 재개와 정한征韓의 가능성을 내탐하기 위해 일본 외무성 고위관리인 좌전백모佐田白茅·삼산무森山茂·재등영齋藤榮 등을 부산에 파견하였다. 그들은 일본 외무성과 태정관太政官이 지령한 '죽도竹島와 송도松島가 조선부속朝鮮附屬으로 되어 있는 시말始末'에 관한 '조사사항'에 대한 내탐결과를 보고하였는데, 그 복명서가 바로 「조선국교제시말내탐서朝鮮國交際始末內探書」이다.126) 거기에 울릉도[竹島]와 독도[松島]가 조선의 부속령임을 확인하는 다음과 같

---

126) 佐田白茅 등이 제출한 「朝鮮國交際始末內探書」에 대하여 "본 내탐서는 제2권 제3책 574에서 지령되었던 조사사항에 대한 복명서다"라고 그 성격을 명백히 밝히고 있다(日本 外務省調査部 編, 『日本外交文書』 第3卷, 事項 6, 文書番號 87, 1870년 4월 15일자, 「外務省出仕佐田白茅等ノ朝鮮國交際始末內探書」 137쪽). 이에 관하여는 신용하, 앞의 책, 2006, 167~168쪽에 잘 언급되어 있으므로 이 책을 참고하기 바란다.

은 기록이 있다.

　一. 죽도竹島와 송도松島가 조선부속朝鮮附屬으로 되어 있는 시말始末

　　이 건은 송도松島는 죽도竹島의 인도隣島로서 송도松島의 건件에 부부付해서는 이제까지 게재된 서류書留도 없다. 죽도竹島의 건件에 부부付해서는 원록도후元祿度後는 잠시 조선朝鮮으로부터 거류居留를 위해 차견差遣한 바 있다. 당시는 이전과 같이 무인無人으로 되어 있다. 죽목竹木 또는 죽竹으로부터 큰 갈대가 자라며 인삼 등이 자연으로 난다. 그 밖에 어산漁産도 상응하여 있다고 들었다. ⋯127)

　일본 외무성과 태정관太政官이 '죽도竹島와 송도松島가 조선부속朝鮮附屬으로 되어 있는 시말始末'에 대한 조사를 지령하고, 거기에 대한 복명서가 『일본외교문서』에 수록되었다는 사실은 1869년에 일본 외무성과 국가최고기관인 태정관太政官이 '객관적 사실로서' '울릉도와 독도가 조선의 부속령'임을 거듭 확인하였다는 점에서 주목된다. 일본 명치정부의 외무성과 태정관이 울릉도와 독도가 조선의 부속영토임을 인지하고서도 좌전백모佐田白茅 등에게 울릉도와 독도가 조선 부속이 되어 있는 경위를 조사하도록 지령한 사실을 통해 기회만 있으면 이를 탈취하고자 하는 주관적 의도를 갖고 있었음을 알 수 있다.

　또, 1877년(명치 10)에 명치정부의 내무성과 태정관이 독도가 조선영토이며 일본과는 관계없는 곳이라고 명백하게 결정한 공문서를 살펴보기로 한다. 일본내무성은 1876년 일본 국토의 지적地籍을 조사하고 지도를 편제하는 사업에 임하여, 울릉도(죽도)와 독도(송도)를 도근현島根縣에 포함시킬 것인가 말 것인가에 대한 질의서(「일본해내죽도외일도지적편찬방사日本海內竹島外一島地籍編纂方伺 ; 동해내의 죽도竹島 외 일도一島 지적편찬地籍編纂에 대한 질품質稟」)를 1876년 10월 16일자 공문으로 도근현島根縣 참사參事

---

127) 日本 外務省調査部 編,『日本外交文書』第3卷, 事項 6, 文書番號 87, 1870년 4월 15일자,「外務省出仕佐田白茅等ガ朝鮮國交際始末內探書」, 137쪽.

경이랑境二郎으로부터 접수했다. 일본 내무성은 약 5개월에 걸쳐 도근현島根縣이 제출한 부속문서 뿐만이 아니라 원록元祿연간에 조선과 교섭한 관계문서들을 모두 조사해본 후 울릉도와 독도는 조선영토이며 일본과는 관계없는 곳이라는 결론을 내렸다.[128] 일본 내무성은 울릉도와 독도가 '본방관계무지本邦關係無之'라고 결론을 내렸으나 '판도版圖의 취사取捨는 중대한 사건'이므로 이를 내무성 단독으로 결정할 수 없다고 생각하여 도근현島根縣이 제출한 문서들과 일본 원록元祿 연간에 조선과 왕래한 외교문서들을 부속문서로 별첨하여 1877년 3월 17일 당시 국가최고기관인 태정관太政官에게 다음과 같은 질품서質稟書를 제출하였다.

일본해내日本海內 죽도외일도竹島外一島 지적편찬地籍編纂에 대한 질품서質稟書

죽도竹島는 소할所轄의 건에 대하여 도근현島根縣으로부터 별지의 질품이 와서 조사한바 해도該島의 건은 원록元祿 5년(1692, 숙종 18) 조선인이 입도한 이래 별지 서류에 적채摘採한 바와 같이 원록 9년 정월 제1호 구정부의 평의評議의 지의旨意에 의하여, 제2호 역관譯官에게 준 달서達書, 제3호 해국該國에서 온 공간公簡, 제4호 본방 회답 및 구상서口上書 등과 같은바, 즉 원록 12년에 이르러 각각 왕복이 끝났으며 본방은 관계가 무無하다고 들었지만, 판도의 취사는 중대한 사건이므로 별지서류를 첨부하여 위념爲念해서 이에 품의합니다.

명치明治 10년 3월 17일
내무경內務卿 대구보리통大久保利通 대리代理
내무소보內務少輔 전도밀前島密
우대신右大臣 암창구시전岩倉具視殿[129]

이 시기 명치정부는 울릉도를 '죽도竹島'라고 부르고 독도를 '송도松

---

128) 堀和生, 「1905年日本の竹島領土編入」『朝鮮史研究會論文集』 24, 1987.
129) 日本 太政官 編, 『公文錄』 內務省之部 1(日本國立公文書館 소장) 1877년 3월 17 일조, 「日本海內竹島外一島地籍編纂方伺」.

島'라고 불렀다. '죽도외일도竹島外一島'의 일도一島가 송도松島(독도)를 가리키는 것은 위 내무성 질품서에 첨부된 별지서류에서 확인된다.

> 기죽도磯竹島는 일명 죽도竹島라고 칭한다. 은기국隱岐國의 북쪽 120리에 있다. 둘레가 약 90리이다. 산은 험준하고 평지는 적다. … 다음에 일도一島가 있는데 송도松島라고 부른다. 둘레의 주위 30정보 정도이며, 죽도와 동일선로에 있다. 은기隱岐를 거距하기 80리 정도이다. 나무나 대는 드물다. 역시 어수漁獸가 난다.130)

태정관에서는 내무성의 품의서를 접수하여 검토한 후 조사국장의 기안으로 1877년 3월 20일 "품의한 취지의 죽도외일도竹島外一島의 건件에 대하여 본방本邦은 관계가 없다는 것을 심득心得할 것"이라고 지령문을 작성하여131) 3월 29일 정식으로 내무성에 보냈다. 내무성은 태정관의 이 지령을 4월 9일자로 도근현島根縣에 전달하여 현지에서도 이 문제는 결말을 보았다.132)

그럼에도 불구하고 일본 측은 그동안 "태정관 문서의 '죽도(울릉도) 외 1도'가 독도인지 알 수 없다"고 밝혀왔다. 그러나 2006년 9월 14일자의 『조선일보』의 보도에 따르면 1877년 당시 일본 태정관(현재의 총리실)이 '독도는 일본 영해가 아니다'라고 공식 확인했던 문건에 울릉도와 독도를 표기한 지도가 첨부돼 있었던 것으로 밝혀졌다. 선우영준 환경부 수도권대기환경청장이 13일 '기죽도약도磯竹島略圖' 내용을 공개하고 "이 지도에 나타난 독도의 존재는 한·일 학자들 간에 벌어진 논쟁을 정리하는 의미가 있다"고 말한 것에서도 알 수 있듯이 태정관 문서의 '죽도(울릉도) 외 1도'가 독도임이 분명한 것이다.

---

130) 『公文錄』 위 자료의 별지문서.
131) 『公文錄』 위 자료의 1877년 3월 20일조 太政官指令文書.
132) 堀和生, 앞의 글 참조.

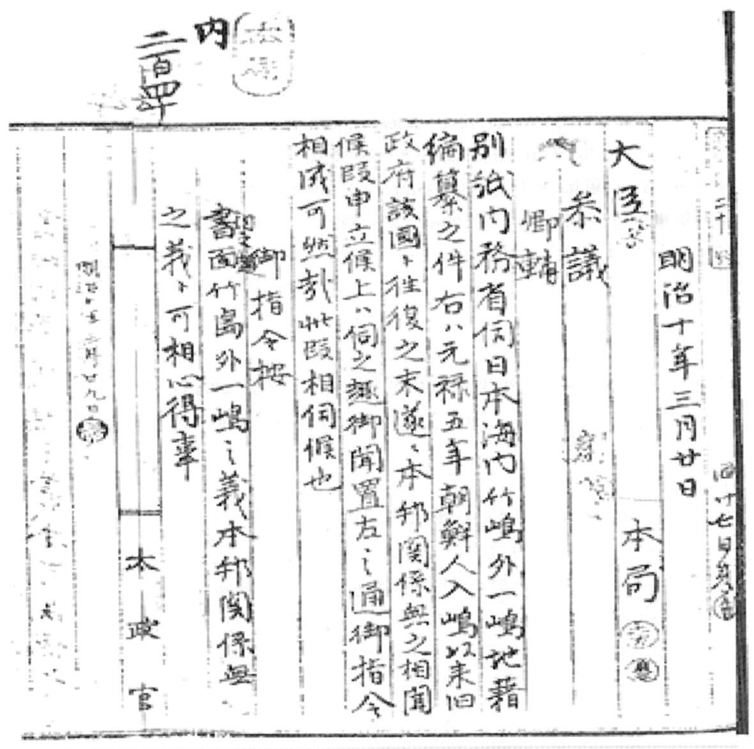

<그림 5> 1877년(메이지 10년) 일본정부가 울릉도와
독도를 조선영토로 규정한 문서

그리고 일본 해군성이 1876년에 편찬한 『조선동해안도朝鮮東海岸圖』에
독도가 조선의 영토로 그려져 있고,133) 반면에 일본 『서북해안도西北海
岸圖』에는 독도가 포함되어 있지 않다. 또 일본 해군성이 편찬한 세계

---

133) 규장각 소장 원본 『朝鮮東海岸圖』(99×66Cm) 및 『朝鮮日報』 1983년 2월 24일
    자 사회면 보도. 지도에 부기된 주석에 의하면 러시아보다 앞서 조선해안을
    측량한 영국의 측량지도를 개정하고, 1853년 러시아 선박 팔라다호와 1854
    년 올리브차호가 측량한 것에 기초해서 1857년에 러시아 군함이 다시 실측
    하여 작성한 지도를, 일본 해군성 수로국이 번안 편집해서 1876년에 발행한
    것이다(신용하, 앞의 책, 176쪽 참조).

수로지인 『환영수로지寰瀛水路誌』의 제2권 제2판(1886년)에는 처음으로 독도를 '리앙코르드열암列岩'이라는 이름으로 제4편 「조선동안朝鮮東岸」에 수록했다.[134] 그후 일본 해군성은 1889년에 『환영수로지寰瀛水路誌』 편찬을 중단하고, 이것을 『일본수로지日本水路誌』, 『조선수로지朝鮮水路誌』 등 국가별로 분류하여 편찬하기 시작하였다. 일본 해군성은 이때 독도를 조선의 영토로 간주하여 후 일본 해군성은 1889년에 『환영수로지寰瀛水路誌』 편찬을 중단하고, 이것을 『일본수로지日本水路誌』, 『조선수로지朝鮮水路誌』 등 국가별로 분류하여 편찬하기 시작하였다. 이때 독도를 조선의 영토로 간주하여 『조선수로지朝鮮水路誌』에 포함시키고 『일본수로지日本水路誌』에는 포함시키지 않았다. 일본 해군성 수로국은 『조선수로지朝鮮水路誌』를 1894년에 최초로 편찬 발행하였는데, 이때 독도를 '리앙코르드열암列岩'이라는 이름으로 『조선수로지朝鮮水路誌』 제4편 「조선동안朝鮮東岸」에 포함시켜 다음과 같이 설명하였다.

리앙코르드열암列岩

차열암此列岩은 서기 1849년 불국선佛國船 '리앙코르드'호號가 처음으로 이를 발견하여 선명船名을 취해서 리앙코르드열암列岩이라고 이름을 붙였다. 그 후 1854년 노국露國 프레가트형型 함선 '팔라스'호號는 이 열암을 마닐라이 및 오리우사열암이라고 칭하였다. 1855년 영함英艦 호르넷드호는 이 열암을 탐험하여 호르넷드열암이라고 이름을 붙였다. 함장 홀시스노의 말에 의거하면 이 열암은 북위 37도 14분, 동경 131도 55분에 위치하는 두 개의 불모암서不毛岩嶼로서 조분鳥糞이 항상 섬 위에 퇴적하여 섬의 색이 이 때문에 하얗다. 북서미서北西微西로부터 남동미동南東微東에 이르는 길이는 약 1리이고 두 섬간의 거리는 0.25리로서 보이는 곳에 일초맥一礁脈이 있어 이를 연결한다. 서서西嶼는 해면으로부터 높이가 약 410척으로서 형상은 당탑糖塔과 비슷하다. 동서東嶼는 이에 비교해 낮고 평평한 정상으로 되어 있다. 이 열암 부근의 수심은 상당히 깊을지라도 그 위치는 함관函館을 향하여 일본해日本海를 항해하는 선박의 직수도直水道에 당當하므로 상당히 위험한 것이다.[135]

---

134) 日本 海軍省水路部, 『寰瀛水路誌』 第2卷 第2版, 1886, 397～398쪽.

이것을 통해 일본 해군성 수로국은 독도(리앙코르드열암)를 조선의 동해안 부속령으로 간주하고 있으며, 그들의 독도에 대한 지식은 서양 선박들의 측량보고 사실에 한정되어 있음을 알 수 있다. 현재 일본 외무성은 『조선수로지朝鮮水路誌』는 수로지이기 때문에 소속영토의 개념은 포함되어 있지 않다고 주장한다. 그러나 일본 해군성 수로국이 세계수로지인 『환영수로지寰瀛水路誌』 체제를 해체하여 각국별로 수로지를 편찬할 때 국가영토별로 해체 편찬하였기 때문에 『조선수로지』는 조선영토의 수로를 묶어 편찬한 것이었다. 일본 해군성 수로국은 대한제국이 일본의 식민지가 되자 『조선수로지』 발행을 중단하고, 1911년부터 『일본수로지』에 포함시켜 제6권으로 편찬하면서 그것이 영토의 '병합' 때문임을 밝히고 있는 것으로 보아[136] 그 주장의 타당성은 없다. 『일본수로지』에는 1895년 하관조약下關條約에 의해 일본의 새로운 영토가 된 대만과 팽호도澎湖島, 천도열도千島列島 최북단의 점수도占守島까지 수록되어 있지만 독도는 포함되어 있지 않다. 일본 해군성 수로부가 독도를 『일본수로지』에 포함시키기 시작한 것은 일본이 1905년 2월 독도를 도근현島根縣에 편입시킨 후부터이다.[137] 그들은 1907년의 『일본수로지』 제4권의 해도海圖에서 은기도隱岐島 북방에 처음으로 작은 점을 그려 넣기 시작하였다.[138]

이상에서 살펴본 바와 같이 명치이래 일본정부는 독도가 한국 땅임을 여러 차례, 여러 경로를 통해 확인한 바가 있다. 그럼에도 불구하고 1905년 일본정부의 해군성·농상무성·외무성이 독도가 한국영토임을

---

135) 日本 海軍省水路部, 『朝鮮水路誌』, 1899, 255∼256쪽.

136) 日本 海軍省水路部, 『日本水路誌』 제6권 '序', 1911, 1쪽 "본서는 朝鮮全岸의 水路로서 明治 43년 朝鮮을 我帝國에 倂合시켰기 때문에 『日本水路誌』 제6권이라고 題하여 간행한다".

137) 신용하, 앞의 책, 178∼179쪽 참조.

138) 堀和生, 앞의 글 참조.

알면서도 일본에 영토를 편입을 추진한 동기는 '사업경영개요事業經營概要'의 자료에 나오는 외무성 정무국장 산좌원이랑山座円二朗의 주장에 잘 드러나 있다. 그는 '시국이야말로 그 영토편입을 급요急要로 하고 있다. 망루를 구축해서 무선 또는 해저전신을 설치하면 적함 감시상 극히 좋지 않겠는가. 특히 외교상 내무와 같은 고려를 요하지 않는다'고 하였다. 당시의 일본은 1904년 5월 울릉도조치 이후 동해의 위급상황을 4개월간 이상이나 끌면서도 해소하지 못한 상태로 발틱함대에 대적해야만 했던 다급한 처지였기 때문에 독도 영토편입을 급요急要로 하였고, 외교상 내무와 같은 고려를 요하는 상황이 아닌 비상사태로 간주하고 있었던 것이다. 러일전쟁의 전황을 타개하기 위한 긴급한 시국에 처하여 독도에 해군 망루를 세우고 무선전신 혹은 해저전신을 설치하여 러시아 함대를 감시하기 위한 목적을 달성하기 위해서 다른 상황을 고려할 시점이 아니었던 것이다. 이런 초비상사태에서 나까이라는 어민 한 사람의 생업, 그것도 장차의 생업을 위해 영토편입안을 접수했다는 것은 설득력이 없다. 동해상의 해운중단이나 어업전면휴지문제 따위는 고려의 대상도 될 수 없었던 국가존망의 위급상황이었던 것이다.[139] 따라서 나까이의 '영토편입원' 제출 자체도 전적으로 정부당국의 사주에 따른 것일 수밖에 없다.

9월 29일 나까이의 영토편입원을 접수하였지만 여순을 점령하지 못한 상황에서 발틱함대가 여순으로 향하게 될지, 블라디보스토크로 향할지를 분간할 수 없었기 때문에 독도영토편입원 그 자체도 '접수' 이상의 조치는 취할 필요가 없었다.

1905년 1월 1일 일본육군이 여순을 점령하자 발틱함대에 대비한 구체적 대전준비를 본격 추진할 수 있는 상황이 되었고, 이에 따라 독도점취占取를 실천에 옮길 수 있는 결정적 시기가 되었다. 발틱함대와의

---

139) 伊藤正德, 『大海軍を想う』, 文藝春秋社, 1956, 196쪽 ; Wamer, 앞의 책, p.324.

구체적인 대전준비를 위한 일본해군과 내각의 움직임이 활기를 띤 것은 바로 이 무렵부터였다. 여순 함락 10일 만에 내무대신 요시가와 아끼마사(芳川顯正)는 내각총리대신 가쯔라 다로(桂太郎)에게 이른바 '무인도소속無人島所屬에 관한 건件'이라는 비밀공문(73秘乙 第337의 1)[140]을 보내 각의 결정을 요구했다(1.10). 그러자 나까이가 제출한 청원서를 승인하는 형식을 취하여(1905년 1월 28일) 내각회의에서 독도를 일본영토로 편입한다는 각의결정을 내린 후 내무성을 거쳐 시마네현島根縣에 관내 고시하도록 통고하였다. 시마네현은 1905년 2월 22일 현 고시 제40호로 독도를 '다케시마竹島'로 명명하여 은기도사隱岐島司의 소관으로 한다는 것을 관내 고시하였다.

도고가 "특수임무가 없는 전함선은 수리를 끝내고 1월 21일까지 대한해협에 집결하라"[141]는 명령을 내린 뒤 불과 일주일 만에 각의결정이 내린 것이다. 1월 21일의 명령은 도고가 발틱함대와의 대결전장을 대한해협으로 최종확정했다는 뜻이다. 그것은 그가 독도를 울릉도와 더불어 해전의 종결예정지로 결정했다는 것을 의미한다. 그리고 각의의 '독도편입결정(1.28)'은 그의 작전계획을 지원하기 위한 후속조치의 하나였음이 분명하다. 그러나 영토편입을 각의에서 의결했다고 해서 그들은 발표를 서둘 필요가 없었다. 발표라는 최종절차만은 발틱함대

---

140) 「無人島所屬에 관한 件」
　　　"북위 37도 9분 30초, 동경 131도 55분, 隱岐島 서북 85마일에 있는 無人島는 타국이 이를 점령했다고 인정할 만한 형적이 없어 지난 明治 36년(1903) 일본인 중정양삼랑이라는 자가 漁舍를 짓고 인부를 옮기고 어구를 갖춘 뒤 海驢잡이에 종사해 이번에 領土編入 및 貸下를 出願한 바 차제에 소속 및 島名을 확정할 필요가 있어 이 섬을 竹島라 이름 붙이고 이후 島根縣 隱岐島司의 所管으로 할 것을 閣議에 요청한다.
　　　명치 38년 1월 10일 內務大臣 子爵 芳川顯正 印
　　　內閣總理大臣 伯爵 桂太郎 印".
141) 軍令部, 앞의 책, 137쪽.

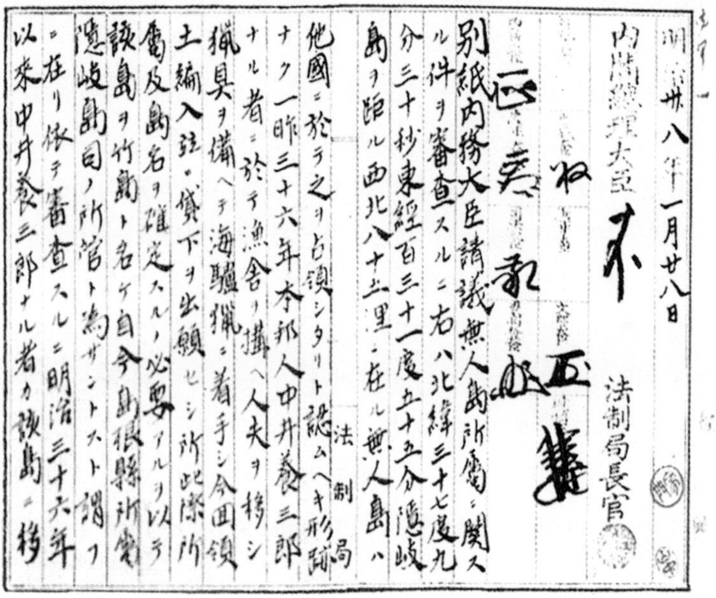
明治卅八年一月廿八日

内閣總理大臣

法制局長官

別紙内務大臣請議無人島所屬ニ關スル件ヲ審査スルニ右ハ北緯三十七度九分三十秒東經百三十一度五十五分隱岐島ヲ距ル西北八十五浬ニ在ル無人島ハ他國ニ於テ之ヲ占領シタリト認ムヘキ形跡ナク一昨三十六年本邦人中井養三郎ナル者ニ於テ漁舎ヲ構ヘ人夫ヲ移シ猟具ヲ備ヘテ海驢猟ニ着手シ今回領土編入竝ニ貸下ヲ出願セシ所此際所屬及島名ヲ確定スルノ必要アルヲ以テ該島ヲ竹島ト名ケ自今島根縣所屬隱岐島司ノ所管ト爲サントスト謂フニ在リ依テ審査スルニ明治三十六年以來中井養三郎ナル者カ該島ニ移

法制局

<그림 6> 죽도(독도) 영토편입에 관한 일본내각결정문
(일본내각문고 소장)

가 내도하기 직전까지 유보함으로써 열강에게 의혹을 살 수 있는 여지를 시간적으로도 주어서는 안 되기 때문이다. 각의통과 후 내무성이 2월 15일 도근현지사島根縣知事에게 각의 결정을 관내고시형식으로 처리하라고 한 훈령(제87호)을 통해서도 이는 분명한 일이다. 따라서 독도편입의 최종발표는 러시아 제3태평양함대가 2월 15일 리바우를 출항했다는 정보를 약 1주일 뒤에 입수하고 난 뒤에 이루어졌다. 이번에도 진해만에 도착한 도고가 2월 21일 임전태세완비를 먼저 선언했다. 그리고 이어 바로 이튿날인 1905년 2월 22일자로 내각은 '도근현고시島根縣告示'라는 방법으로 독도를 자국의 영토로 편입하였다. 나까이의 '영토

편입원' 접수단계에서 '편입' 발표라는 최종단계까지 내각은 러일전쟁 전황변화에 따른 해군 측의 대비책과 보조를 맞추며 시종일관 지원했던 것이다. '도근현고시島根縣告示'는 그 지원책의 하나였다.[142]

그러나 '시마네현 고시 제40호'를 통해 독도가 일본 국내법상, 그리고 국제법상 합법적으로 일본의 영토가 되었다는 주장은 그 근거가 없다. 일본은 1905년의 시마네현의 고시를 통해 국제법상 선점이론을 내세우지만 일면 독도는 역사적으로 일본의 고유영토라는 주장을 하는 모순적인 태도를 보이고 있다.

설령 독도가 '무주지'였다 할지라도 그 무주지를 영토에 편입할 때 그곳에 면한 나라들에 사전 조회하거나 국제적 고시를 하는 것이 국제법상 관례이다. 실제 일본정부는 1876년 태평양쪽의 오가사와라섬[小笠原島]을 영토편입할 때 이 섬과 간접적으로 관계가 있다고 본 영국·미국 등과 몇 차례 절충을 하고 구미 12개 국가들에 대하여 일본의 관리통치를 통고했었다. 그러한 일본정부가 독도에 대해서는 이를 대외적으로 표시한 바가 없다. 선점 때 관계 당사국에 고지해야 하나 일본은 한국에 어떠한 정식적 외교문서도 보내지 않았고, 자국의 지방관청에 해당하는 시마네현에서 고시하였다. 지방자치단체는 국제법의 주체가 되지 않는다. 따라서 지방관청 시마네현이 행한 고시는 국내적 조치에 불과할 뿐이며 국제법적 효력이 발생될 수 없다.

이 사항에 관해 일본 측은 통고는 국제법상 의무사항이 아니며 독도에 관한한, 타국과의 쟁의 관계도 없었으므로 통고 의무가 없다는 주장을 펼친다. 그리고 편입조치 이후 독도 실제조사 및 어로 면허 발급 등 국제법상 실효적 지배를 행사했고 이에 대한 한국의 항의도 없었다고 주장한다.

일본정부가 한국 측에 알린 시기는 을사조약의 체결을 통해 대한제

---

142) 최문형, 앞의 글, 257~263쪽.

국 정부의 외교권을 박탈하고, 자신들의 완전한 지배체제를 만든 후이
다. 1906년 3월 28일 시마네현 은기도의 지방관리 일행이 독도를 시찰
한 다음 울릉도에 들러 울도군수 심흥택에게 독도를 일본영토라고 운
운하였을 뿐이다. 이에 경악한 심흥택이 강원도관찰사를 통해 중앙정
부에 보고하였다. 이에 대해 내부대신과 의정부 참정대신은 독도가 한
국영토임을 명확히 했으며, 독도가 일본영토로 되었다는 주장은 '전혀
근거가 없고', '이치에 닿지 않는 것'이라고 반박하는 지령문을 내렸다.
또한 대한제국의 신문들과 지식인들도 울도군수의 보고를 보도하면서
일본 측의 주장에 항론을 펼쳤다. 그러나 그 당시에 해당하는 1906년
3월 말~5월 초는 이미 을사늑약이 통과되고(1905.11.17), 대한제국 외부
外部가 폐지되고(1906.1.17), 일제 통감부가 설치되어(1906.2.1) 활동을 개시
한 시기였다. 대한제국이 일제에게 외교권과 내정까지 간섭을 받게 된
상황에서 일제의 독도침탈에 대해 국제적으로 항의할 통로와 기관마저
빼앗겨버려서 실질적으로 항의가 불가능했다. 이를 두고 대한제국 정
부가 다시 조사하도록 지령을 내렸을 뿐 일본 정부에 항의가 없었다는
일본 주장은 잘못된 것이다.

더욱이 시마네현 고시 제40호는 1905년 2월 22일 당시 시마네현에
서 발간되었던 『시마네현령島根縣令』이나 『시마네훈령島根縣訓令』 어디에
도 수록되어 있지 않다. 전 독도박물관 이종학 관장이 찾아낸 고시의
원본에는 '회람回覽'이라는 도장이 찍혀 있다. 일반에게 널리 고시되지
않은 채 관계자 몇몇이 돌려본 회람은 극비리에 불법적으로 독도의 영
토 편입이 이루어졌음을 말해준다. 1905년 2월 22일자의 『도근현현보
島根縣縣報』와 지방신문인 『산음신문山陰新聞』(제5912호)에 게재하였다고 하
지만 당시 일본에 발간되는 104개 신문에는 『산음신문』이 확인되지 않
고, 그 어디에서 그와 관련한 기사는 보이지 않는다.

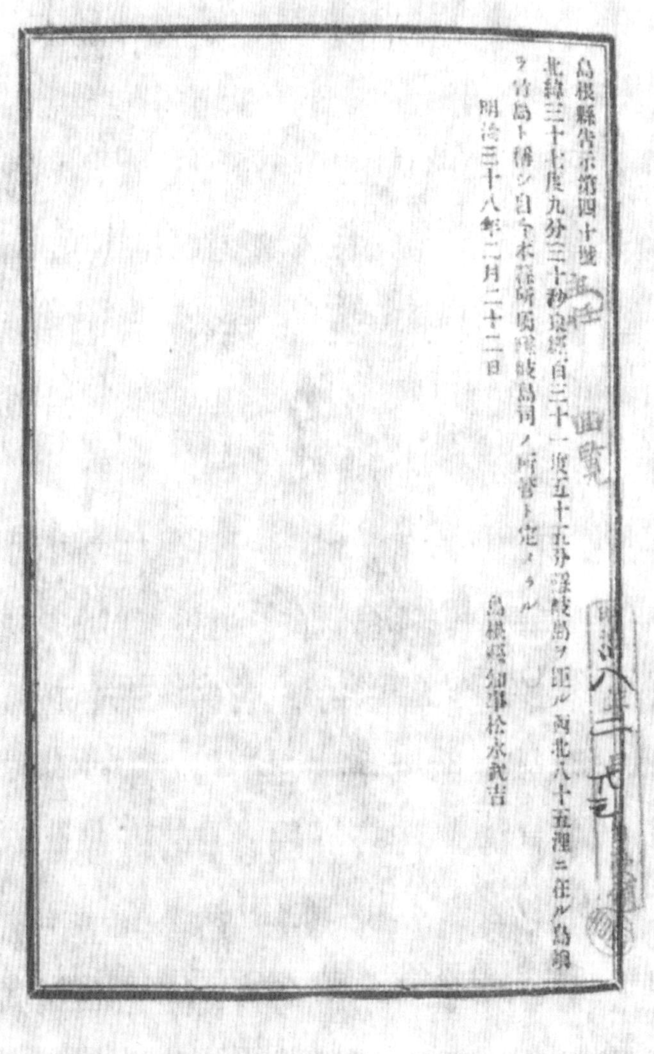

島根縣告示第四十號

北緯三十七度九分三十秒東経百三十一度五十五分隱岐島ヲ距ル西北八十五浬ニ在ル島嶼ヲ竹島ト稱シ自今本縣所屬隱岐島司ノ所管ト定メラル

明治三十八年二月二十二日

島根縣知事松永武吉

<그림 7> 시마네현 고시 제40호

러일전쟁 이후로부터 한일합방에 이르는 기간에 일본은 한일어업협정의 제정과 한국어업법의 제정(1908), 조선어업령 제정(1911) 등의 제도적 장치를 마련하여 일본 어민이 조선연안의 주요어장을 독점하여 조선수산업을 완전히 지배하여 가는 시기이며, 또한 이주어촌의 형성을 위한 토대를 구축하는 시기였다. 러일전쟁의 발발과 더불어 일본은 일본군의 북진에 따른 군용식품의 수요 급증을 이유로 황해, 평안, 충청 제도의 연안도 개방할 것을 요구하였고, 1904년 6월 이것이 받아들여져 한반도 연안의 모든 어장이 일본어민에게 완전히 개방되었다.

그 후 보호국이 되어 조선통감부가 설치된 이후 「한일어업협정」(1908.10.31, 내각고시 제23호, 1909.4.1부터 시행)이 체결되고, 동시에 「한국어업법」(1908.11.11)이 제정 공포되었다. 한일어업협정에서는 "일본국 신민은 한국의 연해沿海·강만江灣·하천 및 호지湖池에서, 한국 신민은 일본국의 연해沿海·강만江灣·하천 및 호지湖池에서 어업을 영위함을 득함"(제1항)이라고 규정하여, 일본인도 한국인과 동일하게 조선해의 어업권을 인정받게 되었다. 그 뿐만 아니라 "한국에 있어서 어업에 관한 법규 중 사법재판소의 직권에 속하는 사항은 일본신민에 대해서는 당해 일본관청이 이를 집행한다"(제3항)고 규정하여 치외법권을 계속 인정하고 있어, 일본어민에 대한 불법행위를 한국정부는 규제할 수도 없는 상황이었다. 특히 한국어업법과, 「어업법시행세칙」에 의하면 일본 어민은 한국어업법상의 어업권의 면허나 허가를 신청할 수 있게 되어 한국 어민의 주요 연안어장을 합법적으로 침탈할 수 있게 되었다. 한국어업법에는 대다수의 한국 어민에게 가장 중요한 전용어업권에 대한 규정을 완전히 두지 않고, 또 번거로운 면허나 허가절차를 거치게 함으로써 연안어장을 완전히 일본 어민에게 내어주게 되었다. 이로 인해 일본 어민의 통어선 수는 매년 급격히 증가하여 갔다. 1904년도에 1,581척에서 1906년도에는 2,747척으로 증가하고, 1908년도에는 3,899척으로, 1910

년도에는 3,960척으로 급증하였다. 이것을 계기로 하여 일본 어민의 한국 내 이주어촌 건설이 한층 더 가속화되었다. 이후 한일합방과 더불어 조선총독부의 적극적인 이주장려책에 힘입어 일본 어민의 이주어촌이 형성되기 시작하여 이주정착어업시대로 전환해가기 시작했다.[143]

울릉도의 경우 1904년경부터 일본 돗토리현(島取縣) · 시마네현(島根縣) 등 방면에서 다수의 일본인이 입도하여 근거어업 및 통조를 시작한 이래 매년 어선이 증가되는 한편 일본정부의 재정지원에 어장개척과 어업방법 등의 개량이 이루어졌다. 울릉도 일본인의 숫자를 살펴보면, 1906년 153호 541명, 1907년 175호 616명, 1908년 200호 710명, 1909년 223호 736명으로 늘어나 감소 없는 증가세를 보여준다.

5. 일제 강점기의 독도 · 울릉도

1910년 8월 22일 이른바 '한국병합에 관한 조약'을 강제 조인한 일제는 일주일 후인 8월 29일 이를 공포함으로써 식민 통치를 본격적으로 실시하였다. 대한제국의 국호를 바꾸어 이후로 조선으로 칭한다는 칙령을 발표한 후 통감부 대신에 총독부를 설치하여 통치하였다. 9월 16일자 칙령 제343호로 조선주차헌병조례를 공포한 뒤 총독부 개청 하루 전인 9월 30일자로 조선총독부관제 · 조선총독부중추원관제 등 통치기구에 대한 일련의 관제와 동시에 칙령 제357호로 조선총독부 지방관제를 공포하였다. 총독은 대장 중에서 임명되고 일본의 내각총리대신과 동격으로 우리나라의 입법 · 사법 · 행정 및 군대통솔권을 장악하였다. 총독부는 총무 · 내무 · 탁지 · 농상공의 행정부처와 사법기구로서 재판소, 치안기구로서 경무총감부, 자문기구로서 충추원과 취조

---

143) 여박동, 『일제의 조선어업지배와 이주어촌 형성』, 보고사, 2002.

국을 두고, 지방은 도道·부府·군郡·면面의 행정체계를 갖추었다. 그리고 경제침탈기구로서 철도국·통신국·세관·임시토지조사국 등의 기구를 두었다.

1910년 5월 3일 통감으로 왔던 데라우치 마사타케(寺內正毅)가 초대 총독이 되었는데, 그는 한국인의 저항이 워낙 강한 것을 알고 헌병이 경찰 업무를 맡도록 하는 이른바 헌병경찰제도를 실시하였다. 그리고 헌병 경찰에게는 치안뿐만 아니라 사법·행정에도 관여할 수 있는 광범한 권한을 부여하여 한국인의 생사여탈권을 행사하였다. 울릉도 역시 이때 헌병경찰제가 실시되어 울릉도민의 생사여탈권을 장악하였다. 일본인 나카가와(中川)가 울도군 주사主事로 와서 도민을 다스리며, 경찰서를 증축하여 죄인을 다스렸다.[144]

1913년 4월 1일에 울릉도의 하부행정단위로 3개면(남면, 서면, 북면) 9개동(저동, 도동, 사동, 남양동, 남서동, 태하리, 현포동, 나리동, 천부동)을 두었다. 9월 1일에는 경상북도 울릉경찰서를 두고 대구헌병대 포항분대 관할로 하였다. 여기에서도 헌병경찰제의 시행을 알 수 있다.

국권 강탈 후 3년 정도 지나서 통치기반이 어느 정도 안정되어가자 조선총독부는 1913년 10월에서 14년 4월에 걸쳐 대대적인 지방제 개혁을 단행하고 1913년 12월 29일 '조선총독부령 제111호'를 공포하여 도의 관할구역과 부군의 명칭, 위치, 관할구역을 개칭하여 1914년 3월 1일과 4월 1일부터 일제히 시행에 들어갔다. 그러나 1914년의 군·면 개편은 도시행정구역의 확장으로 도시 주변의 군·면 구역에 약간의 변화가 수반되었음에도 불구하고 오늘날 지방행정구역의 토대로서 이어져 오고 있다는 점에서 대단히 중요한 의미를 지니고 있다. 이때 울릉도는 경상남도 울도군에서 경상북도 울도군으로 이속되었는데, 이를 계기로 지금까지 경상북도 관할구역으로 존재해오고 있다는 점에서 중

---

144) 손순섭, 『島誌』 이종열 필사.

요한 의미를 갖고 있다.

1915년 5월 1일 '총독부령 제44호'에 의해 우리 지방 행정제도에 도제島制가 처음으로 실시되었다. 원래 섬[島]의 행정은 군수가 관장하고 있었으나 도서행정의 특수성을 감안하여 제주와 울릉, 두 섬을 대상으로 도제島制를 창설하였던 것이다. 이 두 섬에는 도사島司를 두어 섬 전반의 행정사무를 관장케 하는 한편 도령島令을 발할 수 있는 권한과 함께 경찰행정까지 겸하게 하였다. 그리하여 울도군鬱島郡은 도제島制가 시행되어 울릉도청鬱陵島廳이라 하고 도사島司 치다니 겐사쿠로(茶谷兼作郎)를 두어 경찰서장을 겸임시켜 치안과 행정을 장악하게 하고 도령島令을 발할 수 있게 하였다. 이때 일제는 울릉도에 인구증가를 억제하기 위해 이주정책을 시행하였다. 그것은 1914년 말 총인구 1,899호에 10,361명(한국인 8,957명, 일본인 1,404명)이 이듬해 말 총인구 1,774호에 9,623명이 되어 125호 738명이 사라졌음을 통해서도 확인된다.

총독부는 1917년 6월 9일 칙령 제1호 '면제面制'와 총독부령 제34호 '면제시행규칙'으로 면제를 실시할 것을 공포하고 7월 11일자 총독부령 제37호 '면제시행기일'에서 10월 1일부터 면제를 시행한다고 공포하였다. 1917년부터 총독부가 면제를 실시하고 면에 공공사무의 처리를 위임한 것은 토지조사사업의 수행과정에서 면장과 면리원의 식민정책 하수인의 능력을 인정했기 때문이다. 면장은 지방공공사업 수행과 부역, 현물, 재산수입 등을 부과징수할 수 있도록 하였다. 이때 울릉도는 남면, 서면, 북면의 3개 면이 설치되었다.

일본은 조선총독부를 통해 식민지 조선의 지배를 공고히 하기 위해 토지·자원 및 산업의 침탈을 하였다. 울릉도의 주 산업이 농업과 어업, 그리고 한일합방 조약 이전에 일본인들의 삼림채벌이 극심하였음을 염두에 두고 이 분야의 내용을 살펴보기로 한다. 을사조약 이후부터 토지침탈에 광분하고 있던 일본은 국권침탈 이후 한층 더 본격적으로 토지침탈정책을 추진하였다. 1910년에서 1918년에 걸쳐 실시한 소위 토지조사사업이 그것이다. 이를 위해 일본은 1910년 토지조사국을 설치하고 1912년 '토지조사령'을 발표하였다. 이 사업은 전국의 토지를 측량하여 소유권·가격 그리고 지적地籍을 확정한다는 명분으로 실시한 것이었는데, 까다로운 신고주의에 익숙하지 않은 농민들이 신고절차를 밟지 않아 토지를 빼앗기는 사례가 많았다. 또한 역둔토·궁장토 등을 비롯한 국유지나 동중洞中, 혹은 문중의 공유지는 신고주가 없어 총독부 혹은 유력한 인사들에게 넘어갔다. 그 결과 13만 5천 정보의 역둔토와 4만 6천여 정보의 민유지가 총독부 소유로 되었다. 1930년까지 총독부가 소유한 토지는 전 국토의 40%에 해당하였다. 그 과정에서 약 10만 건에 달하는 소유권 분쟁이 있었으나 총독부의 탄압으로 묵살되었다. 토지조사사업과 병행하여 일본인의 농업이민이 10배로 급증하였고, 그들의 소유농지는 4배로 증가하여 큰 지주로 성장해 갔다. 총독부의 지세수입도 1919년 현재 1911년의 두 배로 늘고 과세지는 10년 사이 52% 증가하였다.

결국 근대적인 토지소유권을 확립한다는 미명하에 실시된 토지조사사업은 총독부와 동양척식주식회사의 토지강탈로 귀결되었다. 소수의 지주들만이 이 사업으로 토지소유권을 획득하였으나 자작농이나 자·소작겸농 등 소농들은 대부분 몰락하여 소작농과 농업노동자로 전락하거나 화전민이 되었고 혹은 중국 동북부지방 등지로 떠나가는 사례도 많았다. 1918년 당시 소작농과 자·소작겸농은 전체 농민의 77%에 달하였으며, 3%의 지주가 경작지의 50% 이상을 소유하는 식민지적 지주제가 성립되었다. 원래 우리나라는 소작이란 말이 없었고, 지주와 작인 사이에는 서로 대등한 협력관계라는 뜻의 병작이라는 말이 있었을 뿐이다. 이러한 병작이 소작으로 바뀐 것은 작인의 지위가 그만큼 격하된 것을 뜻한다.

1912년 조선총독부는 토지조사령을 발하여 본격적인 토지조사에 착수하였는데, 이때 울릉도의 토지조사에 관한 기록은 남아 전하지 않는다. 다만 울릉도는 1913년 7월 1일자로 토지대장을 정비하고 동별지적 부과가격 소유자 등을 사정 등재하였고, 1916년에 대구지방법원 울릉도출장소가 설치되어 소유권등기를 하게 되었다[145)]는 사실을 알 수 있을 뿐이다. 어쨌든 1909년 일본인의 숫자가 223호 736명이던 것이 1911년 332호 1,192명, 1912년 1,261명, 1914년 428호 1,404명으로 늘어난 것은 일본의 식민지 지배아래 어업령이나 토지조사사업 등으로 인해 일본인의 숫자가 늘어난 것으로 해석할 수 있다. 1912년에 일본의 서일본기선회사 선박이 부산~울릉도를 월 4회 취항하게 한 조처는 일본인의 울릉도로의 이주와 왕래를 용이하게 하고자 하는 의도에서 비롯된 것일 것이다. 또 이것은 울릉도민이 이 일본인 선박을 통해 본토로 나갈 수밖에 없었기 때문에 울릉도민의 일본에의 예속을 더욱 부추기게 되는 결과를 가져왔다고 할 수 있다.

조선을 식민지로 한 일제는 조선 어업의 합리적이고 효율적인 지배를 확고하게 하기 위해 일어민의 조선해 연안 이주어촌을 중심으로 하여 각종 수산단체를 조직하여 지배체제를 정비하여 갔다. 어업조합은 이들 어업단체의 핵심조직으로서의 구실과 기능을 담당하였다. 1911년 조선총독부는 「어업령」의 공포와 더불어 어업조합과 수산조합의 설립에 관한 규정을 두었다(어업령 제16·18조). 이에 근거하여 이듬해인 1912년에 「어업조합규칙」(조선총독부령 제14호 본문 14조 부칙으로 구성)이 제정 공포되었으며, 이로써 수산단체의 법적 근거가 마련되었다. 이 규칙에 의거하여 최초로 설립된 것이 '조선수산조합(1912.7)'이다. 이 조합은 전국을 구역으로 하여, 양국 어업자만을 조합원으로 하고, 본부를 부산에 두고, 각 도에 지부를 설치하였으며, 주요지에 출장소를 두었다. 1915

---

145) 울릉군, 『울릉군지』, 1988, 98쪽 참조.

년 2월 현재의 지부는 12개, 출장소는 17개소가 설치되어 있으며, 경상북도 지부는 포항, 경상남도 지부는 부산, 전라남도 지부는 목포항에 두고 있다. 「어업조합규칙」은 어업조합을 조선총독이나 지방장관의 철저한 감시 감독 하에 어업과 어민을 지배하는 기관으로 규정하고 있다.[146) 당시 일본인은 어업기술에 있어서 한발 앞서 있었기 때문에 어민 1인당 어획고에도 4배 이상의 차이가 나타났다. 1923년 1월 13일에는 '조선수산회령'이 일본의 수산회법을 모방하여 제정 공포되어 4월 1일부터 시행되었다. 1929년 1월 26일에는 어업령을 개정하여 「조선어업령」이 제정 공포되었고, 이어서 수산조합규칙을 개정하여 「조선수산조합규칙」이 제정 공포되었다.

울릉도 어업조합은 1914년 2월 24일 설립 인가를 받아 울릉도 남면, 서면, 북면의 연안 동리의 구역을 지구로 하여 조합지구 내에 거주하는 어업자를 조합원으로서의 자격을 주었다. 이로 인해 일본인들에 의해 울릉도 어업조합이 장악되었고, 한국인들은 어민 과반수가 일인에게 고용되어 종속적 위치에 처하거나 조합이나 어업 등에 별 관심을 보이지 않는 상태였다.[147) 이로 인해 일본인은 울릉도의 어업조합을 통해 울릉도에 집단거주촌을 확장하여 갔었다.

국유림을 비롯한 삼림에 대해서도 1908년의 「삼림법」과 1911년의 「삼림령」, 1918년의 임야조사사업을 통해 강탈하여 일본인에게 불하하였는데, 전체 산림의 50% 이상이 총독부와 일본인 소유로 넘어갔다. 울릉도의 경우 1914년 임야를 조사하여 국유와 민유로 나누고 산림과를 증설하여 도벌을 금하였으나 조선인과 일본인의 분별이 있었다.

1906년~1945년까지의 울릉도 인구통계는 다음과 같다.

---

146) 여박동, 『일제의 조선어업지배와 이주어촌 형성』, 보고사, 2002, 160~161쪽 참조.
147) 울릉도, 『울릉군지』, 1988, 198쪽 참조.

연 도	계		한 국 인		일 본 인		중 국 인	
	호 수	인구수	호 수	인구수	호 수	인구수	호 수	인구수
1906	894	6,464	741	5,923	153	541	—	—
1907	965	6,843	790	6,227	175	616	—	—
1908	950	6,811	750	6,101	200	710	—	—
1909	1,130	5,893	907	5,162	223	736	—	—
1911	1,414	8,073	1,082	6,880	332	1,192	—	—
1912	1,492	8,222	1,104	6,961	388	1,261	—	—
1914	1,899	10,361	1,471	8,597	428	1,404	—	—
1915	1,774	9,623	1,403	8,392	371	1,231	—	—
1919	1,790	9,633	1,438	8,381	349	1,247	3	5
1920	1,650	8,945	1,422	8,141	227	800	1	4
1921	1,636	9,050	1,429	8,376	206	670	1	4
1922	2,051	8,101	1,870	7,510	180	588	1	3
1923	1,621	8,528	1,484	7,920	171	600	2	8
1924	1,668	9,068	1,517	8,502	149	559	2	7
1925	1,651	7,609	1,485	7,040	163	560	3	9
1926	1,638	6,965	1,479	6,461	156	495	3	9
1927	1,692	7,337	1,530	6,794	159	533	3	10
1928	1,583	6,742	1,434	6,213	145	519	4	10
1929	2,102	9,722	1,955	9,236	137	476	4	10
1930	1,396	8,008	1,259	7,528	135	473	2	7
1931	1,499	8,073	1,359	7,572	139	496	1	5
1932	1,628	10,973	1,494	10,514	134	459	—	—
1933	1,653	10,426	1,535	10,017	118	409	—	—
1934	1,944	10,602	1,801	10,063	143	539	—	—
1935	1,963	11,264	1,841	11,222	122	442	—	—
1936	2,019	11,851	1,900	11,400	119	451	—	—
1937	2,061	11,935	1,950	11,500	111	435	—	—
1938	1,927	10,073	1,812	9,648	115	425	—	—
1942	2,409	14,134	2,308	13,738	101	396	—	—
1943	2,555	16,002	2,448	15,541	107	461	—	—
1944	2,575	16,130	2,466	15,651	109	479	—	—
1945	2,279	13,949	2,276	13,944	3	5	—	—

한일합방 이후 일본인의 식민정책의 일환으로 울릉도의 경우도 일본인의 숫자가 대폭 증가하였다. 울릉도 일본인의 숫자를 살펴보면, 1906년 153호 541명, 1907년 175호 616명, 1908년 200호 710명, 1909

년 223호 736명으로 늘어나 감소 없는 증가세를 보여준다. 특히 한일 합방 이후 울릉도 일본인의 숫자는 대폭 증가하였다. 1911년 332호 1,192명, 1912년 388호 1,261명, 1914년 428호 1,404명, 1915년 371호 1,231명의 일본인이 울릉도에 거주하였다.[148] 일본인들은 남면 도동, 저동, 서면 태하리, 남양동, 통구미, 북면 죽암, 현포에 집단 거주하였다. 그 가운데 도동에 가장 많이 거주하였는데 호수가 135호, 인구 674명이나 될 정도였다. 1927년에 신조여객선 태동환太東丸을 일본 경유~ 울릉도~부산 간 삼각항로를 취항시킨 것은 울릉도에 일본인 증가에 따른 결과였다고 볼 수 있다.

1938년 일본은 중일전쟁을 일으키고 또 1942년에 진주만을 습격함으로써 태평양전쟁을 일으켰다. 전쟁의 수행을 위해 식민지 조선에 공출과 징병, 징용이 이루어졌는데, 울릉도의 경우도 그 예외는 아니었다.

울릉도의 경우 1940년 9월 농민에 대하여 곡물징수령을 반포하고 추수 때에 관리가 집집마다 곡물을 조사하여 공출이라 하여 징색하였다. 식량이 태반 부족하다고 하여 배급하였는데 울릉도민에게는 모래가 섞인 미米 2합반을 지급하였다. 심지어는 대두박大豆粕이라 이름 붙인 태유재太油滓, 즉 비료를 분급하기도 하였다고 한다.

1941년에 접어들어 울릉도에 소개령이 반포되었다. 남자 15세 이상 30세 이하는 군병軍兵에 30세 이상 45세 이하는 보국대報國隊에 충용하고, 15세 이하의 어린애와 45세 이상의 노약老弱과 여자는 모두 울릉도에서 소개시켜 영양 · 청송 · 영덕군의 3군에 옮겨 살게 하는데, 이듬해까지 반드시 행한다고 하였다. 그러나 미일 사이의 태평양 전쟁이 일어나 이민할 여가가 없었다. 1943년 3월에 조선에 징병령을 반포하되 우선 지원병을 모집하니 굶주림에 어려움을 겪던 도민 가운데 지원하는 자가 있기도 하였다. 1944년에 100여 명을 징발하고, 1945년에 대

---

148) 울릉도, 『울릉군지』, 1988, 89쪽 참조.

발병령大發兵令으로 20세 이상 30세 이하를 전도에 조사하여 6월을 기약하여 남양군도로 보낸다고 하였다. 그러나 마침 울릉도~독도 바다 사이에 소련의 수뢰포水雷砲가 많아 연락이 불통되었다가 해방을 맞이하였다.[149)

일제 강점기 울릉도에 관한 자료 가운데 독도에 관한 문헌 언급은 보이지 않는다. 다만 일본 해군성 수로부에서 만든 『일본수로지日本水路誌』에 독도에 관한 기록이 나온다. 앞에서 언급한 바와 같이 일본 해군성 수로부는 한국을 식민지로 만들면서 『조선수로지朝鮮水路誌』 편찬을 중단하고 1911년부터 『일본수로지』에 포함시켜 편찬하였다. 그 가운데 1920년의 『일본수로지』를 보면 제10권(상·하 2책)에 조선수로를 넣고 있다. 그 10권 상책上册의 울릉도 바로 다음에 '죽도竹島(Liancourt Rocks)'라는 항목을 넣으면서 "조선인朝鮮人은 이를 독도獨島라고 쓰고 내지內地 어부漁夫는 이를 리앙꾸르도島라고 말한다"고 기록 설명하고 있다.[150) 일본 해군성 수로부는 해군성의 서지書誌 제6호로 1933년 『조선연안수로지朝鮮沿岸水路誌』를 간행하였는데, 제1권에서 아예 '울릉도급죽도鬱陵島及竹島'라는 항목을 설정하여 울릉도에 이어 독도를 비교적 상세히 설명하고 있다.[151) 여기서 주목할 것은 일제가 조선이 영구히 일본의 영토가 되었다고 간주했던 시기에는 '울릉도급죽도鬱陵島及竹島'라고 하여 독도를 울릉도의 부속도서로 간주했다는 사실과, 이를 모두 조선연안에 귀속시켰다는 사실이다. 일본이 독도를 조선동안朝鮮東岸과 울릉도로부터 떼어내 『일본수로지』의 은기도隱岐島 다음에 넣어서 설명하기 시작한 것은 독도 영유권에 대한 논쟁이 시작된 1952년 이후부터이다.[152)

---

149) 손순섭, 『도지』 이종열 필사.
150) 日本 海軍省 水路部, 『日本水路誌』 第10卷 上册, 56~58쪽.
151) 日本 海軍省 水路部, 『朝鮮沿岸水路誌』 제1권, 1933, 86~90쪽.
152) 신용하, 앞의 책, 2006, 179~180쪽.

1917년 2월에 발행된 '시마네현전도'의 지도 왼쪽 위칸 속에는 오직 오키섬이 그려져 있을 뿐이고 독도는 보이지 않는다. 지도 뒷면에 있는 시마네현에 관한 설명글 속에서도 독도에 관한 언급이 없다.

또 1935년 4월에 발행되어 1940년 1월 15일에 재발행된 시마네현 지도에도 독도가 그려져 있지 않고 관할지구 속에 들어 있지도 않다. 지도 뒷면의 시마네현 관할 지구에 다음과 같은 설명이 있다.

> 관할 ; 이즈모(出雲), 이와미(石見), 오키(隱岐) 삼국을 관할한다. 이즈모에는 … 시 하나와 여섯 개군이 있고, 이와미에는 … 여섯 개 군, 오키에는 수키(周吉), 오치(穩地), 아마(海士) 등 세 개 군이 있다. 현청은 마츠에(松江)시 도노쵸(殿町)에 있다.

이 기록 어디에도 독도는 보이지 않는다.

시마네현 오키군 고카(五箇)촌 소속으로 독도에 주소를 부여한 것은 1953년 6월의 일이다. 이 시점은 이승만대통령이 독도를 한국의 영토로 규정한 평화라인을 그은 1952년 2월보다 훨씬 뒤의 일이다. 이러한 사실은 시마네현이 독도를 강제적으로 편입만 시켰지 실효적 지배를 하지 못했다는 것을 의미한다.

2007년 2월 22일 '다케시마의 날'이 다가옴에 따라, 일본 시마네현이 독도 관련 자료들을 잇달아 공개하였다. 그 가운데 2월 9일자 일본 <산인추오신문>이 보도한 2건의 기사에 따르면, 시마네현 측은 2장의 다이쇼 시대 지도와 1건의 에도시대 공문서를 새로 공개했다. 다이쇼 시대(1912∼1925년)의 지도 2장은 시마네현 시즈모시市 고리요조에 거주하는 마니와 나가미쓰[馬庭將光(70세, 전 고교 교사)]씨가 공개한 것으로서, 하나는 '시마네현 경찰통계편람'이고 또 하나는 '오키노시마보報'라고 불리는 것이다. 다이쇼 13년(1924)에 발행된 '시마네현 경찰통계편람'은 관내 경찰서들의 관할구역을 각각의 색상으로 구분하고 있는데, 이 지도에서 다케시마(竹島)는 오키노구니(隱岐國)에 소속되어 있는 것으로 나타나 있다. 또 다이쇼 12년(1923)에 시마네현 오키노시마청廳이 발행한 '오키노시마보'에도 지도의 우측 중간에 다케시마가 표기되어 있다.

이 2건의 지도를 조사한 시마네현 다케시마문제연구회 스기하라류 부좌장副座長은 "이 2건 모두 시마네현이나 현 내외의 도서관 등에도 보관되어 있지 않은 자료"라면서 "다이쇼 시기에 일본이 다케시마를 실효적으로 지배하고 있었음을 보여 주는 것으로서 귀중하다(大正期, 日本が竹島を實效支配していたことを示すもので貴重だ)"고 말했다고 한다. 이같이 일본은 자국이 독도를 실효적으로 점유했다는 증거로서 20세기 지도 2건을 새로 제시하였지만, 그 시기는 어차피 일본이 조선을 강점하고 있었기 때문에 그러한 논의 자체가 별로 의미가 없다는 점이다.[153] 그리고 앞에서 언급한 바와 같이 『일본수로지』와 여러 지도에서 독도를 울릉도의 부속도서로서, 그리고 조선의 항목 속에서 서술하고 있는 상반된 기록마저 있다는 점에서 그것이 갖고 있는 의미는 별반 없는 것이다.

6. 인류학자 도리이 류우조(鳥居龍藏)의 눈에 비친 울릉도·독도

19세기 제국주의 국가들이 경쟁적으로 식민지를 개척해나갔다. 이때 인류학자들은 제국주의 국가들이 식민지로 진출하는 데 필요한 사전 조사를 도맡아 했다. 인류학자들은 식민지에 대한 각종 정보를 수집하고 연구해 보고서를 만들었다. 그것은 곧 식민지 정책을 수립하는 토

---

153) 『Oh my News』 2007년 2월 10일자.

대가 되었다. 이러한 초기 인류학자들의 활동은 제국의 영광을 위한 브레인 역할을 했다. 식민지를 간접 통치했던 영국의 경우 식민지 관료들에게 인류학을 교육하기도 했는데, 이러한 경험이 나중에 인류학 발전의 기초가 되었다.

인류학은 블레이크가 말한 제국의 기초를 이루는 과학 중 첫 번째였다. 서구는 새로 발견한 세계를 지배하기 위해 먼저 그곳의 지리와 풍속, 인종에 관해 알아야 했다. 인류학은 이것을 가능케 하는 도구였다. 그들은 타 인종의 신체와 풍속을 관찰하고 기록했으며 그 자료를 토대로 그들의 문화를 자신들의 문화와 비교했다. 초기 이들의 연구는 제국주의를 지지하는 진화론과 우생학에 근거한 연구가 주를 이루었다.[154]

서구와 더불어 식민지 경쟁에 참여한 일본 역시 인류학자들을 동원해 조사 사업을 대대적으로 추진했다. 이러한 사업은 조선을 문화적으로 철저히 동화시키기 위해 벌인 것으로, 조선 총독부의 주관 하에 매우 광범위하게 진행되었다. 그 대표적인 예로 1911년 9월부터 1918년 1월까지 조선 총독부의 촉탁을 받아 조선에서 활동한 도리이 류우조[鳥居龍藏(1870~1953)]를 들 수 있다. 그는 일본의 인류학자였다. 그의 공식적인 학력은 소학교 중퇴이지만, 1921년 문학박사학위를 받고, 이듬해인 1922년에 동경제국대학 교수로 취임하였다. 1939년 이후에는 중국 북경의 연경대학 객원교수로 초빙되어, 1951년에 퇴직하였다. 그는 '일본신화', '북아시아민족학', '일본문화 형성론' 등에 대한 뛰어난 업적을 내어 일본 민족학의 선각자로 추앙받는 인물이다.[155] 그는 1910년 여름, 조선총독부의 촉탁이 되어 한반도에 산재하는 고적을 조사하는 임무를 맡게 되었다. 그는 곧바로 예비조사를 실시한 후 이듬해인

---

154) 권혁희, 『조선에서 온 사진엽서』, 민음사, 2005, 49~51쪽.
155) 이승진, 「이른바 "울릉도 고고학"과 도리이 류우조(鳥居龍藏)」『鬱陵文化』 5, 울릉문화원, 2000, 57~58쪽.

1911년부터 제1차 본조사를 시작하여 거의 매년 한반도의 구석구석을 찾아다녔다. 그의 조사지역은 우리나라뿐만 아니라 서남중국, 대만, 중국동북부인 만주와 몽골, 시베리아와 쿠릴열도, 사하린과 아무르강 등에 이르는 광범위한 지역이었다. 그는 『일본주위민족의 원시종교－신화종교의 인종학적연구 日本周圍民族の原始宗敎－神話宗敎の人種學的硏究－』(東京, 岡書院, 1923)는 그러한 현지조사의 과정에서 나온 산물이다.

도리이는 현지조사를 하면서 2차 조사에서부터 6차 조사까지 택준일澤俊一이란 사진사 한 명과 함께 다니면서 사진을 찍었다. 그가 찍은 조선인 사진은 다분히 인종학적인 관점을 보여준다. 그는 인물의 정면과 측면을 촬영해 인간을 사물화, 객체화시키는 방식으로, 그 인물이 지닌 골상학적, 관상학적, 인종학적 정보 등 신체적 특징들을 다른 사람들의 것과 비교할 수 있게 했다. 위 저서에 실려 있는 울릉도 현지주민에 관한 언급을 살펴보면

> 지금의 울릉도 조선인들은 이전 울릉도 사람들과는 사람이 교체되어 있다는 것을 분명히 알고 있어야만 한다. 애초에 나는 이에 대해 인체측정을 할 작정이었지만, 그들은 전라도, 경상도, 강원도에서 이곳으로 이주하였다는 사실을 알게 됐기 때문에, 이들 각 도에서 측정하였던 일과 똑같은 작업이 되기 때문에, 나는 그 일을 하지 않았다.156)

우리나라 사람들의 인체측정을 하였음을 알 수 있다. 그는 그것을 사진에 담았다. 그는 전국 120개 지역에서 백정, 해녀, 무녀, 기생, 관노, 피혁 상인 등 특정 계층의 성인 남녀와 아이들의 체위 가운데 머리의 정면과 측면, 뒷면 반신을 유리 원판으로 촬영했으며, 그 숫자는 총 2,980명에 이르렀다. 도리이 류우조의 이러한 인체 측정 사진은 일선동

---

156) 도리이 류우조(鳥居龍藏), 「人種考古學上より觀たる鬱陵島」 『日本周圍民族の原始宗敎－神話宗敎の人種學的硏究－』, 東京, 岡書院, 1923.

조론과 같은 일본의 지배 이데올로기를 강화하는 근거가 되었다. 초기 인류학이 제국주의의 시녀로서 봉사했음을 단적으로 알 수 있는 또 하나의 예라 할 수 있을 것이다.[157] 당초 울릉도 주민들에 대해서도 인체 측정을 하려고 하였다. 그러나 전라도·경상도·강원도에서 이주해왔다는 걸 알고 중복을 피해 하지 않았을 뿐이다.

도리이 류우조의 울릉도 조사는 그의 제6차 조사시기에 이루어졌다. 그는 1917년 10월 24일 사진사와 함께 서울을 출발, 월성군 각지를 조사하고, '울릉도에 건너가 남면 사동, 서면 통구미의 석기시대 유적, 북면 현포동의 고적 및 석기시대 유적, 나리동 추산 부근, 천부동·저동 등의 고분을 조사하고' 나와서 영남지방을 거쳐 1918년 1월 14일 서울에 귀착하였다고 한다.[158]

「人種, 考古學上より觀たる鬱陵島」[159]는 울릉도의 지리, 지질, 식물

---

157) 권혁희, 『조선에서 온 사진엽서』, 민음사, 2005, 54쪽.

158) 鳥居龍藏, 『大正六年度 古蹟調査報告』卷頭「調査事務槪要」; 金元龍, 『鬱陵島』 국립박물관고적조사보고, 제4책 20쪽. 현재 국립중앙박물관에 보관되어 있는 당시의 목록과 사진 건판, 고적 조사 복명서에 의하면 조사지는 경주의 반월성지와 울릉도, 김해패총 등이다. 그 조사개요와 사진건판 목록, 실측도 목록, 수집품 목록이 첨부되어 있다(이승진, 앞의 글, 58~59쪽). 이것을 독도박물관의 이승진 관장이 찾아내어 독도박물관에서 '일제시대 울릉도 사진전'을 개최한 바 있다.

159) 鳥居龍藏, 『日本周圍民族の原始宗敎−神話宗敎の人種學的硏究−』, 161~192쪽. 이 책은 10개의 장(총 320쪽)으로 되어 있는데 전체 목차는 다음과 같다.
「日本周圍民族の原始宗敎」
「朝鮮の巫覡」
「西比利亞のシャーマン敎より見たる朝鮮の巫覡」
「民族學上より見たる濟州道(耽羅)」
「人種, 考古學上より觀たる鬱陵島」
「南支那蠻族と其の文化及宗敎」
「猓玀の神話」
「吾人祖先の石器時代と國津神」
「吾人祖先有史以前の男根尊拜」

상 및 동물상을 포함하는 자연생태적 측면과 당시의 인구관계 및 그들의 생업경제에 관한 정보를 담고 있다. 그리고 문헌중심의 울릉도의 역사 및 고고학의 연구성과를 수록하고 있다. 이러한 그의 조사결과는 울릉도의 항구적인 지배를 위한 식민정책의 참고자료로 활용하기 위한 것이다, 그 구체적 내용을 소개하면 다음과 같다.

'총설'의 울릉도의 지리에 관한 언급에서 주목되는 내용은 다음과 같다.

> 울릉도의 위치는 북위 37° 50′, 동경 130° 54′이다. 조선 사람들은 이 섬을 과거에는 우산, 또 후에는 울릉도나 무릉도라 불렀다. 그러나 모두 같은 음이다. 일본사람은 이 섬을 마쯔시마(松島)라 부르며, 서양사람은 다쥬레 아일런드(Dagelet island)라 한다.
> 이 울릉도에서 가장 가까운 곳은 조선 강원도의 죽변이며, 그 거리는 대략 80마일 정도이다. 이 섬은 조선과 산잉(山陰) 사이의 바다에 있는 유일한 섬이며, 이 외에 섬이라 할 만한 것은 없다. 단지, 이 울릉도의 약간 동남쪽에 죽도 竹島(Liancourt Rocks)라는 섬이 있다. 이것은 거의 바위로 이루어져 있어 해표 등이 지금도 찾아들 정도인데, 수면으로 드러나 있는 것은 불과 얼마 안되지만, 하여간 조그만 섬이다. 그리고 역시 동남쪽으로 가면 오끼섬이 있으며, 그 다음에 이즈모의 소위 기쯔끼군, 신지꼬, 혹은 미호노세끼 등이 있다. 이렇게 보면, 이 울릉도는 조그만 섬이지만, 조선의 강원도 경상도에서 오끼섬에 이르는 징검다리와 같은 상태라고 할 수 있을 것이다. 방금 언급하였듯이 강원도의 죽변에서 울릉도까지는 80마일 정도이지만, 울릉도에서 이즈모의 히노미사끼까지의 거리는 우선 두 배정도로 보아도 틀리지 않을 것이다. 이 섬의 주위는 대략 14리 18정 정도이며, 동서 5리, 남북 4리, 면적은 대략 9평방리 정도이다.

도리이가 현지조사를 실시하였다는 점을 생각한다면 아마도 당시 울릉도의 일본인들은 울릉도를 마쯔시마(松島)라고 불렀고, 독도를 다케

「姒の國」
　이 가운데 「人種,考古學上より觀たる鬱陵島」는 이승진이 번역하여 소개한 바가 있다(「이른바 "울릉도 고고학"과 도리이 류우조(鳥居龍藏)」『鬱陵文化』 5, 울릉문화원, 2000). 본문에서 언급하는 도리이 류우조의 글은 이승진의 번역문을 전재한 것이다. 그 전문에 관해서는 이승진의 글을 참고하기 바란다.

시마(竹島)로 불렀음을 짐작할 수 있다. 그가 울릉도를 '조선의 강원도 경상도에서 오끼섬에 이르는 징검다리와 같은 상태'라고 한 것으로 보아 죽도, 즉 독도를 조선의 영역으로서 울릉도의 생활권역으로 보았음을 알 수 있다. 그가 당시 독도를 일본의 시마네현 소속으로 간주하였다면 아마도 '조선의 강원도 경상도에서 다케시마에 이르는 징검다리와 같은 상태'라고 하였을 것이다.

도리이는 섬의 지질을 언급하면서 지형은 애초 험하게 우뚝 솟은 그런 화산계의 모습을 띠고 있기 때문에, 해안선을 따라서 도로라는 것은 거의 없다고 하였다. 해안선을 따라서 몇 군데 사람이 살고 있는 곳이 있지만, 그 사이에는 커다란 산이 있으며, 이 산으로부터는 용암류가 흘러내리면서 파헤친 흔적의 작은 계곡이 흐르고 있기 때문에 해안을 타고 왕래하지만, 이 또한 역시 바위 쪽으로 내려가는 식으로, 교통은 매우 불편하다고 하였다. 또 '정박할 만한 항이 없다'고 하였다. 또 쓰시마 쪽에서 흘러오는 난류 때문에 매우 따뜻하고 겨울에 눈이 많고, 안개가 짙게 끼는 상태가 발생한다고 하였다. 그리고 북쪽에서 오는 한류가 20해리 정도의 바다를 돌고 있기 때문에 배가 이 해류를 타면 이곳으로 표류해온다고 하였다. 그래서 예부터 북쪽으로부터 그 곳으로 흘러가는 경우는 있지만, 일본 쪽에서 여기로 흘러오는 예는 별로 없는 것 같다고 하였다.

도리이는 울릉도의 동식물상과 바다의 어류상을 다음과 같이 기록하고 있다.

이 섬에는 어떠한 수목이 있는가 하면, 우선, 느티나무, 향나무, 오엽송, 솔송나무, 홍엽, 동백나무, 산앵 등의 식물이다. 느티나무는 상당히 많았던 것 같다. 메이지 초, 교토(京都)의 흔간지(本願寺) 같은 그렇게나 거대한 건축물은 거의 전부 이곳의 나무를 벌채해 가서 지은 것이다. 그러한 관계상 나무는 점차 잘려 사라지고, 또 조선의 이주민이 화전火田이라고 하여 불을 놓아 산전山畑으로 하는 등의 일 때문에 점차 사라져, 지금은 예전과 같지 않다. 조선인의 말에 의하면 지금부터 15~6년 전까지는 나무가 많았기 때문에 갓을 쓰고는 왕래할 수 없었다고 말할 정도로, 나무가 울창하였던 섬이다. 울릉이라는 문자를 섬 이름 으로 한 것도 역시 이의 형용으로 보아 틀림없을 것이다. 오늘날에는 나무가 없다 할지라도 조선 본토에 비하면 훨씬 많다. 그리고 가을이 되어 단풍나무의 잎이 붉게 물들어 있는 곳 등은 매우 아름답다. 이곳에는 대나무도 매우 많다. 대나무가 많다는 사실은『고려사高麗史』등에도 있지만, 상당히 많이 자라고 있 다. 이 섬의 곁에는 죽도라는 조그만 섬이 있는데, 이 섬에는 온통 대나무뿐이 다. 특히 향나무의 산출은 상당히 재미있어, 이는 제주도를 만약 귤 향기가 풍 기는 섬이라 한다면, 이 울릉도는 향나무의 향기가 풍기는 섬이라 해도 좋을 정도이다. 그야말로 무릉도원, 봉래섬, 용궁과 같다는 찬사를 받아도 좋을 그런 곳이다.

　다음에, 동물을 살펴보면, 이곳에는 포유동물은 거의 없다 해도 좋다.『고려 사』를 보면, 고양이 크기의 쥐가 있다지만, 이것은 없다. 현재 산고양이가 한두 마리 있는 것 같다. 하지만, 이것은 집에서 키우던 것이 산으로 도망쳐 산고양 이가 된 것이다. 이것을 제외한다면 여우나 삵괭이도 없다. 물론 토끼나 사슴 도 없다. 또 수륙양서동물이나 파충류, 뱀이나 개구리도 이 섬에는 없다. 그리 고 이 섬에 계곡은 있지만, 담수어도 없다. 새 종류는 이곳에 제법 많다. 동박 새, 참새, 매, 독수리 등도 있다. 딱따구리가 수목에 파고들어 부리로 소리를 내 는 것을 듣는 것은 상당히 한가롭고 조용해서 좋다. 여기서 재미있는 일은 기 러기가 이 섬에는 오지 않는다. 기러기가 어떤 경로로 일본으로 오는지는 상당 히 재미있는 연구거리가 되겠지만, 이 울릉도에는 기러기가 왜 오지 않을까 하 면, 어쩌면 조선과 일본 사이에 쉬어 갈 곳이 없기 때문인지도 모른다. 1년에 한두번 걸쳐서 두세 마리의 기러기가 날아오는 경우가 있지만, 이때의 기러기 들은 손으로 잡을 수 있을 정도로 깃털에 힘이 빠져있다. 새도 오고가지 않는 우사시마를 섬이라 말한다면, 이는 기러기도 오고 가지 않는 울릉이 섬으로 일 컬어질 수 있음을 말해 주는 것이라 생각한다. 이 섬의 바다에는 포유동물인 고래나 오징어, 다랑어, 돔, 문어를 비롯하여 그 밖에 여러 어종이 있다. 이곳에 있는 일본 이주민은 대개 오징어잡이를 직업으로 하는데 오징어잡이로 안락한 생활이 가능할 정도이다. 어종은 매우 많고, 해삼이나 패류도 제법 많다. 미역 은 이곳에서 옛날부터 명성이 있다. 이 섬의 바다에서 나는 것과 산에서 나는 것은 대체적으로 이상과 같다.

　위 기록에서 주목되는 것은 메이지초 울릉도에 일본인들이 들어와 느티나무 등을 벌목하여 일본으로 밀반출해서 교오토 본원사 등의 거 대한 건축물의 대부분을 지었다는 것이다. 아마 이 내용은 도리이가 당시 울릉도에 살고 있었던 일본인들로부터 청취한 내용일 것이다. 이들의 활동으로 인해 메이지정부에서 죽도와 독도가 조선 땅임을 거듭 확인하였지만 북택정성北澤正誠 등은 조선이 공도정책을 시행하여 버린 땅임을 부각시키고, '버려진 땅을 내가 취하면 내 땅이 된다'는 식의 주장을 펼쳐 나갔던 것이다.160)

위 기록을 통해 울릉도에 입도한 우리나라 사람들은 화전 경작을 하고 있었고, 일본인들은 주로 오징어잡이를 직업으로 하는 어민들로서 안락한 생활을 하고 있었음을 알 수 있다. 이것을 도리이 류우조는 다음과 같이 좀더 상세하게 언급하고 있다.

이곳에 살고 있는 사람은 누군가 하면, 조선 사람과 일본사람인데, 정치적으로는 조선인도 일본인도 아니지만, 하여간 이 두 가지로 나눌 수 있다. 조선인과 일본인을 합한 총 인구수는 10,479명이다. 그중 조선인은 9,159명이며, 일본인은 1,590명으로 조선인이 많다. 호수는 1,892호이다. 그중 조선인은 1,498호이며, 일본인은 393호이다. 촌락은 대략 10개 정도이지만 일본인의 세력은 매우 왕성하며, 조선인의 세력은 전무하다. 조선인이 사는 곳은 주로 골짜기의 상류, 혹은 산의 매우 높은 곳이며, 나무를 불태워 없애고 화전농사를 짓고 있다. 어업이라는 일은 최근에 하기 시작하였으며, 주민의 생업은 주로 농업이다. 농업을 하는 일본인은 적다. 해안에 집이 있으며, 오징어잡이를 하고 있다. 울릉도의 오징어잡이는 꽤 왕성하여, 불과 두세 시간 사이에 10~20원의 돈을 벌기란 어려운 일이 아니다. 만약 일본에서 생활이 시원찮은 사람은 이곳에서 오징어잡이를 하면 넉넉하게 생활할 수 있다. 조선인은 그래서 거의 세력이 없으며, 일본인의 세력은 상당히 왕성하다. 이곳으로 오는 일본인들은 모두 시마네현의 이즈모와 오끼 사람들 뿐이다. 이전 시마네 사람들이 이 섬에 올 때는 조그만 배를 타고 왔다. 대체로 시마네현의 사람은 이를 조선으로 가는 것으로 알고 있지만, 강원도 함경도의 연안은 거의 시마네현 사람의 세력이 미치는 범위이다. 고사에서 보이는 이즈모와 조선의 왕래는 옛날뿐만 아니라, 오늘날에도 역시 이루어지고 있음을 알 수 있으며, 이 울릉도에는 이즈모 출신이 거의 대부분이다. 때문에 이 섬은 모두 이즈모풍이며, 흡사 이즈모의 시골에 온 듯한, 해안의 시골에 온 듯한 느낌이다. 또 이곳의 상행위는 상당히 재미있는데, 이 울릉도에 잠시 있어 보면, 아무래도 시마네현에 살고 있는 듯한 생각이 든

---

160) 北澤正誠,『竹島考證』.

다. 이 섬은 최근까지 강원도 울진 관할이었지만, 지금은 경상북도 관할이다. 그리고 이곳에 살고있는 조선인들은 주로 전라도, 경상도, 강원도 출신이다.

울릉도에 있는 시마네현 사람의 말에 의하면, 바람이 좋을 때에는 조그만 배로 하루 걸려 이즈모의 사까이미나또까지 갈 수 있다. 또 영일만까지도 역시 하루면 된다. 20년전쯤까지는 조그만 배에 대나무로 만든 돛을 달고 일본해를 건너 이즈모에서 울릉도로 왔지만, 지금은 층선이 왕래하기 때문에 그것을 사용하지 않지만, 지금 이곳에 있는 사람들은 기선 등을 타지 않고서도 조그만 배로 갈 수 있다고 하기 때문에, 주로 범전선 등으로 왕래하고 있다. 그 외 일본의 어선을 이용하지만, 근래 배가 부족해서 커다란 어려움을 겪고 있다. 그리고 이곳에 들어오는 물품은 부산항을 거쳐온 것 같은데, 모두 사까이미나또에서 왔으며, 상거래 역시 사까이미나또에서 이루어지고 있다. 이러한 상황에서 생각해 보아도, 울릉도는 이즈모와의 관계를 보는 데 참으로 재미있는 곳이다.

위 기록을 살펴보면 1917년 당시 조선인과 일본인을 합한 총 인구수는 10,479명이다. 그중 조선인은 9,159명이며, 일본인은 1,590명으로 조선인이 많다. 호수는 1,892호이다. 그중 조선인은 1,498호이며, 일본인은 393호이다. 『울릉군지』의 공식 통계에는 1906년부터의 인구통계가 매년 나오는데 1910년, 1913년, 1916~1918년, 1939~1941년의 통계수치가 누락되어 있다. 그런 점에서 도리이 류우조의 조사는 1917년 누락기의 인구통계를 전해주고 있다는 점에서 중요한 자료이다. 도리이 류우조가 조사한 인구수는 다음의 표에서 보다시피 1917년 전후의 인구통계 수치와 비교할 때 상대적으로 많음을 알 수 있다.

연 도	계		한 국 인		일 본 인	
	호 수	인구수	호 수	인구수	호 수	인구수
1911	1,414	8,073	1,082	6,880	332	1,192
1912	1,492	8,222	1,104	6,961	388	1,261
1914	1,899	10,361	1,471	8,597	428	1,404
1915	1,774	9,623	1,403	8,392	371	1,231
1919	1,790	9,633	1,438	8,381	349	1,247
1920	1,650	8,945	1,422	8,141	227	800
1921	1,636	9,050	1,429	8,376	206	670

(울릉도, 『울릉군지』, 1988)

1917년 당시 울릉도의 경우 일본인에 비해 우리나라 사람이 압도적으로 많음에도 불구하고 도리이 류우조는 일본인의 세력은 매우 왕성한 데 반해 조선인의 세력은 전무하다고 기록하고 있다. 그 이유로서 '조선인이 사는 곳은 주로 골짜기의 상류, 혹은 산의 매우 높은 곳이며, 나무를 불태워 없애고 화전농사를 짓고 있다. 어업이라는 일은 최근에 하기 시작하였으며, 주민의 생업은 주로 농업이다'고 한 데 반해 일본인의 경우 농업을 하는 일본인은 적으며 그들은 해안에 집이 있으며, 오징어잡이를 하고 있다. 울릉도의 오징어잡이는 꽤 왕성하여, 불과 두세 시간 사이에 10~20원의 돈을 벌기란 어려운 일이 아니다. 만약 일본에서 생활이 시원찮은 사람은 이곳에서 오징어잡이를 하면 넉넉하게 생활할 수 있다. 조선인은 그래서 거의 세력이 없으며, 일본인의 세력은 상당히 왕성하다'고 하였다.『황성신문皇城新聞』1902년 4월 29일자의 기사를 보면 1901년 8월 해관파원사海關派員士 기사 가운데 "일본인구 약 550인이 모두 조선벌목자造船伐木者이고 (중략) 한민韓民은 대략 3,000구에 이르나 모두 전호농맹佃戶農氓이라"고 한 것과 연관시켜 볼 때 울릉도 개척 이후 우리 측 울릉도민의 경우 농업을 생업으로 하고 상당수가 전호, 즉 소작농으로 존재하면서 어려운 생활을 영위하였던 것이 일제시대까지 그대로 이어졌음을 알 수 있다. 그에 반해 1890년대의 울릉도에 들어온 일본인들은 '조선벌목자'가 주류였던 데 반해 1900년대에서부터 일제 강점기를 거치면서 1917년 단계에 오면 오징어 잡이 등의 어로활동을 주로 하는 어민들로 교체되었음을 알 수 있다. 그렇게 되면서 일제시대 울릉도의 경우 도리이 류우조의 말처럼 일본인의 세력은 매우 왕성한 데 반해 조선인의 세력은 전무하다고 할 정도로 영락되었던 것이다. 그러한 모습을 다음의 사진자료들을 통해 알 수 있다.

<사진 7> 도동 일본인 가옥
(도동항 해안가)

<사진 8> 도동 조선인 가옥
(도동항 골짜기 상류)

<사진 9> 일본신사

<사진 10> 일본사당군

<사진 11> 투막집

<사진 12> 현포 조선인 가옥

조선인 세력이 전무한 데 반해 일본인의 세력이 왕성하게 된 것은 1883년 개척령이 울릉도란 섬을 대상으로 하면서도 어업이민이 아닌 농업이민을 염두에 둔 정책이었다는 데 연유한다. 이런 점에서 개척령

을 추진했던 고종이나, 김옥균, 그리고 울릉도 검찰사 이규원은 잘못된 정책을 입안하여 추진하였던 것이다. 개척령에 의해 울릉도의 개척이 성공하였다는 긍정적 평가는 그런 점에서 비판받아야 한다. 이런 정책으로 말미암아 울릉도와 독도에 이르는 해역을 일본인 어부들한테 내놓음으로써 결국 1905년 일본이 독도를 무주지라 하여 자국의 영토로 침탈하게 하는 빌미를 가져다 준 셈이다.[161]

---

161) 김호동, 「개항기 울릉도 개척정책과 이주실태」『대구사학』 77, 대구사학회, 2004 ; 김호동 외, 『독도를 보는 한 눈금 차이』, 영남대학교 민족문화연구소 편, 선출판사, 2006.

제5장 해방 이후의 독도·울릉도

1. 해방과 미군정기의 독도·울릉도

1945년 8월 15일의 해방은 우리의 손에 의해 쟁취된 것이 아니라 일본의 항복으로 인해 우리에게 어느 날 갑작스럽게 주어진 것이다. 제2차 세계대전의 종전에 따른 국제조약에는 연합국 상호간에, 그리고 승전국인 연합국과 패전국 사이에 교섭이 진행되고 타결되었다. 우리의 운명은 일본에 대한 승전국으로 우리의 영토를 되찾을 수 있는 위치에 있었던 것이 아니라 패전국의 한 영토로 간주되어 그 처리가 논의되었다. 해방과 동시에 북에는 소련군이, 남에는 미군이 들어옴으로써 남북분단의 비극을 맞이하게 되었고, 강대국의 이해관계에 따라 우리의 영토주권이 심각하게 훼손되었다.

카이로선언(1943.11) 이후 얄타회담(1945.2.4~2.11)·포츠담선언(1945.7)에 이르기까지 연합국은 한국의 독립을 거듭 확인하였지만 그것이 즉각적인 독립을 의미하는 것은 아니었다. 1945년 8월 9일 소련이 대일선전포고를 하면서 태평양전쟁에 참전하였고, 곧 북한지역에 진주하였다. 당시 미국은 한반도의 일부라도 직접 점령하려고 소련에게 북위 38도선을 잠정적인 군사분계선으로 할 것을 제의하였는데 소련이 이를 받아들임으로써 미·소군이 남북한에 진주하였다. 자본주의 진영의 맹주인 미국과 사회주의 강대국인 소련의 군대가 진주함에 따라 한반도는 자본주의와 사회주의, 제국주의와 민족해방운동 진영 사이의 격전장이 될 위기에 처하였다.

1945년 8월 15일 해방을 맞이했을 때 울릉도의 도사島司는 오오다케 사쿠지로(大竹作次郎)였고 도청에는 내무, 산업 2개과가 있었다. 같은 해 10월 1일에 미군이 대구에 진주하여 경상북도청을 접수하였고, 11월 13일부터 도내에 미군정을 실시하였고, 한국인 초대 도지사로 김의균 金宜均을 임명하였다. 울릉도의 경우 12월 13일자로 울릉도청에는 초대 도사로 당시 남면장으로 재직 중이던 서이환徐二煥을 임명하여 도내 일반 행정과 치안행정을 수행하게 하였다. 일본인 관리들과 민간인들은 소형 선박을 이용하여 일본으로 철수하였다.[1]

이즈음 울릉도와 그 부속도서인 독도의 영유권에 대한 SCAPIN 지령이 있었다. 제2차 세계대전이 끝난 후 연합국 최고사령부가 내린 지령을 SCAPIN이라고 한다. 1946년 1월 29일의 '연합국 최고사령부 지령(SCAPIN) 제677호'를 발표하였는데 그 내용은 패전국의 일정한 지역들을 정치, 행정상 일본으로부터 분리한다는 것이다. 여기에 대한민국의 영토로서 울릉도와 독도에 관한 언급이 있었다. SCAPIN 677호 3항에는 "일본 영토는 홋카이도(北海道), 혼슈(本州), 큐슈(九州), 시코쿠(四國) 등 4개 주 섬들과 약 1천 개의 주변 작은 섬들로 제한한다"며 "웃즈로 (Utsuryo ; 울릉도), 리앙쿠르 록스(Liancourt Rocks ; 독도), 쿠엘파트(Qualpart ; 제주도)를 일본 영토에서 제외한다"고 명시했다. 이 지령에 의해 독도는 일본 영토에서 제외되었지만 일본은 이 지령의 6조 "이 지령 가운데 어떠한 것도 포츠담 선언 제8조에 언급된 제소도諸小島의 최종적 결정에 관한 연합국의 장책을 표시한 것은 아니다"라는 조항을 내세워 이

---

1) 울릉도, 『울릉군지』, 1988.

지령이 행정권의 정지에 불과한 것이고 이것이 영토의 처분은 아니라고 주장한다. 그러나 SCAPIN 제677호는 독도를 일본의 영토로부터 제외시켰으며, 만일 이를 수정할 때에는 "별도의 특정한 지령을 발해야 하며 그렇지 않다면 이 지령은 미래까지 유효하다"고 선언하고 있음에 유의하여야 한다. 이후 연합국 최고사령부는 1946년 6월 22일 SCAPIN 제1033호에서 일본의 영역을 더욱 분명하게 규정하고 있다. 제3항에서 일본의 어업 및 포경업의 허가구역을 설정하였는데, "일본인의 선박 및 승무원은 금후 북위 37도 15분, 동경 131도 53분에 있는 리앙쿠르(독도)의 12해리 이내에 접근하지 못하며 또한 동도에 어떠한 접근도 하지 못한다"라고 하여 일본인의 독도접근을 금지시켰다. SCAPIN 조약에 의해 대한민국의 영토는 동해상에서 울릉도와 그 부속도서가 국제적으로 인정되었다.

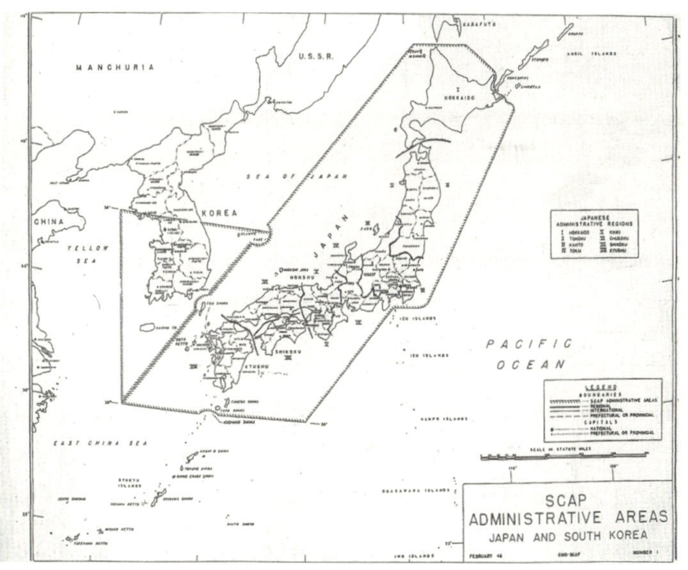

<그림 11> SCAPIN 제677호의 부속지도 : 독도를 'TAKE'로 표시하면서 한국 영토로 부속시켜 표시하고 있다.

해방 후 울릉도 및 강원도 어민들은 그들의 삶의 터전인 독도와 그 주변 해역에서 어로활동을 하였다. 그 삶의 터전에서 어로활동을 하던 어민들에 대한 미군의 폭격사건이 일어났다.

> 8일 오전 11시 30분께 울릉도 동방 39해리(독도)에 국적불명 비행기 몇 대가 출현하여 폭탄을 투하한 뒤 기관총까지 쏘아대고 사라졌다. 고기잡이와 미역을 따고 있던 울릉도와 강원도의 20여 척 어선이 파괴되고 어부 16명이 즉사, 10명이 중상을 입었다. 급보를 받은 울릉도 당국은 구조선 2척을 현장에 급파했다.

1948년 6월 11일자 모 일간신문에 실린 이 기사는 사흘 전 발생한 독도폭격사건을 세상에 알렸다. 폭격의 와중에서 살아남은 장학상씨(당시 36세, 1996년 사망) 등이 사건 직후 천신만고 끝에 울릉도로 돌아와 알림으로써 세상에 알려졌다. 장씨 등 생존자 2명은 "울릉도 방향에서 날아온 12대의 폭격기가 2개조로 나누어 600m 상공에서 선회하며 융단폭격, 조업현장은 순식간에 아비규환으로 변하였다"고 한다. 30여 명의 동력선에 척당 5∼8명이 타고 있었으니까 150여 명 정도가 숨졌다고 보면 될 것 같다"고 말했다. 당시 미군정은 사건발생 8일이 지나도록 폭격사실을 부인했다. 그러다가 6월 17일 일본 도쿄의 미국 극동공군사령부는 B−29 폭격기가 폭격훈련을 실시했음을 인정했다. 다만 고공에서 날았기 때문에 어선을 보지 못했으며, 폭격 30분 뒤 정찰기가 촬영한 사진을 분석한 결과 현장에 작은 선박 여러 척이 있었다는 사실을 알았다는 것이 미군 당국의 발표였다. 1948년 미군정이 대한민국을 통치하고 있었던 당시에 그 진실은 미군 측에 의해 밝혀지지 않았다. 사건직후 미군 당국은 소청위원회를 구성, 울릉도와 독도에서 피해 내용을 조사했고, 1명을 제외한 피해자들에게 소정의 배상을 완료하였다고 발표했다. 그러나 그 배상 내용, 독도를 연습대상으로 지정한 경위, 사고에 따른 내부 처벌 등의 내용은 공개되지 않았다. 독도의용수비대 홍순칠 대장의 자서전에 의하면 포항 주둔 미 육군 소속의 몇 명 장교와 사병이 울릉도에 들어와 배상문제를 처리하였고, 당시 어른은 500환, 미성년자에게는 300환의 위자료를 지급하였다고 하였다.

당시 독도에서 미역채취를 하고 있었던 공두업(1995년 현재 83세)씨의 증언내용은 다음과 같다.

> 1948년 6월경 독도(서도 물골 근처)에서 미역 채취 중 잠시 휴식을 취하고 있을 때였다. 난데없이 비행기가 날아와 바다 위로 기관총을 난사했다. 갈매기들이 총에 맞아 무수하게 널렸고, 바다는 핏물로 변했다.

공씨는 급히 배를 돌려 울릉도로 돌아왔다. 독도에서 미역채취를 못하면 생계가 곤란하기 때문에 당시 경찰총무였던 이종오씨에게 독도 폭격사실을 보고했다.

며칠 뒤 안심하고 조업을 하라는 이종오씨의 통보를 받고 2차로 미역채취를 위해 독도에 배를 띄웠다. 그 날 또 폭격이 있었다. 폭격시간을 아침 10~11시 정도로 기억하고 있다는 공씨는 당시 바다 위에 떠 있는 배들의 숫자를 32척으로 기억하고 있다. 강원도에서 온 배들이 대다수를 차지했으며, 그 중의 한 척은 미역과 물물교환을 위해 쌀, 술 등을 싣고 온 배였다. 울릉도 주민 김유길씨는 "1996년경 주문진에서 사는 중년의 형제가 찾아와 40대 후반 아버지가 미역 채취하러 독도에 들어갔다가 돌아가셨다며 위령비가 어디 있는지 물어본 적이 있다"고 기억한다. 김씨는 "당시 사건 현장에는 강원도 어선이 대부분이어서 사망자의 대다수도 강원도 사람들이라는 말을 들었다"고 전한다.

공두업씨의 증언에 의하면 서도 쪽에서 조업을 하던 배들은 모조리 가라앉았으며, 어부들은 태극기를 흔들며 도주하려 했으나 역부족이었다고 한다. 파괴되지 않은 배는 강원도 소속의 배 1척과 공씨의 배였으며, 그나마 파편과 충격으로 인해 심하게 파손된 상태였다고 한다. 당시 동도 쪽에서 미역채취를 하던 장학상씨의 증언에 의하면 폭격은 서도 물골 근처에서 시작되어 동도로 융단폭격이 이어졌으며, 12대의 폭격기가 2개의 편대로 나뉘어져 폭격을 했다고 한다.[2]

1948년 6월의 독도폭격사건의 인명 및 재산피해는 현재 다음과 같이 정리되어 있다.[3]

출　　신　　지			희생자 성명 등	비　　　　　고
사망자 (16명)	강원도 (10명)	강릉군 묵호읍 (8명)	진리 : 김준선(20) 후포리 : 김동술, 권천, 김응화, 박춘식, 조성룡, 오재옥, 이천식	조선일보(6.15)에서는 권변천이란 이름이 있음. 신천지의 권천과 동일인물인 듯함. 조선일보(6.20)에서는 강원도 묵호 1명이 사망했다고 함.
		울진군 평해면 이동리 (2명)	김규동(39), 김중순(19)	조선일보(6.15)에서는 김규동, 김중순이 사망자 명단에 빠져있음. 조선일보(6.20)에서는 강원도 울진군 호월리 2명, 죽변리 6명이 사망했다고 함.
	울릉군 남면 (6명)	도동	고원오(19), 김해술(19), 채일수(28)	조선일보도 같은 내용임.
		저동	최태식(30), 김태현(30), 김해도(21)	조선일보도 같은 내용임.
중상자 (3명)	강원도	묵호읍	이완식	
	울릉군 남면 (2명)		장학상(35), 이상주(31)	조선일보(6.15)에서는 장학상, 이상유라고 표기되어 있음. 조선일보(6.11)에서는 즉사 16명, 중상자 10명으로 보도하고 있음.

---

2) 이예균, 김성호, 『일본은 죽어도 모르는 독도 이야기 88』, 예나루, 2005, 190～200쪽. 1995년 6월 23일, 7월 20일에 '푸른 울릉·독도가꾸기 모임'과 한국외대 '독도연구회'가 1948년 독도 폭격 생존자들과 면담 취재한 내용이다.

3) 홍성근, 「독도폭격사건의 국제법적 쟁점 분석」『독도연구총서』 10, 독도연구보전협회, 2003 ; 홍성근, 「독도폭격사건의 진실을 찾아서」『울릉문화』 5, 울릉문화원, 2000.

침몰선박	발동선 7척 전마선 14척 범선 2척	조선일보(6.20)에서는 소형선 20척, 대형선 3척 파괴, 손해액은 5백만원 정도라 함.

그러나 위 증언에 의하면 당시 신문보다 훨씬 많은 수백명이 죽었음을 알 수 있다.

비밀 해제된 미 공군의 문서를 분석한 결과에 의하면 문제의 폭격훈련을 한 부대는 미공군 93폭격대대였다는 사실이 밝혀졌다. 328, 329, 330폭격대로 구성돼 있던 93폭격대대는 원래 캘리포니아주 캐슬공군기지에 주둔하고 있다가 1948년 4월 15일 3개월간의 임시배치명령을 받고 일본 오키나와의 가데나 기지로 이동했다. 당시 미 전략공군사령부는 B-29로 이뤄진 비행대대의 전반적인 전시대비체제를 점검하기 위해 폭격대대 순환근무를 실시하고 있었다. 93폭격대대는 사건이 발생했을 때 일본에 주둔한 유일한 B-29 운용 부대였다.

1948년 5월 말 배치가 끝난 93폭격대대의 임무는 21개의 훈련을 완수하는 것이었다. 독도 폭격훈련은 그중 3번째 과정이었다. 독도에 폭격기당 1,000파운드 폭탄 4개를 투하하고, 다른 두 곳은 카메라로 촬영하라는 훈련명령이 떨어진 것은 6월 7일. 정찰기를 포함해 총 24대가 훈련에 참가하게 되어 있었다. 그러나 2대는 기계결함으로 이륙하지 못했고, 1대는 도중에 연료문제 때문에 임무를 취소했다. 독도 근처는 시계가 양호했다. 오전 11시 47분쯤 목표 지점에 도착한 폭격기 20대는 약 1분 간격으로 폭격을 시작했다. 330, 328, 329폭격대 순으로 오전 11시 58분 30초, 12시, 12시 1분에 연달아 폭탄을 투하했다. 총 76개의 폭탄은 목표물 반경 90m 안에 명중했다. 이중 첫 폭격에 실패한 3대의 비행기는 편대에서 벗어나 개별적으로 폭격을 실시했다. 결국 모두 4번의 폭격이 이뤄진 셈인데, 당시 목격자들의 증언도 거의 일치하고 있다. 보고서에 따르면 이날 폭격은 성공적이었다는 평가를 받았다.

당시 폭격훈련에서 정찰기도 폭격기도 어선을 보지 못했다는 것이 미 극동공군사령부의 공식 발표였다. 30분 먼저 이륙한 정찰기는 6회나 독도 부근을 살펴봤지만 훈련을 진행해도 무방하다는 보고를 올렸다. 폭격대상이 될 다수의 작은 섬이 있는 만큼 어선들도 섬으로 잘못 간주한 것 같다는 주장이었다. 과연 미 공군기가 어선을 보지 못했을까.

폭격기가 어선을 봤는지 여부를 확인하기 위해서는 폭격기의 고도를 파악해야 한다. 고도는 기총사격 여부와도 관련이 있다. 고도가 높으면 기총사격을 할 수 없기 때문이다. 사건이 발생하고 난 뒤 울릉도의 한 경찰관은 폭격기 날개 아래쪽에 그려져 있는 동그라미와 별, 즉 미군의 기장을 보았다고 전했다. 생존자들도 600m 상공에서 폭격기가 기총사격을 했다고 전했다. 이들 주장대로라면 폭격기가 어선을 바위로 착각했다는 것은 거짓말이다.

당시 미군 측은 비행고도가 6,600m에 달했기 때문에 어선을 확인하지 못했다고 주장했다. 주장이 엇갈리는 셈이다. 아쉽게도 이때 폭격훈련의 기록인 '93폭격대대 역사'에는 당시 폭격기의 고도를 구체적으로 적지 않았다. 기록에는 단지 선두의 330폭격대가 중간고도, 가운데의 328폭격대가 가장 낮은 고도, 뒤쪽의 329폭격대가 최고 고도에서 비행했다고만 적혀 있다. 이에 로브모는 실제 승무원으로부터 상황을 들었다. 1951년부터 3년 동안 B-29기에서 근무한 경험이 있는 그는 인터뷰에서 "B-29기는 절대로 600m 상공에서 폭탄을 투하하지 않는다"고 말했다. 그렇게 낮은 고도에서 떨어뜨리면 우선 폭탄이 터지지 않을 뿐 아니라 아군기에도 피해를 줄 수 있기 때문이다. 다만 그는 "기총 소사는 있을 수 있다"며 "실제 사격을 연습하기 위해 낮게 비행하는 경우가 있다"고 소개했다. 이런 이야기는 개인의 경험을 바탕으로 한 것이므로 독도폭격사건에 적용하기는 어렵지만, 가능성은 충분히 제시하고 있다.

독도폭격사건 당시 329폭격대 폭격수로 근무하던 장교는 로브모와 인터뷰하며 독도폭격과 비슷한 훈련을 떠올렸다. 하지만 독도나 울릉도 등의 명칭은 물론이고, 임무를 수행했던 날짜도 기억해내지 못했다. 로브모는 폭격목표였던 섬의 형태에 대한 묘사와 그가 보았다는 선박 등을 근거로 독도폭격사건과 유사점이 많다는 평가를 내렸다. 그 전직 장교는 "어느 섬의 모래톱을 폭격하려고 했으나 6m 정도 빗나갔고, 섬의 만 위로 떨어졌다"며 "그 작은 만에 선박이 있었다"고 말했다. 그 선박이 마약 밀수선이라는 이야기를 들었다고 그는 전했다. 설사 당시 수행된 작전이 독도폭격사건과 관련이 없다고 하더라도 그가 8,400m 상공에서 작전을 수행하고 있었던 점은 큰 시사점을 갖는다. 그보다 낮은 6,000m라면 충분히 선박을 식별할 수 있다는 주장이 가능하기 때문이다. 미군이 어선을 보고도 훈련을 감행했는지 여부는 여전히 알 수 없다. 하지만 미군이 당시 선박이 있는 곳에 폭탄을 투하한 것만은 틀림없는 사실이다. 이런 까닭에 진상규명을 요구하는 목소리가 높아지고 있다.

한국 정부는 독도가 폭격훈련장이라는 점을 몰랐을까? 폭격을 경험한 이완식씨(당시 34세)는 당시 "폭격연습한다는 말도 없이 어선을 폭격하고 기관총까지 쐈다니 정말 억울하기 짝이 없는 일"이라며 울분을 터트렸다. 과연 우리 정부는 독도가 폭격훈련장으로 사용된다는 사실을 몰랐을까. 일단 울릉도 경찰은 몰랐던 것 같다. 현장을 목격했던 고(故) 공두업씨는 이 사건 전에도 폭격훈련을 목격하고 울릉도 경찰에 문의한 적이 있다. 울릉도 경찰은 "안심하고 조업하라"며 공씨를 돌려보냈다고 한다.

현재까지 알려진 바에 따르면 미군이 독도를 폭격훈련장으로 사용했다는 내용은 1947년 처음 등장했다. 일본을 점령한 연합군최고사령부는 그해 9월 16일 일본 정부에 1778호 지침을 내고 "독도가 폭격훈련장으로 지정됐다"며 "일본 서해안에 사는 주민은 폭격훈련 전에 통보를 받을 것"이라고 밝혔다. 이 문서에서 한국 정부에 대한 내용은 언급되지 않았다. 또한 한국 정부에 대해 독도를 폭격훈련장으로 사용하겠다고 밝힌 내용도 알려지지 않았다.

이상한 점은 연합군 최고사령부가 이런 사실을 밝히기에 앞서 독도에 일본인 접근을 금지했다는 사실이다. 1945년 9월 27일 최고사령부는 일본인은 독도 반경 12마일 이내에 접근할 수 없다는 지침을 내린 바 있다. 접근을 금지한 일본에는 독도를 폭격훈련장으로 사용하겠다고 '친절히' 예고했지만, 한국에는 알리지 않은 것이다. 이에 대해 로브모는 당시 최고사령부의 더글라스 맥아더 사령관과 한국의 미군정 사령관 존 하지 중장이 껄끄러운 관계였다는 점에 주목했다. 최고사령부가 한국 미군정 당국에 전달했을 가능성도 간과할 수 없다. 전달했지만 혼란스럽던 국내 상황 때문에 제대로 전달되지 않았을 수도 있기 때문이다. 어쨌든 폭격사실은 우리 어민에게 전달되지 않았고 비극적인 사건은 발생했다.

1948년 6월 15일 제헌국회는 제11차 본회의를 열고 독도폭격사건을 의제로 다뤘다. 진상을 규명하자는 긴급동의가 나왔기 때문이다. "진상조사위원 5명을 선정하자"는 정준 의원의 의견에 이어 "외무국방위원회에 일임하기로 하고 토론을 종결하자"는 윤재근 의원의 의견이 있었는데, 결국 윤 의원의 의견이 채택되었다. 이튿날 미군정 당국은 외무위원회 소속 장면 의원에게 성명서를 보냈다. "조사 중이며 만약 미군에 책임이 있으면 손해를 보상하는 등 모든 조치를 취하겠다"는 내용이었다. 이후 우리 국회가 이 사건을 조사했는지 여부는 불투명하다. 이에 대한 미군정 정보당국의 평가가 흥미롭다. 폭격사건이 알려진 뒤 한국인들이 분노했으나, 6월 16일 하지 중장이 성명서를 발표하자 미국에 대한 비우호적인 여론이 사라졌다고 평가했다. 이런 평가를 받아들인 탓인지 다음날 극동공군사령부는 우발적인 사고였다는 내용의 조사결과를 발표했고, 미군정은 6월 29일 조사결과 대신 보상이 이뤄지고 있다는 사실만 밝혔다. 당시 언론은 정확한 진상규명을 요구했으나 결국 유야무야 마무리됐다.[4]

2. 대한민국 정부 수립 이후의 독도·울릉도

1948년 미군정이 종식되고 대한민국 정부가 들어섰다. 이로 인해 비로소 우리 정부 관리로서 울릉도 도정島政을 수행하게 되었다. 이때의 도사는 허필許苾이었다. 도사 허필은 전임 도사 서이환이 동년 5월에 실시되었던 제헌국회의회의원 선거에 출마하게 되어 후임으로 동년 4월 7일자 내무과장으로 재직 중이다가 임명되었다. 1949년 1월에 도사 허필의 사임으로 그 후임 도사로 남면장이었던 홍성국洪成國이 임명되었다. 동년 8월에 지방자치법의 발효에 따라 울릉도를 울릉군으로 개편하게 되었고, 지방자치단체인 경상북도의 관할구역으로서 국가와 도의 사무를 위임받아 관장하게 되었다. 독도 역시 울릉도와 경상북도 소속으로 존재하게 되었다.

1950년 6월 25일 한국전쟁이 일어나 한반도는 동족상잔의 피를 흘리게 되었다. 울릉도는 전쟁의 피해를 전혀 입지는 않았지만 경북도청과 연락이 두절된 상태였고 도민의 식량이 고갈될 위기에 처했다. 이때 행정 책임자였던 군수 홍성국이 울릉도민 김만수金萬秀의 소유인 100톤급 천양호天陽號를 차출시켜 군수 자신이 생명의 위험을 무릅쓰고

---

4) 『뉴스메이커』 630호, 포커스 「독도폭격 미공군 93폭격대대가 했다」. 이 기사는 10년 전 한국에서 영어교사로 2년간 근무하며 인연을 맺었던 마크 로브모(35) '1948년 6월 독도폭격사건에 대한 심층 연구'를 소개한 것이다. 본고는 이를 전재한 것이다.

편승하여 포항을 거쳐 대구에 이르러 도지사에게 울릉도의 상황을 보고하고 식량을 긴급 배정받아 포항에서 화물선 2척에 나누어 싣고 전쟁으로 인해 교통두절로 발 묶인 도민 수백명을 싣고 울릉도로 출발하였다. 3척 중 1척만 무사히 입도하였고, 1척은 풍랑으로 조난을 당해 일본의 도근현島根縣에 표류되었다가 돌아왔고, 1척은 선복船腹에 구멍이 뚫어져 적재한 식량 일부를 바다에 던지고 울진군 후포항으로 귀항하여 선박을 수리한 후에 입도하였다.[5]

한편, 한국전쟁동안 울릉도의 부속도서인 독도의 귀속에 대한 샌프란시스코 평화조약이 진행되고 있었다. 일본은 샌프란시스코평화조약을 갖고 독도를 자국의 영토라고 주장한다. 1951년 2차 세계대전 전승국 집합체인 연합국들이 일본과 전후처리 방안에 대해 합의하고 이를 통해 항구적 평화를 달성하기 위해 체결한 조약인 샌프란시스코평화조약(Treaty of Peace with Japan)은 여기에서 규정된 국제질서가 바로 현재의 동아시아 국제질서의 근간을 이룩하고 있다는 점에서 대단히 중요하다. 현재의 국가간 동아시아 경계, 즉, 영토의 범위도 이 샌프란시스코 평화조약을 통해 획정된 선에서 크게 변함이 없다고 보면 된다. 그런 점에서 이 조약이 갖는 의미는 SCAPIN 제677조와 질적으로 다르다.

1951년 9월 4일에 시작해 그 달 8일에 끝난 이 평화조약은 협상 주체가 명목상 52개 연합국과 패전국 일본의 양측으로 되어 있으나, 실제는 미국과 영국이 주도했다. 이 조약은 9월 8일 조인되고 이듬해인 1952년 4월 28일에 발효된 이 평화조약에 체코슬로바키아와 소련, 폴란드의 3개국을 제외한 49개국이 서명했고 일본에서는 요시다 시게루 수상이 서명했다.

샌프란시스코 평화조약의 제2조(a)에는 다음과 같은 내용이 있다.

---

5) 울릉군, 『울릉군지』, 1988, 105쪽 참조.

일본은 한국의 독립을 승인하고 제주도, 거문도, 울릉도를 포함한 한국에 대한 모든 권리, 그리고 청구권을 포기한다.

바로 이 조문에는 일본이 포기해야할 영토로서 독도의 이름이 빠졌다. 일본은 이것을 근거로 독도는 일본 땅으로 남았다고 줄곧 주장하고 있는 반면 한국은 이러한 일본의 입장에 반대하고 있다.

일본 정부는 샌프란시스코 평화협정의 초안을 작성하는 과정에서 교환된 미국의 비밀문서를 근거로 독도는 일본영토로 남았다고 주장한다. 그 비밀문서는 다음과 같다.

1) 1949년 11월 14일, 도쿄의 시볼트 주일 정치고문이 미 국무장관 앞으로 보낸 비밀문서 속에 "리앙콜열암에 대해 재고할 것을 권고한다. 이 섬에 대한 일본의 영토주장은 오래된 것이고 정당하다고 사료된다"는 일문이 포함되어 있다.[6]

2) 1950년 미국정부 북동아시아과 로버트 A 히알리의 날짜가 없는 비밀각서에는 "(독도 등이 열거되어 있다) 모두 오래전부터 일본영토로 인정되어온 것들이고, 이것들은 일본이 영유할 것이라고 생각된다"는 일문이 있다.

3) 1951년 7월 19일, 미국정부의 한국담당관 에몬즈에 의한 회답각서에는 "통상 무인도인 이 암초는 한국의 일부로서 취급된 적이 결코 없으며 1905년쯤부터 일본의 시마네현 오키 지청의 관할 하에 있습니다. 이 섬은 옛날부터 한국영토라고 주장된 적이 있다고는 보이지 않습니다"라는 일문이 포함되어 있다.

이상과 같은 문서를 근거로 일본 측은 대일강화조약을 작성하는 과정에서 독도는 오히려 일본영토로 규정되었다고 주장한다. 그러나 이

---

6) 시볼트는 "안보적 측면에서 이 섬에 기상과 레이더 기지를 설치하는 것이 미국의 국가 이익 측면에서 고려될 수 있다"는 견해를 밝혔다. 그는 영국인 아버지와 일본인 어머니를 둔 일본2세와 결혼해 일본에서 오래 법률회사를 운영했던 '지일파'였다. 그의 역할에 관해서는 정병준, 「윌리엄 시볼드(William J.Sebald)와 독도분쟁의 시발」 『역사비평』, 2005년 여름호에 잘 언급되어 있다.

러한 비밀문서는 결코 일본의 독도영유권을 인정하는 근거가 되지 않는다. 왜냐하면 정치고문이나 조선담당관들의 말은 참고의견이지 결정적 언질은 아니기 때문이다.[7] 더욱이 1951년 샌프란시스코평화협정이 체결되기 직전 독도를 한국영토에 포함시켜야 하는지를 두고 미국 국무부에서 격렬한 논쟁이 벌어졌으며 이 과정에서 국무부 지리담당자는 독도를 한국령에 포함시켜야 한다고 강하게 요청했던 것을 전하는 문서도 보인다. 미 국무부 십진분류문서철에서 찾아낸 '대일평화조약 초안에서 남사군도와 서사군도(Spratly Island and the Paracels, in Draft Japanese Peace Treaty)'라는 제목으로 작성된 2건의 자료는 샌프란시스코회담에 대한 대일평화조약 최종 초안 확정(1951.8.13)과 동 조약 조인(1951.9.8)을 코앞에 둔 1951년 7월 13일과 7월 16일에 각각 작성된 것이다. 두 문건은 미 국무부 동북아시아처에서 샌프란시스코회담을 준비하던 피어리(Fearey)가 샌프란시스코조약 이후 영토 분쟁이 일어날 수 있는 지역에 대한 정보를 요구한 데 대해 국무부 정보조사국(OIR. Office of Intelligence and Research)에 근무하는 지리전문가 보그스(S. W. Boggs)가 답변한 내용을 담고 있다.

이에 의하면 피어리는 분쟁 예상 지역으로 남중국해의 스프래틀리 군도[Spratly Islands, 남사군도南沙群島]와 파라셀군도[Paracel, 서사군도西沙群島] 외에 독도를 꼽았다. 독도 문제와 관련해 국무부에서 오랫동안 지리 문제 전문가로 활약한 보그스는 독도는 한국령이며, 그러므로 독도는 한국령이라는 문구를 첨가해야 한다고 주장했음을 문건은 분명히 보여주고 있다. 예컨대 7월 13일자 답변서에서 보그스는 "따라서 조약 초안 중 다음(2조)에 일정한 형식으로 이를 특정해서 언급해주는 것이 바람직할 것이다. (a) 일본은 한국의 독립을 승인하며, 제주도와 거문도, 울릉도 및 독도(추가 부분)를 포함해 한국에 대한 모든 권리(right)와 권원

---

7) 이석우, 「제2차 세계대전, 평화조약, 그리고 독도의 국제법적 지위(2)」『내일을 여는 역사』 21, 서해문집, 2005 가을호.

(title)과 청구(Claim)를 포기한다"고 요구했다.

그러다가 3일 뒤인 7월 16일자 답변서에서 보그스는 "다줄렛(Dagelet, 울릉도)은 한국이름이 있으나, 리앙쿠르암(독도)은 한국이름이 없으며, 한국에서 제작된 지도에서 나타나지 않는다는 점에 주목해야 한다"면서 "이 섬을 한국에 주도록 결정한다면, (조약) 제2조 (a)항 말미에 '및 독도'라고 추가하기만 하면 될 것이다"는 의견을 제시하고 있다.

이 문건에 의하면 국무부 지리담당자인 보그스가 1차 답변서에서는 독도가 한국영토에 포함돼야 한다고 의견을 강하게 피력했으나, 2차 답변서에서는 일본 측 의견을 보강하고 있음을 엿볼 수 있다.

또 미국은 또 1951년 6월 20일 주한미군 존 B. 콜터 중장이 장면 국무총리에게 보낸 서신에서도 독도를 한국땅으로 인식했다. 당시 콜터 중장이 "미 공군이 리앙쿠르 록스(독도)를 훈련용으로 사용할 수 있게 해달라"고 요청하자 우리 정부는 이를 승인했다. 또 1951년 7월 7일 주한 미8군 육군부사령관실이 주한 미사령관에게 보낸 보고서에서 "7월 1일 장면 총리실과 국방장관실은 물론이고 독도는 한국 내무부 관할이어서 내무부 장관도 이를 승인했다"고 언급, 독도가 한국땅임을 거듭 인정했다.

이러한 문건들에 비추어볼 때 당시 미국은 샌프란시스코조약의 초안과정에서 이중적인 입장을 갖고 임하면서 점차 일본 측 주장을 반영해나가는 방향으로 나아가고 있었다고 볼 수 있다. 제5차까지 일본영토에서 제외된다고 명시된 독도는 미국에서 작성한 제6차 초안에는 반대로 일본영토로 기재되기에 이르렀다. 5차 초안을 입수한 일본이 "독도는 무주지였으며, 1905년 일본이 합법적으로 영토로 편입했다"고 로비를 했다. 이에 따라 6차 초안에서 독도를 일본영토에 포함시켰다. 독도를 일본 영토로 규정하고자 하는 미국의 초안에 대해 영국, 뉴질랜드, 호주 등 다른 연합국이 독도를 한국 영토로 판정한 이전의 연합국

합의를 지적하며 반대했다. 결국 1951년 9월 8일 조인된 샌프란시스코 조약에서 독도는 한·일 영토에서 모두 빠졌다. 1951년 봄에 영국이 독자적 초안을 제출했는데, 이 초안에는 독도가 일본이 포기해야하는 영토 속에 명기되어 있었다. 호주가 제출한 초안에도 독도를 일본영토에서 제외시키고 있다. 미국과 영국 등은 논의의 최종 과정에서 결국 독도에 관한 언급을 아예 빼버린 것이다.

1950년 6월 25일에 발발한 한국전쟁의 영향으로 미국은 일본의 재무장 일부를 허용함으로써 일본에 자위대가 만들어졌다. 미국은 일본에 대해 공산권에 대한 아시아의 교두보 역할을 기대하였다. 이러한 동아시아의 국제정세의 변화가 독도영유권 문제에도 영향을 주었을 것이다.

해방 이후 한국정부가 수립되기 이전 독도에 대한 한국인들의 인식과 대응은 국민적 수준에서 추진되지 못했다. 현재까지 발견된 것은 1948년 8월 5일 조성환을 중심으로 한 애국노인회가 독섬(독도), 울릉도, 대마도, 파랑도의 한국반환을 요구하는 편지를 맥아더에게 보낸 것이 전부였다. 그렇지만 당시 일본령으로 당연시된 대마도와 위치가 불분명한 파랑도를 독도·울릉도와 함께 거론함으로써 논의의 진정성과 신뢰성을 현저히 감축시켰다.

1948년의 신생 한국은 외교적 경험과 시스템이 전무했고, 외교적 자원도 부족했다. 미국정부가 보내온 샌프란시스코평화조약 초안은 한 관리의 책상에서 수 주일동안 잠잤고, 한국정부는 주요 정책목표를 설정해 미국을 설득하기 보다는 하나의 문서에 다양한 수준의 요구를 쏟아냈다. 일본 외무성은 영토문제에 대해 7책 분량의 자료집을 만들었고, 미국 관리가 현혹될 수 있는 허위정보를 제공하고, 적극적 로비를 펼친 반면, 한국정부는 영토문제·배상문제·연합국자격문제 등 모든 문제를 불과 6장의 비망록에 담았다.[8]

샌프란시스코 평화조약의 작성 과정에서 한국의 입장이 공식적으로, 그리고 대외적으로 표명된 바가 있다. 즉 당시 주미 한국대사가 미국 국무장관에게 보낸 1951년 7월 19일자 서한에서 일본이 한국의 독립을 승인함에 따라 모든 권리, 권원, 그리고 청구권을 포기해야 하는 도서들 가운데 제주도, 거문도, 울릉도뿐만 아니라 독도도 포함시킬 수 있도록 평화조약의 조문 제2조 (a)를 개정할 것을 요구함으로서 독도에 대한 한국의 공식적 입장을 전달하였다.

이에 대해 당시 미국 국무성의 딘 러스크(Dean Rusk) 차관보는 1951년 8월 10일자 답신을 통해 그가 가지고 있는 정보에 의하면, 독도는 한국의 영토로 인정된 사실이 없으며, 1905년 이후로는 일본의 시마네현 오키섬 지부의 관할권 내에 위치하고 있고, 이전에 한국이 독도에 대해 영유권을 주장한 사실에 대해서는 입증이 되지 않고 있기 때문에 미국은 한국의 제안에 동의할 수 없다고 밝혔다.9) 그 결과 샌프란시스코 평화조약에는 독도에 관한 언급이 없었다. 그러나 한국의 입장은 당시 외무장관에 의해서도 반복적으로 제기되었다.

독도를 평화조약의 조문 제2조 (a)에 포함시켜야 한다는 한국의 제안에 대해 당시 미국의 덜레스 국무장관은 만약에 일본이 독도를 일본의

---

8) 정병준, 「한일 독도영유권 논쟁과 미국의 역할」, 『역사와 현실』 60, 한국역사 연구회, 2006.6, 이 글은 한국역사연구회 홈페이지에 2006년 7월 26일 등록 게시되어 있다.

9) 딘 러스크(Dean Rusk) 국무부 극동담당차관보는 양유찬 주미한국대사 앞으로 보낸 공한에서 다음과 같이 썼다. "독도, 다른 이름으로는 다케시마 혹은 리 앙쿠르암으로 불리는 섬과 관련해서 우리 정보에 따르면, 통상 사람이 거주 하지 않는 이 바위덩어리는 한국의 일부로 취급된 적이 없으며, 1905년 이래 일본 시마네현 오키섬(隱岐島司) 관할하에 놓여져 있었다. 한국은 이전에 결코 이 섬에 대한 (권리를) 주장하지 않았다. 파랑도를 강화조약에서 일본에서 분리될 섬 중 하나로 지목해달라는 한국정부의 요구는 기각된 것으로 이해된 다." 미 국무부는 이러한 공식 입장을 한국정부에 통보했지만, 일본정부에는 알리지 않았다.

영토로 편입하기 전 독도가 한국의 영토였다는 것이 확실하다면, 한국의 영토에 대한 일본의 영토적 권리의 포기를 규정하는 평화조약의 관련 조문에 독도를 포함시키는 것은 특별한 문제가 될 수 없다는 답변을 개진하였다. 그러나 당시 미국 주재 한국대사관을 포함, 일본이 독도를 일본의 영토로 편입하기 전 독도가 한국의 영토였다는 사실이 증명되지 않았다. 결과적으로 미국 덜레스 국무장관의 한국의 독도영유권 문제에 대한 전향적인 재검토 의사 표시는 당시 미국 주재 한국 대사관 담당자의 무성의한 답변을 포함한 한국 측 관계 인사들의 독도문제에 대한 인식의 결여로 인해 한국의 독도에 대한 주권을 인정하는 문안이 첨부될 수 있는 기회를 한국 스스로 포기한 결과를 야기하였다고 볼 수 있다.[10]

외형적으로 독도를 둘러싼 한일갈등은 1952년 일본이 한국의 평화선 선포에 강력히 반발하며 독도가 일본령임을 주장하면서 폭발하였다. 한국전쟁의 와중에서 미국의 가장 중요한 극동의 동맹국들이 적전 충돌을 불사하자 미국은 중재에 나섰다.

1950년대 중반 미국무부 극동국의 관리들은 러스크의 비망록을 공개해 한일분쟁을 조정해야 한다는 입장이었다. 즉 독도가 일본령임을 공표하자는 의견을 제기했다. 1953년 4월초 주일미대사관 2등서기관이던 핀(R. B. Finn)은 샌프란시스코조약에 따라 독도영유권이 명백히 일본에게 있으며 이런 사실을 한국에게도 통보했으니, 한국의 독도영유권 주장과 한일갈등을 해소하기 위해 러스크의 1951년 8월 10일자 서한을 공개해야 한다고 주장했다. 즉 미국이 독도를 일본령으로 해석·결정했으니 평화선 같은 불상사를 방지하기 위해 미국이 적극 개입해 독도가 일본 영토임을 공표하자고 주장했던 것이다. 그의 상관이던 레온

10) 이석우, 「제2차 세계대전, 평화조약, 그리고 독도의 국제법적 지위(2)」 『내일을 여는 역사』 21, 서해문집, 2005 가을호.

하트(L. D. Leonhart) 1등 서기관 역시 러스크 각서를 미국이 공표하거나 일본정부에 전해야 한다는 데 동의했다.11)

1953년 7월 미국무부가 작성한 독도문제 대비책에 따르면 미국은 분쟁의 조정·화해·중재 혹은 사법적 조정을 위해 러스크 각서를 공개할 수 있다는 입장이었다. 당시 미국은 독도문제에 대한 일본의 선택이 ① 미국의 중재를 요청, ② 국제사법재판소(International court of Justice)에 제소, ③ 유엔총회 혹은 안보리에 제출할 것으로 예상했다. 중재역할과 관련해 미국은 독도문제가 한일문제이므로 "가능한 한 최대로 분쟁에서 벗어나야 하며", 한국은 국제사법재판소행을 거부할 것이고, 일본이 유엔총회에까지 문제를 확대시키진 않으리라고 관측했다. 때문에 동북아시아처 일본과는 미국무부가 아무런 조치도 취하지 않아야 하며, 만약 일본이 의견을 구할 경우 중재역할은 거부하며 유엔총회 제출은 바람직하지 못하다는 점을 알리며, 국제사법재판소행이 적절하다고 통보할 것을 권고했다. 만약 일본이 미국의 법률적 견해를 요청한다면 러스크각서를 일본이 활용케 해야 한다는 견해를 덧붙였다.

이 시점에서 주일미대사 앨리슨(John Allison) 역시 포츠담선언, 샌프란시스코조약, 러스크서한 등을 통해 미국이 독도논쟁에 '불가피하게 관련'되었으니 문제를 해결할 책임이 있다고 주장했다. 앨리슨은 미국이 이미 러스크서한을 통해 독도의 일본영유권을 인정한 상태에서 국제사법재판소행을 주장하는 것은 이전의 정책을 파기하는 무책임한 행동이라며 국무부를 압박했다. 주일미대사관 참사관이던 윌리암 터너(William T. Turner) 역시 러스크서한을 공개한다고 위협해 한국정부를 압박해야 하며, 만약 한국정부가 러스크서한 즉 독도의 일본령을 받아들이지 못하면 차선책으로 국제사법재판소행을 선택해야 하며, 이것조차 수용되지 않으면 러스크서한을 공개해야 한다고 주장했다.

---

11) 정병준, 앞의 글 참조.

표면에서는 한일간에 독도논쟁이 격렬하게 전개되었지만, 그 이면에서 미국무부는 한국정부에게 러스크서한을 공개하겠다고 위협하며, 국제사법재판소행을 권유했고, 한편으로 일본정부가 러스크서한에 명시된 독도의 일본영유권 확인사실을 알까봐 전전긍긍했다. 다른 한편으로 대일 우호적 국무부 관리들은 '합리적 이유'를 명분으로 러스크서한의 공개를 주장하며 국무부를 압박했다. 현재까지 한국정부가 미국에게 어떤 태도를 취했는지는 알려진 바 없다.

만약 노회한 변호사출신의 덜레스(John Foster Dulles)가 국무장관직에 있지 않았다고 한다면 1953~54년 사이에 러스크각서가 공개되어, 한일ー한미관계가 결정적 파국을 맞았을 것이다. 덜레스는 샌프란시스코회담에 대한 미국의 해석이 독도의 일본영유권을 확인하는 것이라고 해도, 미국은 조약서명국 중 하나에 불과할 뿐이며, 이는 미국의 해석이지 연합국의 합의된 공의는 아니라는 점을 강조했다. 실상 연합국의 대일본 강화조약은 미국뿐 만이 아니라 다른 연합국의 동의 서명을 받아야 성립될 수 있는 것이다. 당시 미국의 입장에 대해 영국, 뉴질랜드, 호주 등 다른 연합국이 독도를 한국 영토로 판정한 이전의 연합국 합의를 지적하며 반대했다. 결국 1951년 9월 8일 조인된 샌프란시스코조약에서 독도는 한·일 영토에서 모두 빠졌다. 1951년 봄에 영국이 독자적 초안을 제출했는데, 이 초안에는 독도가 일본이 포기해야하는 영토 속에 명기되어 있었다. 호주가 제출한 초안에도 독도를 일본영토에서 제외시키고 있다. 미국과 영국 등은 논의의 최종 과정에서 결국 독도에 관한 언급을 아예 빼버린 것이다. 이 점을 상기한다면 1953~54년 사이에 미국이 러스크각서를 공개하였다 하더라도 미국의 의도대로 한국 측이 움직여주지 않았을 것이고 결국 한일ー한미관계가 결정적 파국을 맞이할 것은 명약관화하였고, 미국 역시 이에 대한 부담을 갖고 있었기 때문에 그것을 공개할 수는 없었던 것이다.

덜레스는 일본이 소련과 영토분쟁을 벌이고 있는 북방의 하보마이 (Habomais : 齒舞) 섬에 대해서는 미국이 일본령임을 명백히 천명했음에도 불구하고, 소련에 대해 격렬하게 항의하거나 무력시위를 요청하지 않지만, 유독 한국에 대해서만 강력한 개입을 요청하는 이유를 모르겠다고 지적했다. 결국 덜레스는 미국이 독도분쟁에 개입하지 말아야 하며, 한일간 조정이 안되면 국제사법재판소로 갈 문제라고 정리했다. 덜레스의 판단으로 미국은 독도문제의 결정적 파국에서 두 동맹국과의 관계를 이어갈 수 있었다. 덜레스가 애써 미국의 입장을 중립적 위치로 강조했음에도 불구하고 미 행정부 내에서 한국을 비난하고 일본을 옹호하는 목소리는 잦아들지 않았다. 이는 1960년대까지도 동일했다.

러스크서한의 장본인 딘 러스크는 태평양전쟁기 국무부−전쟁부−해군부 3부조정위원회(SWNCC)에 근무하며 찰스 본스틸(Charles Bonsteel)과 함께 38선을 그은 장본인이었는데, 박정희가 대통령으로 미국을 방문했던 1965년의 시점에서는 국무장관이 되어 있었다. 1965년 5월 27일 박정희와 러스크가 나눈 대화는 독도문제가 1950∼60년대 이래 미국 무부의 핵심관심사항임이 잘 드러나 있다.

> · 딘 러스크 국무장관 : 독도에 한일 공동관리 등대 세우고, 섬의 귀속권 결정하지 말자.
> · 박정희 : 한일 수교협상에서 암초로 작용하는 독도를 폭파해 없애버리고 싶다.

아마 박정희와의 회담을 위해 준비된 러스크의 핸드북에는 1951년 양유찬에게 제시한 비망록이 강조되어 있었을 것이다. 러스크는 당시 한국이 실효적 지배를 명백히 하고 있던 독도에 한일공동의 등대를 세우고 귀속권을 결정하지 말자고 주장함으로써 한국의 양보를 촉구한 것이었다.[12)]

미국립문서기록관리청에서 발굴한 자료에 따르면 일본 외무성은 1946~47년간 모두 8개 도서지역에 대한 자료를 만들어 연합국에 배포했다. 1947년 6월 작성된 팜플렛은 독도는 물론 울릉도까지 일본령으로 소개하고 있다. "울릉도에 대해서는 한국이름이 있지만, 다케시마에 대해서는 한국 이름도 없고 한국지도에 표시되어 있지도 않다"고 썼다. 명백한 허위정보였다. 한국은 정부수립 이전이었고, 미소·남북·좌우 대립이 치열하던 때였다. 일본 외무성의 이 팜플렛에 제시된 허위정보와 오도된 진술은 샌프란시스코회담을 준비하는 미국무부에 적지 않은 영향을 주었다. 특히 1951년 7월 미국무부가 샌프란시스코 평화조약의 마지막 초안을 손질할 당시에도 이 팜플렛이 이용되었다. 그런 점에서 러스크는 일본의 로비에 놀아난 인물에 불과한 것이다.

일본은 국제조약의 조약 한 구절이 국가운명·이익에 어떤 영향을 미치는지 잘 알고 있었고, 이를 관철하기 위해 수많은 문서작업들을 진행했다. 심지어 국가차원의 조작문서 작성도 마다하지 않았다. 거기에 비해 해방 이후 한국정부가 수립되기 이전 독도에 대한 한국인들의 인식과 대응은 국민적 수준에서 추진되지 못했다.

1951년 대마도·독도·파랑도가 한국영토라는 주미한국대사의 비망록을 접한 덜레스 대통령특사는 독도와 파랑도의 위치를 문의했다. 주미한국대사관의 한 공사는 좌표도 모른 채 독도와 파랑도가 동해상에 있다고만 답변했다. 한국정부는 독도가 샌프란시스코회담과정에서 논의된다는 사실조차 전혀 모르고 있었다.[13]

1952년 초반 일본 외무성은 독도를 미군 폭격연습지로 지정·해제

---

12) 한일 독도영유권 논쟁에 있어서 러스크 각서와 관련된 미국의 역할에 관한 본문의 언급은 정병준, 「한일 독도영유권 논쟁과 미국의 역할」(『역사와 현실』 60, 한국역사연구회, 2006, 6)을 전재한 것이다. 보다 더 상세한 내용을 알고 싶으면 이 글을 참고 바란다.

13) 정병준, 앞의 글 참조.

하는 책략을 추진했다. 일본이 연합국의 점령 관리하에 있던 1951년 7월 6일, 총사령부는 SCAPIN 2160호로써 독도를 미군의 해상폭격연습지로 지정했다. 1952년 4월 28일 대일강화조약이 끝나고 일본에 대한 연합국의 점령정책이 끝났지만 일본정부와 미군이 독도를 폭격연습장으로 활용하는 협정을 맺음으로써 독도가 일본의 영토임을 확인케 한다는 것이었다. 일본 국회의사당에서 중의원 의원과 외무성 고위관리들이 버젓이 이런 얘기를 주고받았다. 그해 7월 26일 독도가 미공군훈련구역으로 선정됐고, 9월 15일 독도에서 어로중이던 한국어선들이 미군기의 폭격을 받았다. 당시 사전경고는 시마네현 어민들에게만 내려져 있었다.

1952년 9월 15일 미군독도폭격사건은 전투지역이 아닌 장소에서 발생한 것이다. 그에 관한 자료를 살펴보면 다음과 같다.

A―① 제2차 울릉도독도학술조사단 단장 홍종인 보고문(1952. 9)

… 독도의 폭격사건인즉 지난 9월 15일 오전 11시경 울릉도 통조림공장 소속선 광영호가 해녀 14명과 선원 등 합 23명이 소라 전복 등을 따고 있는 중 일대―臺의 군발비행기가 나타나서 독도를 두 번을 돌면서 4개의 폭탄을 던졌는데 이 때문에 어민들이 곧 대피에 착수하자 비행기는 남쪽 일본방향으로 날아갔다는 것이다 ….

② 한국외무부가 주한 미국대사관에 보낸 서한(1952.11.10)

극동 미합중국의 지휘하에 있는 것으로 확인된(identified) 한 대의 단발엔진비행기(a single engine plane)가 1952년 9월 15일 오전 11시에 줄어중인 한국어민들과 한국해병(Korean Marine Corps)들이 모여 있는 위에서 말한 섬에서 나타나 주위를 돌다 알 수 없는 이유로 4개의 폭탄을 투하하고 남쪽으로 날아갔다.

③ 주한미국대사관이 한국외무부에 보낸 1952년 12월 4일자 회답(1952.12.4)

미합중국 대사관은 귀 외무부에 경의를 표하며 극동 미합중국군의 지휘하에 있는 것으로 묘사된(described) 단발엔진비행기가 1952년 9월 15일 독도(Dokto Island)에 폭탄을 투하했다고 하는 1952년 11월 10일의 귀 외무부의 구술서와 관련하여 언급할 영광을 가집니다. 본 대사관은 당

사건이 일어났다고 한 때로부터 매우 오랜 시간이 경과했을 뿐만 아니
라 귀 외무부의 구술서에서 제공된 제한된 양의 정보로 인해, 유엔사령
부가 이 사건의 사실을 판정하는 것이 사실상 불가능하다는 것을 통지
받았습니다. 그러나 독도를 폭격연습지 등으로 이용하지 않도록 하는
계획을 속히 마련하겠습니다.

1948년 6월, 미군의 폭격으로 인해 다수의 한국어민들이 사망했음을
미군이 명확히 알고 있었지만 1950년 7월 6일 연합국사령부가 독도를
폭격연습지로 지정했음에도 불구하고 ① 대한민국의 국가학술조사단
이 독도를 조사하려고 했던 것과 ② 어민들이 상시적으로 독도에 출어
했지만 미국이 대한민국에 대하여 독도가 폭격연습지로 지정하였다는
사실을 알리지 않았다. 또한 사건당시 독도에 23명의 사람들이 조업을
하고 있음에도 불구하고 4개의 폭탄을 투하했다는 것은, 민간인의 생
명을 무시한 명백한 살인행위임이 분명하다.14) 더욱이 독도에 대한 미
군 폭격 연습지 지정이 일본의 요청으로 이루어졌다. 일본은 독도를
폭격연습지로 지정함으로써 미국에 의해 독도가 일본의 영토라는 사실
을 법적으로 확인하고자 하는 의도에서 미군 폭격 연습지 지정을 요청
하였던 것이다. 그 후 일본정부는 1953년 3월 19일 미일합동위원회 소
위원회를 통해 독도를 미공군의 훈련구역에서 제외했다. 이후 일본정
부는 이러한 독도 폭격연습장 지정·해제조치가 독도의 일본영유권을
증명한다고 한국정부에 통보했다.15) 이에 대해 한국정부는 "일본정부
의 자의적인 해석에 불과하다"는 외교문서를 보냈다. 그리고 한국정부
의 미공군사령관에게 제기한 항의에 대해 1953년 2월 27일 미공군의
지정 작전구역에서 독도가 제외되었다는 것을 미군측이 한국정부에 공

---

14) 이예균·김성호,『일본은 죽어도 모르는 독도이야기 88』, 예나루, 2005, 201
   ~204쪽 및 홍성근,「다시 쓰는 독도폭격사건」『외래』제46호, 2000 ; 홍성
   근,「독도폭격사건의 진실을 찾아서」『울릉문화』5, 울릉문화원, 2000.
15) 정병준, 앞의 글.

식적으로 통고해왔다. 이것은 미국이 독도를 한국의 영토로 인정하고 처리한 것을 뜻한다. 그럼에도 불구하고 미국은 독도 문제에 관해 이중적 태도를 갖고 있었음을 부인할 수 없다.

한국전쟁, 그리고 독도에 미군 폭격이 있던 무렵, 독도를 두고 한일 간에 첨예한 대립이 벌어졌다. 그 가운데 울릉도민의 삶의 터전인 독도를 지키려고 울릉도민이 독도의용수비대를 창설하였다. 독도의용수비대 창설은 울릉도 주민들의 삶의 터전을 지키려는, 생존을 위한 투쟁의 결과였다. 1952년 1월 18일 이승만 대통령이 한국 연안수역 보호를 위해 평화선을 선포하였다. 이로 인해 독도에는 일촉즉발의 긴장감이 감돌았다. 1953년 6월에는 일본 해안보안청 순시선이 30여 명의 관리와 경찰을 독도에 상륙시켜 '일본령 다케시마(죽도)'임을 알리는 표지판과 게시판을 설치했다. 당시 울릉도는 전쟁으로 인해 육지로부터의 식량공급이 급격히 줄고, 쌀이나 보리 등의 식량 자급률이 30%도 되지 않았다. 울릉도에서 생산되는 농산물로는 3개월 밖에 버틸 수가 없었다. 나머지 9개월분 양식은 수산물을 육지에 팔아 구해야만 했다. 그나마 전쟁으로 인해 육지로 가는 뱃길마저 끊어졌다. 여기에 중공군 포로의 배낭에서 울릉도에서 수출된 오징어가 발견되자 울릉도 오징어에 대한 수출금지가 내려졌다. 울릉도 오징어잡이 배들은 오징어잡이를 포기하고, 대신 독도 근해로 나아가 오징어보다 수익성이 좋은 미역이나 소라, 전복, 흑돔, 우럭 등을 잡아 생계를 이어나갔다. 그 와중에 일본은 독도에 자국의 영토라는 푯말을 꽂고 독도 주변에서 어로 작업을 하던 울릉도 어민들에게 '자기네 땅에서 나갈 것'을 요구했다. 울릉군수와 경찰서장이 이 같은 사실을 경북도지사에게 보고하고 대책을 요구했지만 뚜렷한 대책이 나오지 않았다. 이에 울릉도 주민들은 생존권 차원에서 독도의용수비대를 창설하여 자신들의 삶의 터전을 지키고자 하였다. 독도의용수비대는 1953년 4월 20일부터 1956년 12월 30일까지 울릉도민의 삶의 터전인 독도를 수호하였다.

울릉도는 여름에서 가을 사이의 태풍과 겨울의 폭설로 인한 자연재해를 많이 입는 지역이다. 울릉도의 경우 1918년에 불완전한 도로이지만 폭 1m, 연장 59여 ㎞의 일주도로를 수축하여 이용하였으나 여러 차례의 폭풍, 폭우 등으로 노폭이 협소해졌다. 이에 1940년에 폭 1.5~3m의 노면으로 보수하여 사용하던 중 1959년 9월의 사라호 태풍으로 인해 해안선 도로는 형태조차 없이 파손되고 말았다. 또 해방 후 울릉도와 육지를 연결하는 정기선이 없어서 울릉도는 '절해絶海의 고도孤島'로 인식되었다. 거기에 '사라호' 태풍이 엄습하여 도로와 항만이 완전 파괴되어 울릉군민의 생업활동은 심각한 위협을 받았다. '사라호' 태풍으로 인해 피해가 다른 지역보다 심했던 영남지역과 울릉도는 질병과 기한飢寒의 공포 속에 한동안 지낼 수밖에 없었다. '사라호' 태풍의 피해를 입은 울릉도민의 삶은 이듬해 가을 추수기에 이르기까지 전혀 개선되지 않았음을 다음의 자료를 통해 알 수 있다.

> 추수를 앞두고 울릉도민 1만 4천여 명은 절량으로 감자죽과 보리죽으로 연명해가고 있는 참경에 놓여 있음이 울릉군수 최재우씨에 의해 전해졌다. 최군수에 의하면 도내의 농작물은 전멸상태라 하며 논과 밭의 농작물은 염수鹽水에 녹아 추수라고는 한 톨도 할 것이 없어 군당국에서는 도사회과에 구호양곡 사천석을 신청하였다고 한다.16)

'추수는 먼 나라 애기'로 '감자죽으로 연명'하고 있다는 이 기사의 표제글을 통해서 울릉도민의 삶이 '사라호' 태풍의 여파로 인해 얼마만큼 어려웠던가를 잘 보여준다. 설상가상으로 그해 겨울은 사상 유례가 없는 폭설이 내려 울릉도 내의 교통망은 물론 육지로의 해상 길마저 막혀 울릉도민은 추위와 굶주림에 떨어야만 하였다.17)

---

16) 『조선일보』 1960년 9월 9일.
17) 『조선일보』 1961년 2월 1일자의 신문보도에 의하면 1,500㎜의 눈이 내린 울

그러나 '사라호' 태풍과 적설 속에서 절해의 고도로 전락한 울릉도였지만 그 복구를 위한 자구의 노력은 곳곳에서 이루어졌다. '사라호' 태풍으로 인해 유실된 도로를 도민의 자력 복구로 겨우 통행할 정도의 도로로 개통시키는 한편 육지와의 정기선 취항을 위한 도민의 노력이 시작되었다. 울릉도민들은 '울릉도 포항 부산간 교통선船 추진위원회'를 조직하고 위원장 이영관李永官과 군수 이진상李鎭常이 1961년 1월 27일 상경하여 중앙요로에 정기선박의 왕래를 진정하였다. 울릉도의 경우 육지와 연결할 수 있는 수단은 선박뿐이다. 일제시대에는 300톤급이 월 4회씩 취항하였는데 해방과 동시에 이것이 사라졌다. 해방 후 한때 대한해운공사 소속 500톤급이 월 3회씩 취항하다가 수지 및 재정난으로 운행을 그만둠으로써 1961년 현재 개인영리를 목적으로 하는 화물선이 부정기적으로 월 1, 2회 취항할 뿐이었다. 그러나 때로는 풍랑과 선박 고장으로 인해 수개월 동안 선박편이 없어도 그것을 감내할 수밖에 없었다. 이의 타개를 위한 울릉도민의 노력으로 인해 울릉도 지원에 대한 언론의 관심이 증대하였다. 한 예로 『조선일보』의 경우 1961년 1월 27일 '일사일언'란에서 '망각지대 아닌 울릉도'란 기사를 통해 울릉도의 교통선의 필요성을 보도하였고,[18] 1월 28일자 기사에

릉도에 다시 2,100mm가 내려 전 교통망이 두절되었다고 한다.

18) 『조선일보』 1961년 1월 27일 '一事一言', "울릉도는 동해 한복판에 있는 절해고도로서 면적 72.9평방경, 인구 16,055명, 학술적견지로 보나 수산 및 군사적으로 보나 다같이 중요성을 띤 도서라고 하겠다. 그러나 이 도서가 하나의 망각지대 모양 버림받고 있다는 것은 부인 못할 사실로서 특히 최근의 상황을 들으면 교통난으로 도민들의 고충이 크다고 한다. 육지와 연락할 수 있는 유일한 수단은 선박 밖에 없는데 일제시대에는 300톤급이 월 4회씩 취항하였던 것이 해방과 함께 그 자취는 감추고 한때 대한해운공사 소속 500톤급이 월 2회씩 취항하다가 그것 역시 수지 및 재정난으로 절단되어 현재는 개인영리를 목적으로 하는 화물선이 부정기적으로 월 1, 2회 취항하여 교통지옥이 이만저만이 아니라는 것이다. 이것도 풍랑으로 인한 파선반복 등이 빈번하여 다수의 인명손상까지 보고 있다는 데서 그를 개선해달라는 도민들

서 '울릉도 포항 부산간 교통선船 추진위원회'의 정기선편定期船便 취항 진정을 위한 상경 소식을 전하였다. 울릉도민의 노력과 언론 보도로 인해 3월 20일 민의원 본회의는 '울릉군설해雪害피해조사위원회'의 현지조사보고서와 대정부건의안을 채택하였다. 이때의 건의안은 다음과 같다.[19)

◇ 긴급대책
▲ 정부는 요구호대책자要救護對策者 일만팔백이인에 대한 최소한 3개월분의 식량을 긴급 확보할 것
◇ 항구대책
▲ 정부는 울릉군의 특수성을 고려하여 조속한 시일 내에 정기교통선(350톤급 이상)을 취항시킬 것
▲ 정부는 예년화例年化되는 울릉군의 재해에 대비하여 긴급구호양곡을 조치하여 현지에서 응급 조치할 수 있도록 행정조처를 취할 것
▲ 정부는 울릉군 축항시설이 전무한 현실을 고려하여 도동 · 저동 · 현포동의 축항시설(선착장 포함)을 완비할 것

의 요청은 절실한 것이라고 한다. 울릉도도 국토의 일부요 그 주민도 국민이라는 데서 국가의 혜택을 고루 받을 수 있는 것은 당연한 일로서 우선 도민들의 고충을 들을 만한 일이다. 경작지가 불과 470반보라는 데서 농작물의 연간 생산량은 도민의 3개월 식량밖에 안되므로 결국 육지에서의 공급에 의지할 수밖에 없다. 교통이 원활하게 된다면 도민의 편익을 향상시킬 뿐만 아니라 同島가 가지는 가치를 충분히 이용할 수 있을 것이다. 이는 도민들을 위해서나 국가적 견지에서나 다같이 이로울 것임은 틀림이 없다. 이미 동도에서는 울잠 5개년 계획을 세워 추진하고 있고 또 동도를 중심한 어장개척에 힘쓰고 있다지만 이런 것에 앞서 교통난의 해결이 요망되는 것이다. 국토개발운동이 울릉도의 개척까지 미칠 수 있는지는 알 수 없으나 일고의 가치는 있을 것이다. 독도가 일본영토라고 말썽이 있었으나 그는 울릉도에서 동방 48리에 있는 것으로 동도의 수비를 위해서도 울릉도와 본토와의 교통 그 밖에 "매스 · 콤"에 의한 거리편소가 있어야 한다. 교통이 편리하게 됨으로써 자전거, 벌레, 개고리, 뱀이 없는 진귀한 울릉도는 학술적으로나 경제적으로 그가 가지는 특색을 활용하게 될 것이며 그럼으로써 한가지 진정한 국토개발을 가져올 수도 있을 것이다".
19) 『조선일보』 1961년 3월 20일.

▲ 정부는 어로자금과 영농전환자금을 적기 방출할 것
▲ 정부는 노후화된 동서의 발전시설을 조속히 복구 보수할 것
▲ 정부는 울릉군어업진흥의 근원이 되는 통조림공장시설의 복구와 군납 등 판로개척에 있어서 적극 협조할 것

민의원 본회의에서 대정부건의안이 채택되었지만 그 가시적 성과는 별로 없었다. 1961년 봄의 조선일보에 '슬픔의 울릉도에 봄비 내린다'는 다음의 기사는 그것을 잘 말해준다.

○ 남편이 일엽편주에 목숨을 걸고 고기잡이를 나가면 집안식구들은 여름이면 산나물 겨울이면 김을 뜯어야만 굶지않고 그나마 목에 풀칠을 할 수 있다.
○ 몇 식구가 하루종일 바닷가 바위를 긁어야만 겨우 5, 6백환 어치의 김을 뜯는다. 그나마도 비바람이 심하면 나가지도 못하지만 웬만한 바람에는 위험을 생각할 줄 모르는 사람들은 가난을 운명처럼 메고 산다.
○ 엄마는 아침밥도 못 먹고 오형제바위 앞으로 김 뜨러 나갔다가 파도와 함께 돌아오지 않았다. 며칠 전에는 웃마을의 할멈도 파도에 삼켜버렸는데 슬픈 이야기는 이 마을의 구석구석에서 가난으로 운다.
○ 올망졸망 어린 남매들은 안돌아오는 엄마를 부르다가 지쳤고, 빈 밥그릇만 방바닥에서 딩굴고 있다. 봄이 오고 이슬비가 내리면 굶주림에 허리띠를 졸라매는 마음에는 꽃도 고개 숙인다.[20]

해방 후에서부터 1962년까지 울릉도의 모습을 전하는 신문기사는 밝고 희망찬 내용보다 위 내용의 구체적 사실을 전하는 슬픔의 기사가 대부분이다.

슬픈 고도孤島의 섬이었던 울릉도가 활기차고 역동적인 모습으로 바뀌어가는 일대 전기를 맞게 된 것은 1962년 10월 11일 국가재건최고회의 박정희 의장이 해군 함정 편으로 울릉도에 도착하면서부터였다. 박정희 의장은 도착 다음날 울릉군청에서 군수로부터 울릉도현황 브리핑을 들었다. 이때 그는 울릉도민들의 섬 개발을 위한 창의성 있는 노력

___
20) 『조선일보』 1961년 3월 3일.

을 치하하고, 더욱 섬 개발을 위한 노력을 당부하면서 중앙에서도 적극 도와주겠다고 약속하였다. 아울러 박정희 의장은 울릉도 출발에 앞서 울릉경찰서장에게 독도는 엄연한 우리의 영토인 만큼 그 수비에 만전을 기하라고 당부하였다. 이로 인해 울릉도는 1963년부터 중앙정부의 지원하에 본격적 종합개발이 이루어지기 시작하여 일주도로의 수축이 본격적으로 착수되었고, 동양해운(사장 김만수)에서 350톤 급의 철선인 청룡호靑龍號(국고보조 5할, 정부융자 4할, 자기 부담 1할)를 대한조선공사에서 제작하여 1963년 5월부터 월 5회의 운항을 시작하였다.

그 후 대통령에 당선된 박정희는 1965년 4월 15일 목포를 방문한 자리에서 흑산도 · 완도 · 거제도와 함께 울릉도를 어업전진기지로 만들겠다고 언명하면서 어업전진기지 설치를 위한 예산은 한일어업협정 발효에 따르는 청구권으로 충당될 것이라고 하였다.[21] 동해안의 유일한 어업전진기지가 된 울릉도의 저동항苧洞港은 1977년 3월 29일 울릉도 저동항 종합개발공사 착공을 시작하여 총공사비 93억원이 투입되어 3년만인 1980년에 완공되었다. 전체 방파제가 1,933m로 20만㎡의 어선 수용 수면을 형성하여 한꺼번에 어선 1천척을 수용할 수 있는 동해의 최대의 어항이 되었다. 또 항만청은 1976년 3월, 울릉도민의 내륙교통 편의를 도모하라는 박정희 대통령의 지시에 따라 5억원의 예산으로 도동항을 집중 개발하였다. 당시 포항－울릉 간을 청룡호, 동해호 2척의 정기여객선이 운항하고 있었으나 선착장 시설 미비와 풍랑 등으로 결항이 잦았기 때문에 8백 톤급의 쾌속정기여객선 취항을 위한 도동항의 집중개발이 추진된 것이다. 그리하여 도동항 선착장이 1977년 5월에 완공됨에 따라 7월 7일자로 808톤의 철제고속선 '한일 1호'가 취항하게 되었다. 도동항 선착장이 완공되기 이전에는 선박의 접안시설이 없었기 때문에 선객과 화물을 부선艀船으로 운반 하포下浦하였으나 이제

---

21) 『조선일보』 1965년 4월 15일.

선객과 화물이 바로 도동선착장으로 내릴 수 있게 되었다.

　당시 울릉도 종합개발계획에 의해 1980년을 완공목표로 일주도로 개통을 위한 공사가 이루어지고 있었고, 어업전진기지인 저동항과 교통항 도동항 개발을 선두로 하여 7곳의 어항과 어구漁口를 신설하는 데 수산청과 항만청, 경상북도와 울릉군 등 4개 관청에서 각각 분담하여 총 187억 7천 6백오십만원의 소요경비가 투입되어 울릉도의 면모를 일신하는 건설공사가 진행되고 있었다. 그러나 수년전부터 지변地變 현상이 일어나 남면 사동 일대, 북면 송곳산 중턱과 그 주변 현포 일대 등 6개소에서 산이 갈라지고 언덕이 평지로 되는 등 땅이 꺼지는 현상이 일어나 1977년에 개발공사의 전면 재검토가 논의되기도 하였다. 그 것은 울릉도가 3세기의 화산도이기 때문에 풍화대를 이뤄 토층이 이동하는 현상에 따른 것이었다.22) 이 점은 향후 울릉도의 개발에 반드시 유념하여야 할 대목이다.

　1963년 이후 일주도로의 수축이 본격적으로 착수되어 부분적으로 개통이 되었지만 잦은 태풍과 폭설로 인해 일주도로의 공사는 순조로운 상태가 아니었다. 그러한 상황에서 폭설 등으로 인해 울릉도민들은 뱃길을 이용해야만 했고, 그 와중에 만덕호 사건이 일어나기도 했다. 1976년경까지 눈이 오면 눈 쌓인 산길을 빼면 울릉군 북면 천부에서 배를 타고 도동으로 가야만 하였다. 1976년 1월 17일 폭설이 내린 날 오후 4시경 도동에서 천부마을 선창으로 들어오던 6톤 가량의 어선 만덕호가 선착장 앞 20m 해상에서 전복하는 참사가 일어났다. 사고당일 만덕호는 당초 도동항에서 철근 1.7톤과 정부혼합곡 10부대, 라면 15 상자를 실은 후 20여 명의 승객을 태웠다. 경찰검문이 끝난 후 30여 명의 승객을 더 태우고 천부항으로 들어오다가 기관고장을 일으켰고 마침 이때 큰 파도를 만나 전복함으로써 사망자가 37명에 달하는 대형

---

22)『조선일보』 1977년 7월 22일.

참사를 빚었던 것이다. 이 배에는 당일 천부초교 6학년 대여섯 명과 이 학교 교사 이경종李京鍾 선생이 타고 있었다. 당시 35세였던 이 교사는 대구사범학교에 다닐 때 수영선수로 활동했을 만큼 물에는 자신이 있었다. 혼자서는 얼마든지 빠져나올 수 있는 수영실력을 지녔지만 이 교사는 파도에 휩쓸린 남학생을 데려와 부서진 나무판자에 데려다 놓고 다시 바다로 헤엄쳤다. 또 다른 남학생을 구한 뒤 나무판자를 붙잡고 있도록 했다. 다시 학생을 구하러 간 그는 거친 파도 속으로 사라졌다. 지금 천부초등학교 운동장 옆에는 이경종 교사를 추모하는 조그만 비석이 남아 전하고 있다.

울릉도의 일주도로 개통은 1963년 울릉도 종합개발 계획의 수립 때 1980년대 개통을 목표로 진행되었지만 예산 부족과 잦은 태풍 등으로 인해 도로가 유실되면서 그 완공은 자꾸만 늦추어졌었다. 1959년의 '사라호' 태풍이 울릉도에 큰 피해를 주었다고 하지만 1985년 10월의 태풍 '브렌다'의 피해 역시 울릉도 종합개발 계획의 완공에 큰 차질을 주었다. 태풍 '브렌다'로 인해 울릉도의 8개소가 유실되고 저동항 등에 대피했던 어선 518척 중 178척이 침몰 또는 전파됐고, 101척이 반파되는 피해를 입었다. 저동항의 가로 10m 세로 10m의 거대한 방파제는 거의 유실되는 등 7개 항, 포구의 방파제 붕괴, 건물 10채 전파, 도민 44명이 다치는 등의 피해가 있었다.[23] 그러한 어려움 속에 울릉군민의 오랜 숙원인 울릉 일주도로 확·포장 공사가 39년 만에 완공돼 2001년 9월 26일 개통됐다. 지난 96년 6월 지방비 330억원으로 공사를 시작했던 서면 남서 2리에서 태하 1리 간의 4.37㎞ 구간의 공사(터널 2개소와 교량 1개소)가 개설됨으로써 지난 1963년 울릉도 종합개발계획의 일환으로 착공된 지 39년 만에 전체 구간 44.2㎞ 가운데 기술상의 문제와 환경보존 등으로 유보된 4.4㎞의 내수~섬목 구간을 제외한 39.8㎞ 전

---

23)『조선일보』1985년 10월 27일.

구간이 개통된 것이다. 일주도로 건설에는 그동안 철근 885톤, 시멘트 1만100톤, 중장비 15종 5만800대, 연 인원 25만여 명이 동원됐으며 노폭 5～8m로 도로 구간에는 총 연장 2,610m의 터널 9개소와 364m의 교량 14개소가 각각 설치됐다. 일주도로 개통으로 울릉군에 등록되어 있는 3,000여대 차량의 원활한 통행과 지역간 균형발전, 관광특수 효과 등을 이룰 수 있었다.[24)

그간 울릉도 일주도로의 개통을 위한 노력과 더불어 육지와의 교통 편의를 위해 포항 외에 울진 후포, 그리고 묵호를 오가는 정기선편을 개통시키고 헬기를 통해 울릉도를 왕복시키려는 노력이 기울어졌었다. 마침내 1989년 7월 26일 헬기가 경북 영덕군 강구읍과 울릉도간을 첫 취항하였는데 이틀 후인 7월 28일에 경북 울릉군 서면 남양 3동 통구미 앞 서쪽 1km 해상에서 승객 16명과 승무원 3명을 태운 (주)우주항공 소속 S-58T 관광헬기가 기관고장을 일으켜 추락하여 14명이 사망 실종하는 사건이 일어나기도 하였다.[25)

또 2003년 9월 13일 태풍 '매미'로 인해 울릉도는 일주도로의 유실, 항만시설 등 손실 등의 큰 피해를 입었다. 울릉읍 저동에서 북면 천부리의 4.4km 구간을 제외한 전 구간을 개통하였던 39.8km의 일주도로는 곳곳이 패였고, 자갈이나 오물이 덮어버렸다. 특히 서면 사동리～구암리 구간 4km는 도로가 거의 훼손됐고, 그 중 2km는 모두 유실되어 도로 기능을 상실했다. 이 때문에 서면 태하리와 남양리는 완전히 고립돼 행정선을 통해 식량을 전달할 정도였다. 도동항의 경우 무게 32톤의 방파제 보호용 콘크리트 구조물인 '테트라포드' 16개가 13일 새벽 해일의 위력을 이기지 못하고 방파제를 넘어 항구 안으로 넘어왔다. 도동항뿐 아니라 서면 남양리의 방파제 외곽에 설치됐던 64톤 무게의 테

---

24)『조선일보』 2001년 9월 27일.
25)『조선일보』 1989년 7월 28일.

트라포드 3개도 해일에 밀려 방파제를 넘어 섬까지 덮쳤다. 1개는 일주도로의 터널 안, 2개는 도로 위로 각각 올라와 길을 막을 정도였다.[26] 태풍 '매미'로 358억 원의 재산피해를 입었고 2004년 9월 태풍 '송다' 때에도 일주도로가 끊어지며 서·북면 주민 1,800여 명이 1주일 이상 고립되기도 하였다. 그리고 2005년 9월 태풍 '나비'는 울릉도에 더 큰 피해를 입혔다. 한반도를 비껴가 모두를 안도하게 했던 14호 태풍 '나비'는 유독 울릉도에는 큰 생채기를 남겼다. 9월 7일 새벽 '나비'가 휩쓸고 가면서 남긴 여파로 주민 3명이 실종됐다. 또 450여 명의 이재민이 발생했다. 전기, 통신, 교통, 수돗물도 모두 끊겨 그야말로 고립무원孤立無援의 상태에 빠졌다. 울릉군은 "6일 밤부터 7일 새벽 사이 울릉도 전역에 걸쳐 437.1㎜의 비가 내렸으며, 특히 서면에는 564.5㎜가 쏟아졌다"고 밝혔다. 이 강우량은 울릉군 연평균 강수량 1,236㎜의 3분의 1에 해당하는 것이었다. '나비'가 울릉도에 남긴 첫 번째 상처는 교통두절이었다. 파도가 몰아치고 산사태가 일어나면서 6일 오후 8시쯤 서면 남양리 남서터널 인근 도로가 교통이 통제되는 등 울릉 일주도로 10여 km 구간의 통행이 중단됐다. 뒤이어 단수斷水가 찾아왔다. 울릉군은 오후 9시 하천 범람으로 인한 황토물 유입을 막기 위해 주 상수원인 울릉읍 도동 취수장의 수돗물 공급을 중단했다. 오후 10시 서면 태하리 태하천 둑이 터졌고 뒤이어 남양천과 남서천이 잇달아 범람했다. 이 일대 174가구 주민 459명은 한밤중에 인근 학교와 군부대 등 고지대로 대피하느라 한바탕 소동을 빚어야 했다. 이 과정에서 주민 3명이 급류에 휩쓸려 실종됐고 땅속에 묻혀있던 전화선이 훼손되면서 전화마저 끊어졌다. 자정을 넘어서자 강풍 등으로 전선이 끊어지고 전신주가 쓰러져 오전 3시 20분에는 울릉도 전역이 암흑暗黑천지로 변했다.[27] 매미－송다－나비로 이어지는 태풍이 3년 연속 울릉도에 닥침으

---

26) 『조선일보』 2003년 9월 17일.

로써 울릉도는 아직도 그 피해를 복구할 정도로 어려움을 겪고 있는 형편이다.

　최근 한반도 기온의 온난화 현상으로 인해 2003년 현재 바다의 평균 기온이 100년 전에 비해 무려 1도 이상 올라갔다. 이로 인해 생태계 교란이 일어나기 시작하였다. 지난 30년간 고등어·멸치·오징어 등 난류성 어족의 어획량은 최고 6배까지 늘어난 반면 명태·대구 등의 한류성 어획량은 급감했다. 제주도에서 주로 잡히는 아열대성 어종인 자리돔이 울릉도 연안에서 잡히기도 하고 독가치·전갱이 등의 열대어종까지 잡힌다. 오징어의 경우 울릉도의 주변에서 많이 잡히며 7∼8월에 최성기를 이루었지만 울릉도의 경우 최근 오징어가 격감한 대신에 주 어장이 아닌 서해안에서 많이 잡힌다는 것이다.[28] 『조선일보』 2004년 12월 13일의 기사에 의하면 울릉군 해양수산과 관계자가 "연안 일대의 잦은 수온의 변화와 5∼6년 전부터 국내 오징어가 서해안과 동해안 전 해역으로 분산되면서 '오징어는 곧 울릉군'이라는 명성이 위협받고 있다"며 "현재 소형어선 100여 척이 매일 출어를 하고 있지만 하루 어획량이 10톤도 못 미치는 경우가 많다"고 말한 것에서도 울릉도 오징어 어획량의 급감이 한반도의 바다 수온의 변화에 따른 것임을 잘 알 수 있다. 한반도의 온난화가 앞으로 지속적으로 이루어질 전망을 염두에 둔다면 울릉도 수산업의 다변화를 위한 노력이 앞으로 경주되어야만 할 것이다.

　울릉도는 오징어 흉작, 교육 및 의료여건의 어려움, 그리고 거듭된 태풍 등의 재난으로 인해 인구수가 매년 줄어드는 실정이다. 2005년 인구주택 총 조사 결과에 의하면 울릉도 인구는 8,331명에 불과한 실정이다.[29] 살 길은 관광에 있지만 3시간 여의 바닷길, 다양한 관광자원의 미

---

27) 『조선일보』 2005년 9월 8일.
28) 『조선일보』 2001년 8월 21일, 2003년 9월 6일.

개발 등으로 인해 경쟁력을 갖지 못한다. 울릉도민은 '하늘의 길'을 염원하면서 그 길의 개통만이 살 길이라고 주장하고 있는 실정이다.

2005년에 접어들어 일본은 '2월 22일'을 '다케시마의 날'로 제정하였다. 다케시마의 날로 정한 2월 22일은 일본이 1905년 시마네현 고시를 통해 독도를 자국의 영토로 일방적으로 편입시킨 100주년을 기념한 날이다. 다케시마의 날 제정전후 한일국교정상화를 위한 비밀문서가 공개되었다. 여기에 울릉도의 부속도서인 독도에 관한 내용도 포함되어 있다. 그것을 통해 독도문제에 대한 일본의 주도면밀한 입장을 알 수 있을 것이다.

5·16 군사혁명으로 집권한 박정희 정권은 한일국교 정상화를 위한 양국 간의 외교교섭을 서두르게 된다. 군사정권은 미국의 경제원조가 대폭 삭감된 상황에서 경제개발계획에 따른 대규모 투자재원을 확보하기 위해 일본자본을 끌어들이기로 결정하였다. 이를 위해 정부는 김종필 중앙정보부장을 일본에 파견하여 일본 오하라 마사요시(大平正芳) 외상과 비밀회담을 갖도록 하였고, 마침내 1965년 2월 20일 한일기본조약이 가조인되었다. 한일국교정상화를 위한 한일회담 때 우리 측의 협상당사자였던 김종필(당시 중앙정부부장)이 1962년 11월 13일 오하라 마사요시(大平正芳) 일본 외상과의 회담을 마치고 귀국길에 오르면서 기자들에게 "농담으로는 독도에서 금이 나오는 것도 아니고 갈매기 똥도 없으니 폭파해버리자고 말한 일이 있다"고 스스로 밝힌 것으로 확인됐다. 2006년에 공개된 한일회담의 문서에 따르면 독도 폭파 망언의 진원지가 당초 알려진 것과는 달리 일본 측 대표단의 일원인 이세키 유지로 외무성 아세아국장이 회담 중에 제기한 것으로 밝혀졌다.

이세키 국장이 1962년 9월3일 제6차 한일회담 제2차 정치회담 예비절충 4차 회의에서 "독도는 무가치한 섬이다. 크기는 히비야 공원 정

---

29) 『조선일보』 2005년 12월 29일.

도인데 폭발이라도 해서 없애버리면 문제가 없을 것이다"라고 말하면서 독도 폭파론이 불거졌다. 언론에서 이를 대서특필하지만 김종필도 사석에서 독도 폭파론을 말하였을 것이니 그게 누가 먼저 끄집어내었는가 하는 것이 무슨 문제가 될까?

언론에선 관심 없이 지난 것이지만 이번 한일회담의 문서 공개에서 무엇보다 주목되는 것은 1962년 2월 22일 김종필 중앙정보부장과 고사카 외상 간의 회담 때 독도에 관한 언급이 일본에 의해 제기되었다는 사실이다. 이날 고사카는 "독도문제를 국제사법재판소에 제소하고 한국 측이 이에 응소할 것을 바란다"고 하였다. 이에 대해 김종필은 "하찮은 섬 문제를 일본이 심하게 생각할 필요가 없다. 일본의 희망을 박 의장에게 전달하겠다"고 한 것으로 알려졌다. 독도문제를 일본이 국제사법재판소로 가져가자는 제안이 제기된 시점이 1905년 2월 22일, 시마네현 고시에 의해 독도를 일본이 자국의 영토로 편입시킨 날이라는 점이다. 이것은 당시 일본이 작심하고 한일회담 때 이 날을 기해 독도문제를 끄집어내려고 계획하였다는 점이다. 당시 김종필이나 회담에 임하는 우리나라 대표들이 이 날이 어떤 날이었는가를 기억한 사람이 있었을까? 기억하지 못했기 때문에 김종필은 '하찮은 섬 문제'로 치부하고 넘어가버렸을 것이다. 한일회담의 문서가 공개되면서 독도와 관련한 내용들을 언론들이 다루고 있지만 2월 22일이 일본이 독도를 불법적으로 자국의 영토로 확정한 날이고, '다케시마의 날'이라는 점을 간과하고 있는 듯하다. 이후 회담에서 독도 문제에 관해서는 다음과 같은 논의가 있었다.

◇ 일본 중의원 외교위원회(62.3~62.7)
(독도문제 해결을 정상화 조건으로 할 것인가의 질문에 대해)
일본 외상은 독도문제가 해결되지 않는 한 국교정상화는 있을 수 없다고 답변하였다.

◇ 최덕신－고사카 외상회담(제6차 한일회담 제1차 정치회담)
  ○ 외상회담 제1차 회의 회의록(62.3.12)
    · 고사카 : 독도문제를 이 자리에서 토의해도 해결되지 않으리라 생각되
             므로 우선 여기서는 동 문제를 국제사법재판소와 같은 공정
             한 제3자에게 조정을 의뢰하는 것이 좋으리라고 생각한다.
    최덕신 : 독도는 역사적으로나 국제법상으로나 아국의 영토기 때문에
           여기서 논의될 성질의 것이 아니다.
    · 고사카 : 양국이 제3자인 국제사법재판소에 이 문제를 쌍방 제소하든
             지 또는 일본이 제소하면 귀국이 응소한다는 형식으로 이 문
             제를 처리하자는 것이다. 현안이 해결되더라도 영토문제가
             해결되지 않으면 국교정상화는 무의미한 것이다. 이 문제는
             언젠가는 해결되어야 하며 이것 없이는 국교정상화도 진정
             한 것이 되지 못하므로 그것을 미연에 방지하자는 의미에서
             재판소에 제소하자는 것이다.
    · 최덕신 : 고사카 외상은 이 문제가 해결되기 전에는 국교정상화를 해
             도 무의미하다는 놀라운 말을 했는데 피차가 대국민적 긍지
             를 갖고 이 작은 섬에 대해 불필요하게 큰 관심을 갖지 않는
             것이 좋다고 생각한다. 일본이 남의 수중에 있는 영토에 대
             해 왈가왈부하는 것은 납득하기 곤란하다. 정부가 응소한다
             면 국민에 대한 책임을 면치 못하고 중대한 과오를 지적당
             할 것이다.
◇ 요시타 전 수상과의 면담내용 보고(62.8.2)
  배의환 주일대사
    · 요시타 : 한일 국교정상화를 위한 회담을 함에 있어서 법리론을 기준
             으로 하는 것은 불합리한 일인 줄 생각하며 전번 외상회담
             시에 고사카 외상이 독도문제를 제출한 것은 몰상식한 일이
             라고 생각한다. 국교를 정상화하기 위한 회담이라면 목표를
             멀리 두고 대담하게 해결해야 한다.
◇ 2차 정치회담 예비절충 제4차회의(62.9.3)
    · 이세키 유지로 아세아국장 : 사실상에 있어서 독도는 무가치한 섬이
                           다. 크기는 히비야 공원 정도인데 폭발
                           이라도 해서 없애버리면 문제가 없을 것
                           이다.
    · 최영택 참사관 : 회담도중에 이 문제를 내놓겠다는 말인가.
    · 이세키 : 그렇다. 국제사법재판소에 제소하기로 하는 것을 정해야 하
             겠다.
    · 최영택 : 국교정상화 후에 이 문제를 논의하는 것이 좋지 않은가. 일

본의 곤란한 사정이 있듯이 한국도 사정이 있는 것인데 이 문제는 내놓지 않는 것이 좋겠다.

◇ 김종필 부장-오히라 외상 회담 내용 보고(62.10.21)
　○ 김 부장이 박 의장에게 보고한 사본 첨부

　　오히라 외상은 독도문제는 사회당의 정부 공격 자료로서 물고 늘어지는 난難 문제의 하나이기 때문에 일본이 제기한 국제사법재판소에 응소해주기 바란다고 한 데 대해, 저는 그것은 할 수 없다. 왜냐하면 독도문제는 회담 초부터 한일회담과 관계가 없던 것을 일본 측에서 공연히 끄집어낸 문제이기 때문에 별 문제라고 본다. 그러므로 독도문제는 양국의 국교가 정상화된 후에 서서히 시간을 가지고 해결해 나가는 것이 현명한 줄로 안다. 그것으로서 이야기는 끝났습니다. 그러나 제가 받은 인상으로서는 미국의 거중조정이 강력한 것으로서 일본으로서도 타결을 어느 정도 서두르고 있는 것이 감지됐습니다.

◇ 김 부장 이케다 수상 회담(62.10.22)
　○ 주일 특파원 기자회견
　　・문 : 일지日紙에 의하면 부장이 독도문제의 국제사법재판소 제소 응소 고려 운운하는 보도가 있는데.
　　・김종필 : 이 문제는 한일회담과는 관련이 없는 문제이며 국교정상화 후에 시간을 갖고 해결하자고 했다. 응소 고려 운운은 전혀 근거없다.

◇ 김종필 부장 방일 중 내신 기자회견(62.11.10)
　　독도문제는 도중에서 쓸데없이 끄집어내서 의구심만 커지게 한다. 국교정상화 후에 해도 방법이 있을 것이므로 뒤에 하는 것이 좋다.
　　국제재판소 응소를 말한 일이 없다. 오히라 외상이 희망한다고 말하였으나 나는 말한 바 없다. 도중에서 끌고 나와서 한국 국민에게 다시 들어온다는 기분을 주어 오해를 사게 된다. 도대체 문제시할 점이 아니니 회담에서 토의할 것이 아니며 정상화 후에 하는 것이 좋다.

◇ 김 부장-오히라 외상 제2차 회담록(62.11.13)
　　오히라 외상은 국제사법재판소에 일본이 제소하겠으니 한국 측이 이에 응소할 것이라는 것을 국교정상화 시에 약속하여 달라고 강력히 주장하였으며, 김 부장은 한일회담의 현안이 아니며 한국민의 감정을 경화시킬 뿐이라 하여 반대했다.
　　이에 오히라 외상은 본 문제의 해결이 중요함을 설명하고 다른 해결방안이 없겠는가라고 하였는바, 김 부장이 제3국의 조정에 맡김이 어떻겠는가라고 시사함에, 오히라 외상은 생각해볼 만한 안이라고 하면서 제3국으로는 미국을 지적하고 연구해보겠다고 했음(김 부장의 의도는 국제사법재판소 제소를 위한 일측의 강력한 요구에 대하여 몸을 피하고 사실상 독도 문제를 미해결 상태로 유지하기 위한 작전상의 대안으로 시사한 것이라고 생각됨).

◇ 김부장 활동보고(62.11.13)
　○ 기자회견(하네다공항 귀빈실)

(독도문제 합의가 있었나) 합의하지 못했다. 일본은 국제사법재판소에 제소하겠다고 하는데 이 문제는 도중에 튀어나온 것으로서 회담과는 직접 관련이 없는 문제다. 이 문제를 국제사법재판소에 제소한다는 것은 공연히 국민감정을 자극하는 것으로 국교정상화 후에 시간을 두고 해결하면 된다.

(오늘 아침 신문에 독도문제는 제3국 조정에 맡긴다고 보도됐는데 사실인가) 아까 말한 바와 같다. 농담으로는 독도에서 금이 나오는 것도 아니고 갈매기똥도 없으니 폭파해버리자고 말한 일이 있다.

◇ 본회의 개최를 위한 예비교섭(최규하 본부대사 방일접촉 보고) 및 본회의(63.6~64.3)
시마 외무차관, 독도문제 국제사법재판소 제소 문의에 대해 한국 측은 독도는 한국 영토임에 틀림없고 대공산계열과의 관계 등으로 보아 국제사법재판소에 응소하는 게 불가능하다고 답변하였다.
일본 측은 독도 영유권에 대해 장차 결말을 지을 수 있는 방법만이라도 한국 측과 합의하자고 함. 아비트레이션 또는 조인트 유시지(usage) 제안. 한국 측은 이에 당초 한일회담 의제에 없는 것을 일본이 다시 끄집어내는 것은 문제를 복잡화하는 것이라고 반박.

◇ 독도문제 처리에 대한 일본 측 공식제안(문서제목 없음, 65.1.19)
　-주일대사 → 장관
　-분쟁해결에 대한 교환공문형식
　-교환공문 내용 : 한일 간의 제 분쟁은 별도의 규정이 있는 경우를 제외하고는 외교교섭에 의해 해결하도록 한다. 외교교섭에 의해 해결하지 못한 분쟁은 양국이 합의하는 중재절차에 따라 해결하도록 한다.

독도문제에 관한 한 일본은 이후 줄곧 '국제사법재판소'행을 주장하고 있다. 한국이 국제사법재판소 행을 동의한다는 것은 바로 한국이 독도영유권 주장을 부정한 것과 마찬가지로 보고, 바로 그 시점부터 일본은 재판에서 이겼다고 생각할 것이다. 설혹 패한다 하더라도 한국이 현실적으로 지금 독도를 실효지배를 하고 있는 상황에서 잃을 것은 아무 것도 없다. 국제사법재판소로 독도문제가 회부되면 독도는 분쟁지역으로 바뀌어 독도에 대한 한국의 실효지배가 재판소의 명령으로 불가능한 상황이 된다. 국제사법재판소행을 한국이 동의한다는 그것 자체가 현재 한국이 독도를 실효지배하고 있는 상황을 바꿔버리겠다는 의도가 깔려 있다는 것을 우리들은 얼마만큼 알고 있는지 의문이다. 한일회담 때 우리 측 대표가 제3국 조정안을 낸 것 그 자체도 마찬가지이다. 이것에 대해 국제사법재판소 제소를 위한 일본 측의 강력한 요구에 대하여 몸을 피하고 사실상 독도 문제를 미해결 상태로 유지하기 위한 작전상의 대안으로 시사한 것이라고 생각된다는 평가가 있지만 그것이 우리의 독도영유권을 훼손시키기는 마찬가지이다. 더욱이 한일회담 때 미국이 우리 측에 독도를 공동소유로 할 것을 제안하였다는 것을 생각할 때 우리는 무엇을 믿고 제3국 조정안을 내밀었는지 이해 못할 노릇이다.

일본은 한국이 국제사법재판소행을 가지 않을 수 없게끔 만들기 위해 끊임없이 독도문제에 대한 도발을 감행할 것이다. 양국의 긴장이 고조되면 최악의 경우 본격적인 교전 상태로 돌입하지 않으리란 보장은 없다. 2003년 6월에 일본 국회가 통과시킨 유사법제는 상대국이 선제공격을 해오거나 상대국에 선제공격의 의도가 충분히 인정될 때 일본자위대는 무력공격을 할 수 있다는 내용이 담겨져 있다. 그들과 전쟁을 불사할 것인가? 국제분쟁을 피하면서 독도를 지키는 방법으로 우리가 택할 수 있는 방법은 무엇일까? 그것을 생각하면 일본 측 주장에 대한 면밀한 검토와 비판을 통해 일본인에 대해 적극적 홍보활동을 전개하고 나아가 세계를 상대로 지금부터 홍보활동에 나서지 않으면 안 된다.

2005년 일본의 '다케시마의 날' 제정 이후 울릉군은 3월 24일 독도 입도를 신고제로 변경하였다. 독도 입도를 하려는 관광객의 증가로 인해 울릉도는 다시 활기를 되찾기 시작하였다. 관광객이 다시 울릉도를 찾을 수 있도록 다양한 볼거리를 개발하는 등 적극적인 관광상품의 개

발을 위한 울릉군민의 자구의 노력이 이루어진다면 울릉도는 다시 7~
80년대의 호황을 재현할 수 있을 것이다. 울릉도는 1997년 '울릉도권
관광개발계획'을 수립하고, 또 최근에 울릉도 검찰사 이규원의 활동을
중심으로 하는 '울릉도 개척사 테마관광지 조성 기본계획'(2006.4)을 수
립하는가 하면, '해양심층수'를 개발(<울릉도미네랄(주)> 울릉군 북면 현포리)
하여 본격 생산에 돌입하는 등 울릉도 관광 활성화와 관광상품 개발을
위한 노력을 경주하고 있는 실정이다.

2006년 6월 중순 일본 도쿄에서 한국과 일본의 동해 주변 배타적 경
제수역(EEZ) 경계획정 제5차 협상이 열렸다. 양국간 EEZ 협상은 2000년
5월 이후 6년 만이다. 이번 협상에서 우리 협상 대표단은 한·일 양국
간 EEZ 경계선으로 독도·오키섬 중간선을 주장했다. 이러한 입장은
1996년 이후 2000년까지 네 번에 걸친 경계획정회담에서 독도는 1982
년 유엔해양법협약 제121조상 암석으로서 EEZ를 가질 수 없다는 국제
법 해석을 전제로 울릉도~오키섬 중간선을 양국 EEZ 경계선으로 주
장했던 과거 입장과 다르다. 이에 반해 일본 측 대표단은 독도~울릉
도 중간선을 주장한 것으로 알려졌고, 1996년부터 2000년까지 4차례
열렸던 EEZ 협상에서 한국 측이 울릉도~오키섬의 중간선을 경계선으
로 제시했다가 이번에 바꾼 것은 모순이라고 반박한 것으로 전해졌다.[30]

우리 정부는 지난 4차례의 회담에서 울릉도~오키섬 중간선을 제시
했으나, 일본이 지난 4월 독도주변 해저탐사 계획을 둘러싸고 갈등을
빚으면서 이번에 전략을 바꿨다. 1996년 이후 일본은 독도를 일본의
배타적경제수역(EEZ)의 기점으로 잡아 울릉도와 독도 사이의 중간선을
양국 EEZ 경계선으로 제의했다. 한국은 독도를 한국 EEZ 기점으로 잡
지 않고 1997년 울릉도를 한국 EEZ의 기점으로 잡아 울릉도와 일본
오키(隱岐)도의 중간선을 양국 EEZ 경계선으로 제의했다. 일본은 다시

---

30) 『조선일보』 2006년 6월 13일·6월 19일.

울릉도와 독도 사이의 일본 EEZ 주장선을 서변으로 하고 울릉도와 오키도 사이의 한국 EEZ 주장선을 동변으로 한 수역을 '한 · 일 공동관리수역'으로 하자고 1997년 9월 제의했다. 당시 한국은 '독도영유권이 훼손되는 방안'이기 때문에 이를 거부했다. 그러나 1998년 우리 정부는 독도와 그 주변수역을 '공동관리수역' 안에 넣은 일본의 주장안을 약간 수정하여 (서변 131도 40분, 동변 135도 30분) '중간수역'을 설정한 어업협정안을 받아들여 1999년 1월 23일 이를 발효하였다. 이러한 신 한 · 일 어업협정에 대해 일본이 제안한 '한일 공동관리수역'을 받아들여 '중간수역'이란 이름을 붙여서 우리의 방대한 영해를 '공동관리'에 넣어버리는 잘못을 했다는 비판이 강력히 제기되었다. '한일 공동관리수역'의 '중간수역' 안에다 한국영토인 독도를 넣어서, 독도를 울릉도로부터 분리시키는 실패를 한 셈이다. 더욱이 울릉도 어민은 물론 한국어업과 어민을 몰락시키는 어협을 맺었다는 강력한 비난이 가해졌다.[31] 그럼에도 불구하고 '신 한 · 일어업협정'의 3년 기한이 완료되는 1월 22일 그 종료를 선언 통보하고, 재협상을 시작하였음에도 아무런 조처를 취하지 않아 다시 3년간 자동적으로 연장된 것이다. 그간 일본은 독도의 영토주권을 주장함과 동시에 2005년에 일본 시마네현을 통해 '다케시마의 날'을 제정하는 등 독도에 대한 도발을 끊임없이 제기하여 왔다. 이에 우리 정부도 2006년의 신한일어업협정의 개정 협상에 전향적으로 나서게 되어 울릉도~오키섬 중간선을 양국 EEZ 경계선으로 주장했던 과거 입장과는 달리 독도 · 오키섬 중간선을 주장하게 된 것이다. 그러나 당초의 예측대로 양국은 평행선처럼 서로의 주장만 확인하고 오는 9월 제6차 협상을 서울에서 열기로 합의하고 헤어졌다. 향후 이 협상은 울릉도민의 입장이 적극 반영되어 울릉도의 부속도서인 독도와 그 주변수역이 울릉도 어민의 삶의 텃밭으로 보장될 수 있는 방향에서

---

31) 신용하,『한국의 동도 영유권 연구』, 경인문화사, 2006.

이루어져야만 할 것이다.

   그동안 1997년 11월 6일, 독도접안시설을 완공하였고, 울릉도의 경우 '독도유인화 국민운동본부'의 청원을 받아들여 울릉군 도동리 67번지인 독도를 '독도리'로 개정하였고 독도의 공시지가를 산정하였다. 또 독도의 유일한 주민인 김성도(66) · 김신열(68)씨 부부가 2006년 2월 19일 10여년 만에 다시 독도로 돌아갔다. 김씨 부부는 19일 오전 6시쯤 울릉군 소속 행정선에 가재도구를 싣고 울릉도 저동항을 출발, 4시간 만인 오전 10시쯤 독도의 동도東島 선착장에 도착했다. 김씨 부부는 이어 서도西島의 어업인 숙소에 이삿짐을 풀고 독도 주민으로서의 삶을 다시 시작했다. 김성도씨는 1965년부터 장인이자 독도 최초의 민간인 주민이었던 고故 최종덕씨와 함께 독도에서 생활하다 최씨가 지난 1987년 지병으로 숨지자 1991년 주소지를 독도로 옮겼다. 이후 김씨 부부는 매년 독도에 6개월 가량 머물며 생활하다 몇 차례에 걸쳐 태풍의 영향으로 집과 어선이 부서지자 1996년부터 독도 체류를 포기한 채 울릉도에서 생활해 왔다. 그러다 해양수산부와 경북도가 부서졌던 서도의 숙소를 다시 단장하는 한편 국민성금으로 1.3t급의 어선 '독도호'까지 마련해준 덕분에 독도행을 감행할 수 있게 된 것이다.[32]

   또 우리나라의 땅 넓이나 경계를 재는 기준인 '지적地籍 원점原點'이 2006년 10월 18일 일본 도쿄에서 경북 울릉도로 변경됐다. 일제가 한반도에까지 강제 적용한 '도쿄 원점'이 폐지되는 것이어서 '일제 잔재 청산'의 의미를 갖는다. 원점 변경과 함께 지적 측량 방식도 기존의 '삼각 측정'보다 12배나 정확한 'GPS 측정' 방식(세계측지계 방식)이 도입됐다. 행정자치부는 이날 울릉도 내 독도박물관 입구에 대리석 재질의 '지적 위성 원점'을, 독도(동도) 선착장 인근에는 원점에서 파생한 기준점의 '1호'를 황동 재질로 설치했다. 기존 측량은 평균 오차가 ±36cm인

---

32) 『조선일보』 2006년 2월 20일.

반면, 새 방식은 ±3㎝밖에 되지 않는다. 이 오차 탓에 실제보다 북동쪽으로 365m 밀려간 한반도의 좌표도 교정된다.[33]

최근 '독도'에 관한 국민적 관심 속에 독도입도 불허조치가 해제되고 독도입도가 자유롭게 이루어짐으로써 울릉도 관광은 전기를 맞을 기회를 갖게 되었다. 그에 반해 울릉도 주민은 계속 감소일로에 있다. 현재 울릉도 주민들은 이 난국을 타개하기 위해서는 '관광 울릉도'만이 살 길이라고 생각하고, 그것을 위해 '하늘길'이 열려야만 한다고 주장한다. 울릉도 관광의 활성화는 울릉도 주민만의 일이 아니라 '독도 영유권 수호'의 한 방안이라는 측면에서 정부의 인식전환과 과감한 투자가 이루어져야만 한다. 일본은 바다에 관한 학술연구에조차 엄청난 투자를 하고 있는 점을 얼마만큼 우리 정부가 인식하고 있는지 묻고 싶다.

---

33) 『조선일보』 2006년 10월 19일.

독도네티즌 연대회의 참가기*

【남북 두 정상에게 tokdo.com 이메일을 증정한다는 기사에 부쳐】

김 호 동

지난 55년간 분단과 전쟁의 상흔을 생각할 때 남북 정상이 한자리에 만난다는 사실 자체가 세계의 이목을 끌만한 일이다. 이와 관련된 기사가 연일 텔레비젼과 신문에 실리고 있다. 그와 관련된 기사 하나가 내 눈을 끌었다. [민족자주와 독도주권을 위한 연대회의]에서 6월 10일 통일부와 청와대를 통해 '독도는 우리 겨레 모두가 지켜야 한다는 의미'로 남북 두 정상에게 tokdo.com 이메일을 증정한다는 기사이다. 그 기사는 나에게 복잡한 상념을 던져주었다. 동 연대회의의 산하단체의 하나로서 최근 「독도네티즌 연대회의」의 출범을 지켜본 때문이었다. 지난 5월 28일 오후 1시에 대학로 마로니에 공원에서 '독도네티즌 연대회의 출범식 및 독도수호 시민결의대회'를 개최하였는데, 그 모임에 필자가 참여하였기에 그 모임의 참가기를 중심으로 독도에 관한 몇 마디를 언급해보기로 한다.

이 날 행사는 1) 참가단체 퍼포먼스, 2) 초청강연 및 연대사, 3) 초청노래공연 4) 주변행사(독도사진전, 시민 대홍보 전단 배포) 5) 초청노래공연(정

---

* 이 글은 2000년 6월 어느 날, 『마을신문』이라는 신문에 기고한 글이다.

광태, '독도는 우리땅') 6) 결의안(독도정책 대정부 6대 요구안 낭독 등) 채택 등의 행사를 치른 후 탑골공원까지 시가행진을 개최하였다.

필자는 동 연대회의의 참가단체의 하나인 [하이텔 독도지킴이 소모임(하이텔 sg1916)]의 일원으로서, 그리고 독도에 발을 디뎌 본 사람 중의 하나로서, 독도에 한 편의 글을 썼다는 인연으로 인해 이날 초청강연 연사로 나섰었다. 그간 폐쇄된 공간에서 제한된 인원을 대상을 상대로 한 모임에만 익숙한 필자로서는 연단 하나 없는 열린 공간에서 무한의 대중을 대상으로 한 강연은 낯설기 그지 없었다. 고로 준비된 원고를 접어둔채 어렵사리 독도에 들어갔다 나온 이야기를 중심으로 몇 마디 늘어놓았다.

거기서 이야기 한 것 몇 가지를 정리하면 다음과 같다.

첫째, 내가 강연을 하였던 바로 뒤에는 서울대학교 옛 자리였다는 것을 알리는 기념비가 있었다. 평상시 경성제국대학이 해방과 동시에 서울대학교로 개편, 영속되면서 서울대학교가 우리나라를 상징하는 대학이 되었다는 점에서 경성제대가 단절되지 않고 이 땅의 역사 속에 연속되고 있다는 생각을 갖고 있었던 필자로서는 독도문제를 갖고 이야기를 늘어놓는다는 데에 대해 묘한 감회를 느꼈고 그 심정의 일단을 먼저 토로하였다.

둘째, 단절되어야 할 경성제국대학의 역사는 영속성을 가진 반면 '독도는 우리땅'이라고 외치고 있지만 독도의 역사에는 단절의 역사가 있기에 그 감회는 더욱 컸었다. 독도는 경상북도 울릉군 도동리로 되어 있다가 한 시민의 청원에 의해 독도리로 바뀌었다. 그럼에도 불구하고 독도가 속한 울릉도에는 1883년 이전의 역사는 단절의 역사이다. 6월 7일 출범했다는 「독도주권 수호를 위한 범국민적 민간조직 추진위원회」에 서명한 신용하 교수를 위시한 숱한 독도연구자, 그리고 필자 또한 독도는 우리 땅임을 입증하기 위해 울릉도와 독도는 하나임을 강조하여 왔었다. 그건 물론 독도에 관한 기왕의 자료가 두 섬이 둘이 아니라 하나임을 언급하였기 때문이기도 하지만. 그런데 울릉도에서 토착민이라고 자처하는 울릉도민을 붙잡고 이야기를 나누어 보라. 그들은 1883년, 개척령에 의해 그간 공도정책에 의해 빈 땅, 버려진 땅으로 있었던 이곳에 정부에 의해 이주된 개척민의 후손들이라고 한다. 결국 그들에게는 1883년 이전의 울릉도 역사는 존재하지 않는, 단절된 역사로만 남아 있다. 그건 곧 단절된 독도의 역사가 아닌가?

그러나 1883년 이전의 울릉도의 역사는 '공도空島', 빈 섬이 아니라 울릉도와 독도, 그리고 그 해역은 동해안 및 남해안 어민들의 삶의 터전으로서 영속성을 갖고 있었음을 다음의 자료, "동해 바닷가는 토질이 모래와 자갈이 많아 경작할 수 없어 바닷가 백성들은 오직 고기잡이, 벌채로 생활해 나가고 있는데, 울릉도에는 큰 대와 전복이 나므로 연해 고기잡이하는 사람들은 금함을 무릅쓰고 이익을 탐하여 무상으로 출입하고 있습니다. 비록 일체 금단하려 하나 그 형세가 어쩔 수 없습니다"(이맹휴, 『춘관지』)는 보여주고 있다. 조선초기의 수토정책하에서도 범법자의 굴레를 쓰면서 그들은 울릉도와 독도 해역을 그들의 삶의 터전으로 일구어감으로써 한국사 속에 그 땅이 살아 있게끔 하였던 것이다. 그들 가운데에는 1882년 울릉도 검찰사 이규원이 울릉도에서 만났던 전석규의 경우 10년 동안이나 울릉도에 살고 있었고, 개척령이 내려진 1883년, 울릉도 관리인인 도장에 처음으로 임명된 사람이다. 그러나 그들의 후예는 어디 갔는가? 그들은 개척령에 의해 범법자의 굴레에서 벗어났을 것이고, 따라서 자신들은 개척령에 의해 이 땅에 들어왔다고 그들의 후손에게 말하였을 것이다. 이로 인해 울릉도와 독도의 역사에는 단절의 역사가 생기게 되었으리라. 단절의 역사로 인식되지 않았어야 할 역사를 말하면서 단절되었어야 할 역사의 땅에 섰다는 감회를 느낌은 내가 서울대학교 출신이 아님에 나오는 자격지심에서 비롯된 것인가?

이 날 모임에 필자로서는 많은 실망을 느꼈다. '독도네티즌 연대회의 출범식 및 독도수호 시민결의대회'란 거창한 이름을 내걸었고, 그 날 걸린 현수막에는 「독도정책 대정부 6대 요구안」<1. 독도박물관 국비지원, 2. 독도선가장 원상복구, 3. 자유로운 독도입도 보장, 4. 배타적 경제수역 독도기점 선언, 5. 한일어업협정 재협상, 6. 정부 독도정책 전면전환> 밑에 30여 개의 단체명이 거명되어 있었음에도 불구하고 참가인원의 숫자는 50여 명을 넘지 않는 숫자였다. 한 단체에서 관심 갖고 2명 정도만 참여해준다해도 이보다 많은 숫자인데… 더욱이 시민의 참여는 거의 이끌어내지 못했다. on-line에서 off-line으로, 가상에서 현실의 실천의 장으로 공간이 바뀌면서 손에서, 발로의 변화를 이끌어내지 못한 주최 측의 오류였다.

그 날의 모임에서 나의 주의를 끈 일단의 무리가 있었다. 우리의 모임이 후반부 정도 진행될 무렵에 10대 후반의 일본인 복장을 한 열댓 명 정도가 어스렁거리고 있었다. 나는 처음 이날의 모임에 관심을 가진 일본인으로 생각하고 내내 그들의 행동을 유심히 지켜보았다. 그러나 네티즌의 하나가 '그들은 인기가수 모씨의 검찰 구속을 항의하기 위한 집회를 우리 다음에 가지기 위해 모인 우리나라의 무리'들이라고 말하였을 때, 그리고 그들이 우리의 집회가 끝난 직후, 공연을 시작하자 그간 우리에게 눈길 한번 던지지 않던 주변의 젊은 무리들이 벌떼처럼 몰려드는 것을 볼 때 우리들은 그들에게 무엇을 심어주었던가를 되묻지 않을 수 없었다.

문제는 정부에 있는 것이 아니라 우리들 내부에 있음을!

지난 5월 28일의 모임에 대한 주최측의 자체 평가를 알고 싶어서 [천리안 독도사랑동호회(천리안 go tokdo)], [하이텔 독도지킴이], 그리고 [민족자주와 독도주권수호를 위한 연대회의(http://www.tokdo.com)]를 둘러

보았다. '하이텔 독도지킴이'에 참가자들의 참가후기가 몇 건 올라 있을 뿐이고 앞의 두 모임에는 「독도네티즌 연대회의」의 개최 홍보 기사는 있으나 그 날 이후의 자체 평가는 유감스럽게도 없었다. 그렇기에 남북 두 정상에게 tokdo.com 이메일을 증정한다는 신문 기사는 웬지 나에겐 낯설게만 느껴짐은 독도를 사랑하지 않음인가?

　며칠 후, 6월 19일 울릉도를 들어간다. 나는 거기에서 무엇을 볼 것인가?

【추기】

　2007년 4월 5일, 한국학 중앙연구원에서 만드는 "향토문화전자대사전"의 일환사업인 '울릉마을지' 편찬작업을 위해 울릉도에 들어가 있을 때 한 통의 전화를 받았다. 옛날 [하이텔 독도지킴이]의 일원이었던 정성광이었다. 그는 5월 독도에 입도하는데 '독도지킴이'(지금 paran.com의 동호회 단체로 등록되어 있다)의 이름을 걸고 입도한다는 것이다. 그래서 필자에게 알려야겠다고 생각해서 전화했다는 것이다. 유명무실해진 '독도지킴이'에 간혹 들어가 그 날의 기억들을 떠올려 보았던 필자로서는 반갑기 그지 없었다. 필자나 그에게 '독도'는 아직도 인연의 끈이었다.

<부록 2> 【안용복 문서】

겐로쿠元祿 9병자년丙子年
조선 배 착안着岸 한 권의 문서[1]

조선 배 착안 한 권의 문서

　　　　　오키국隱岐國　도고島後

　　　　길이　상구上口 3장丈

　　　　하구下口 2장

1. 조선 배 한 척 중간의 폭은 상구 1장 2척.

　　　　　　　　깊이 4척 2촌.

단지 80명을 실을 수 있다고 합니다.

돛대(檣)　2개

돛(帆)　　2개

키(梶)　　1개

노(櫓)　　5자루.

---

1) 2005년 3월에 시마네현(島根縣) 오키도(隱岐島) 오치군(隱地郡) 아마정(海士町)에 거주하는 무라카미죠쿠로(村上助九郎)의 집에서 발견된 안용복의 진술 자료인 「元祿九 丙子年 朝鮮舟着岸一卷之覺書」는 영남대학교 독도연구소가 간행한 소보, 『독도연구』(창간호, 2005)에 원문과 그 해독문, 그리고 번역문, 해설이 수록되어 있다. 그 가운데 번역문(김정원 역)을 본 책에 전재한 것이다.

쑥(蓬)

무명으로 된 깃발 2개 뱃머리에 다는 것.

나무 갈고랑이 2개

닥나무(かうそ) 총4묶음 (방房)

깔개 자리개 가죽,

1. 배 안의 사람 수 11인

속

  안용복安龍福

속

  이비원李裶元

속

  김가과金可果

속

  3인이 이름을 써내지 않고, 나이도 써내지 않음.

승려僧侶

  뇌헌雷憲

승려 뇌헌의 제자

  연습衍習

승려

  3인 각각 나이 써내지 않음.

1. 안용복 연세 43세

관冠 모양의 까만 갓 수정이 달린 끈

엷은 무명의 상의를 입고 있습니다.

허리에 나무 패 하나를 차고 있습니다.

앞면에 통정대부通政大夫

안용복 년 갑오생甲午生(1654년)

앞면에 동래에서 벼슬하다라고 새겨져 있음.

[(仕)東(萊)印彫入으로 되어있어, 괄호 안의 두 글자는 보충된 글자임을 밝혀둠.]

도장(印判)은 작은 상자에 들어있음.

귀이개 이쑤시개 작은 상자에 들어있음.

이 두 가지는 부채에 달아서 가지고 있습니다.

1. 김가과 나이 적어내지 않음.

   관冠과 같은 검은 갓 무명의 끈

   흰 무명의 상의를 입고 있습니다.

   부채를 가지고 있습니다.

승려

1. 흥왕사興旺寺의 주지住持 뇌헌雷憲 나이 55.

   관과 같은 검은 갓 무명의 끈

   (날이) 고운* 상의를 입고 부채를 가지고 있습니다(*細 다음 자는 竹인
   지 力인지 명확하지 않음).

   기사己巳 윤潤 3월 18일 금조산金鳥山이라고 붉은 도장이 찍힌 문서
   를 뇌헌이 가진 것을 내놓았음으로, 곧 옮겨 적었습니다.

   강희康熙 28년(1689년) 윤 3월 20일 금조산이란 붉은 도장의 문서,
   뇌헌이 소지한 것을 제출했습니다.

   상자 하나 길이 1척

   폭 4촌

   높이 4촌

   방울 장식이 있음.

   안에 산 가지(算木 : 수효를 셈하는 기구)가 있는데, 대나무로 만들었습
   니다.

산 가지는 주판珠板과 같은 것임.

딸린 상자에 벼루를 넣었는데, 붓과 먹이 있음.

뇌헌 제자(안스우 : 이름인지 확실하지 않음)

1. 승려 연습衍習 나이 33세라고 합니다.

1. 우右2) 안용복 뇌헌 김가과

3인에게 감시인이 입회하였을 때

조선 8도의 지도 여덟 장으로 된 것을 가지고 있는 것을 내놓았
습니다.

즉 8도를 각각 베껴 그리고, 조선 말로 적었습니다.

3인 중에 안용복의 통역으로 내용을 묻고 답했습니다.

1. 배 안에 짐이 있느냐고 물으니,

마른 전복 조금 미역 조금 있는데, 이것은 식사 때에 쓰는 것이라
고 합니다.

뒤에 배 안에 적혀 있는 것은 별도임.

1. 배 안에 승려 5인을 태웠느냐고 물으니,

다케시마(竹嶋) 구경을 원함으로 같이 왔다고 함.

1. 스님의 종파 5인이 같이 한 종파인가 다른 종파인가 무슨 종파인
가 물으니,

뇌헌이 그 물음의 답서에 답을 썼으나,

그러나 그것이 불분명한 것같이 들리었습니다. 이에 따라 다음
21일에 종지宗旨와 이름, 호키주(伯州)에 가고자 하는 이유, 짐 등에
대해 글로써 물으니, 병자(病人) 이비원李裨元이 써서 내놓은 글이
있어 올립니다.

---

2) 세로로 쓰인 문서이므로 右, 곧 오른쪽은 앞의 문장을 가리키는 말이다. 이
하에서 右라고 기록한 것도 이와 같다.

1. 안용복이 말하기를 대나무 섬(竹嶋)을 다케시마라고 말하는데, 조선국 강원도 동래부東萊府 안에 울릉도라는 섬이 있는데, 이것을 대나무의 섬이라고 합니다.
   곧 8도의 지도에 적혀 있는 것을 가지고 있습니다.
1. 마쓰시마(松嶋)는 우도右道 안에 자산子山(소우산)이라는 섬이 있는데, 이것을 마쓰시마라고 합니다.
   이것도 8도의 지도에 적혀 있습니다.
1. 당자(當子 : 당 자월子月의 뜻인가?) 3월 18일 조선국에서 아침밥을 먹은 후에 출선出船하여 같은 날 다케시마에 도착하여 저녁밥을 먹었다고 합니다.
1. 배 13척에 사람은 한 배에 9인 10인 11인 12·3인, 15인 정도씩 타고 다케시마까지 왔다고 하며, 인원수를 물었으나 말하지 않았습니다.
1. 우 13척 중에 12척은 다케시마에서 미역과 전복을 따고 대나무를 벌채했습니다.
   이 일을 요즈음 하는데, 올해는 전복이 많지 않았다고 합니다.
1. 안용복이 말하기를 내가 타고 온 배에는 11인이 호키주(伯耆州)에 왔는데, 돗도리 호키주 태수님에게 양해를 얻을 일이 있어 왔다고 합니다.
   순풍을 만나서 당지當地에 오게 되었습니다. 순차로 호키주에 도해渡海하고자 합니다.
   5월 15일 다케시마를 출선하여 같은 날 마쓰시마(松嶋)에 도착하였고, 동 16일 마쓰시마를 나서 18일 아침에 오키도(隱岐島) 내의 니시무라(西村)의 바닷가에 도착, 동 20일에 오히사무라(大久村)에 입항하였다고 합니다. 니시무라의 바닷가는 거친 바닷가임으로, 같은 날 나카무라(中村)에 입항, 이 항구는 처음인 연고로, 다음 19

일에 나와서, 같은 날 밤에 오히사무라 안에 가요이 포구에 배를 대었다가, 20일 오히사무라에 와서 배를 정박시키고 있습니다.

1. 다케시마(竹嶋)와 조선 사이는 30리이고, 다케시마와 마쓰시마(松嶋) 사이는 50리라고 말하고 있습니다.

1. 안용복과 도리베 2인 4년3) 이전 계유년癸酉年 여름에 다케시마에서 호키주(伯耆州)의 배에 붙들려 왔었는데, 그 도리베도 이번에 데리고 와서 다케시마에 남겨 두었다고 합니다.

1. 조선을 출선할 때 쌀 5말 3되들이 십 가마니를 실어왔으나, 13척의 배에 함께 나누어주었음으로, 지금은 밥쌀이 부족하게 되었다고 합니다.

1. 호키주(伯耆州)의 용무가 생각나서 다케시마로 돌아가, 12척의 배에 짐을 고쳐 싣고, 6·7월경에 돌아와서 영주(殿)4)에게 드릴 예정이라고 합니다.

1. 다케시마(竹嶋)는 강원도 동래부東萊府5)의 안에 있고, 조선 국왕의 이름 구모시앙(?)인데, 세상에서의 명칭은 주상主上이며, 동래부 영주(殿)의 명칭은 1도一道의 방백方伯이고, 동소同所의 지배인 명칭은 동래부사東萊府使라고 말하고 있습니다.

1. 4년6) 이전 계유癸酉 11월 일본에서 주었던 것을 적은 장부 한 권을 내놓았는데, 곧 사본입니다.

1. 3인과 감시인의 대담對談이 끝나서 배로 3인이 돌아가고, 그 후에

---

3) 실제는 3년 전인데, 왜 이렇게 기술되었는지는 알 수 없다.
4) 도노(殿)는 높은 사람에게 붙이는 것이나, 여기에서는 호키주로 가겠다고 하는 것으로 보아 領主나 太守를 지칭하는 것이 아닐까 한다.
5) 강원도 동래부 안에 울릉도가 있다는 것은 안용복이 동래 출신이기 때문에 筆書로 문답을 하는 과정에서 파생된 오류가 아닐까 한다.
6) 히노 도시하루(樋野俊晴)는 同年이라고 읽었으나, 혼마 가쓰요시(本間勝喜)는 4년이라고 읽었으므로, 4년으로 보았음을 밝혀둔다.

서간을 보내왔는데, 마른 전복 6포 내에서 한 포는 오히사무라의 촌장村長에게 주고 5포는 감시인에게 주어달라고 하였으나, 모두 돌려보냈습니다.

그 서간 안에서 생나물(生菜), 부추나물(菁菜), 실과實菓를 청했습니다만, 상추(苣), 파, 비자열매, 미나리(芹), 생강生薑 등을 보냈고, 더욱이 답서도 같이 보냈습니다.

1. 21일 안용복으로부터 글이 왔는데, "밥쌀이 떨어져서 저녁부터 밥을 먹지 못하였습니다"라고 말하여 왔음으로, 그 배에 촌장 구미가시라 우에몽(與頭右衛門)이 가서 형편을 알아보았더니, 쌀이 없어 아주 어려웠습니다.

조선에서는 타국의 배가 오면 대접을 하는데, 이곳에서는 대략 이와 같으니, 촌장이 말하기를 여기도 이국배가 바람에 밀려오면 밥쌀과 그 외 상응하는 것을 조사하여 보내줍니다만 돗도리(鳥取) 호키(伯耆)의 태수님에게 소송할 일이 있어 왔다고 하면서, 밥쌀 등을 준비하여 왔다고 말하는 것은 더욱 의심스럽습니다.

다케시마를 15일에 출항하여, 그대로 일본 땅에 도착한다는 등을 말했습니다. 일본 땅에서는 이런 일이 없을 것으로 생각하고 우右와 같이 말했습니다. 그렇기는 하지만 미덥지 못하여 배 안을 보겠다고 촌장이 말하니, 과연 그렇다고 (하면서) 보라고 함에, 배 안을 조사하여 보니, 쌀이 들어있던 가마니 안에 흰쌀 3합 정도가 남아 있었습니다. 촌장이 말하기를 쌀이 떨어진 것은 확인했습니다. 이곳(일본)은 작년에 작물이 잘 여물지 않아, 쌀이 부족합니다. 나가서 살펴보고 쌀이 모자라서 어렵지 않다면, 조금은 마련을 해주겠다고 하니, 마련을 하여 달라고 함으로, 현지 번소番所7)에서 보내면 시간이 많이 걸릴 것 같아 오히사 가문(大久家門)에서 우선 흰쌀 4승

---

7) 番所는 에도(江戶) 시대에 町奉行所(町 봉행의 職所)를 말합니다.

升 5합을 보내주었는데, 조선의 되로 1두升 5합승으로 되어서 준비하였습니다. 뒤따라 번소로부터 쌀이 왔음으로, 곧 흰쌀 1두 2승 3합을 보내주었는데, 조선 되로 3두로 되어서 준비했습니다.

우右 두 번의 쌀 21일 저녁과 22일 세 번의 밥쌀이 있어야 하는 사정을 말한 것에 대해서는, 그럴 작정으로 때가 되면 차차 쌀을 변통하여 때때로 쌀을 보내주었습니다.

1. 11인 중 이름과 나이를 말하지 않았고, 더욱이 또 종파宗派의 일로 각자 바라는 바를 적고 호키주(伯耆州)에서 소송을 할 이유를 적어 내달라고 하였는데, 처음에는 알아들은 것으로 말하더니, 22일 아침이 되어 그 일을 적어줄 수가 없고 호키주에 가서 상세히 말하겠다는 뜻과 더불어 그 물은 일은 쓸데없다는 뜻을 적어 보내왔기에, 여기에 보내드립니다.

뇌헌雷憲 22일에 육지에 오를 때의 의복은

1. 상의上衣는 흰 무명의 쥐와 닮은 것을 입고 있었습니다.

1. 모자는 본조本朝8) 선종禪宗의 쓰고 있는 것과 비슷한 것을 쓰고 있었습니다.

겉 천은 올이 성긴 삼베, 속은 흰 삼베.

1. 염주도 선종이 쓰는 것과 같은 것을 가지고 있고, 구슬의 수는 10개정도 되며, 갓은 쓰고 있지 않았습니다.

제자 연습衍習도 육지에 올랐습니다.

(단 연습의 염주 알의 굵기는 같으나, 숫자는 많아 보였습니다.)

우右 22일 안용복, 이비원, 뇌헌, 동 제자가 육지에 오른 것은 서풍西風이 세게 불어서 배가 가만히 있지 않아(흔들려서), 글을 쓸 수가 없음으로 육지에 올라서 쓰겠다고 말해서 해변 가까이의 백성

---

8) 여기에서 본조는 일본을 가리킨다.

의 집에 들게 하였는데, 그 때에 이르러서 앞에서의 내용만 적어서 보냅니다. 21일 배가 □□명확하게 하였다고 합니다. 서간은 이번의 소송을 한 묶음으로 하기 위해 길게 적은 초고草稿를 만들고, 본서本書도 증거가 되겠습니다마는 22일 육지에 올라가서 의논하겠다고 말한 것으로 보여지며, 아울러서 이전의 문서 처음부터 끝까지 대개 그 의미를 물어볼 수 있도록 동의를 하고 있습니다. 그대로 준비하겠습니다.

1. 21일부터 23일까지도 비바람이 강했으므로, 사이고(西鄕)로 조선 배를 돌렸습니다. 이끌고 가는 배로 말하면, 관리를 붙여서 오쿠무라(大久村)에 그대로 두었습니다. 대체로 18일부터 서풍이 매일 세어져서 뱃길을 다니지 못하게 바다가 거칠었습니다.

1. 이와(미)주[石(見)州]에 급히 알리기(注進) 위해, 마쓰오카 야지로(松岡弥二郎)를 도해하게 만들었는데, 22일에 야지우에몽(弥次右衛門)을 돌아오게 하고, 다카나시 모쿠사에몽(高梨杢左衛門) 가와시마 리다유(河嶋理大夫)를 오쿠무라에 남겨두었습니다.

밥쌀 등을 일간에 보아서 촌장으로부터 주게 하니, 조선인이 고맙다는 뜻의 글을 보내왔음으로 보내드립니다.

우右는 이번에 조선인 한 권의 글귀와 함께 조선인이 제출한 글귀 목록을 여기에 적어서 야지우에몽(弥次右衛門)이 지참하는 구상서口上書로 보고하겠습니다. 이상.

나카세 단우에몽(中瀬彈右衛門)

5월 23일

이와(미)주[石(見)州] 야마모토 세이우에몽(山本淸右衛門)

사무실

임진왜란 96
임한수林翰洙 6, 128
입도조선자入島造船者 132

ㅈ

ㅌ

ㅍ

ㅎ

김 호 동金晧東

경북 대구 출생
영남대학교 문과대학 국사학과
동 대학원 국사학과 수료(문학박사)
현 영남대학교 국사학과 객원교수

저 서

『고려 무신정권시대 文人知識層의 현실대응』, 『고려시대사 강의』(공저), 『한국사 6』(공저), 『울릉도·독도의 종합적 연구』(공저), 『독도를 보는 한 눈금 차이』(공저), 『울릉군지』(공저), 『한국중세사회의 제문제』(공저) 외 다수

논 문

「高麗武臣政權時代 繪畫에 나타난 文人知識層의 現實認識論」, 「高麗武臣政權時代 地方統治의 一斷面―李奎報의 全州牧 '司錄兼掌書記'의 活動을 중심으로―」, 「高麗武臣政權時代 文人知識人 安置民의 현실인식」, 「高麗武臣政權時代 文人知識層의 研究」, 「12·13세기 농민항쟁의 전개와 성격」, 「李義旼政權의 재조명」 외 다수

독도·울릉도의 역사 값 : 16,000원

2007년 6월 20일	초판 인쇄
2007년 6월 30일	초판 발행

저　　자 : 김 호 동
발 행 인 : 한 정 희
발 행 처 : 경인문화사
편　　집 : 한 정 주
서울특별시 마포구 마포동 324-3
전화 : 718-4831~2, 팩스 : 703-9711
e-mail : kyunginp@chol.com
homepage : http://www.kyunginp.co.kr
　　　　： 한국학서적.kr
등록번호 : 제10-18호(1973. 11. 8)

ISBN : 978-89-499-0487-0　94910

ⓒ 2007, Kyung-in Publishing Co, Printed in Korea
＊ 파본 및 훼손된 책은 교환해 드립니다.